NF文庫
ノンフィクション

万能機列伝

世界のオールラウンダーたち

飯山幸伸

潮書房光人社

はじめに

機械の専門家という訳ではないが「ヒット作」「傑作機種」と称えられたマシンについては、二通りの考え方があるのではないだろうか……と考えていた。「万能機は当該機能においては専用機にはかなわない」というのと「様々な機能に対応できてこその傑作機」という考え方である。

「ヒコーキ」に親しむようになってからかれこれ三〇年以上は悠に過ぎたが、モスキートやＪｕ88などは小学生の頃から好みの機種だった。どちらも「万能機」という枕詞で形容される機種だけに、爆撃機、戦闘機であったり偵察機であったり……雷撃機でもある、と角度を変えれば変幻する様は、眺め続けても飽きることがない万華鏡のようでもあった。「６３３爆撃隊」を観てはモスキートの戦闘爆撃機型のページを繰り、「モスキート爆撃隊」を観ると「ハイボール・モスキート（実機は製作されたが、実戦での使用には至らなかった）」にかぶれた。

だが表情豊かに変幻するのは、この二機種だけではなかった。戦闘機として開発されたFw190には襲撃機としての使い方が想定されており（歩兵出身だったクルト・タンク技師の設計思想）、夜間戦闘機、複座練習機型なども作られた。ノースアメリカン・ムスタングは、米陸軍に戦闘機として関心を持ってもらえなかったので「急降下爆撃機」として売り込んで成約。その後、護衛戦闘機、戦闘爆撃機、戦闘偵察機として爆発的に使用が拡大した……。そうなると「万能機は専用機にかなわない」よりも「傑作機だから様々な使い方の適用が試みられた」の方が真実なのではないだろうか、と考えざるを得なくなったものである。本邦の零式艦上戦闘機にも二式水上戦闘機（二式水戦）や複座の零式練習戦闘機型があり、戦闘爆撃機化を目指したところから、あの体当たり攻撃へと途を踏み外していった経緯はよく知られているであろう。

その一方で「万能機」を目指しながら、希望する出力のエンジンが得られないなどの航空工業の未成熟の問題や、意図した役割での大量採用がままならず不本意ながら別用途での新型機開発といった、失敗例や後ろ向きの事例も無いではなかった。ポテ63系の双発機やレッジアーネ戦闘機などである。

機会があれば、大戦機を様々な視点で捉えて「万華鏡を覗き込むように」触れてみたいと考えていた。成功例、不本意な例、取り混ぜてである。いわゆる多機能機の奥の深さは今もって深部に達したとは言えないレベルである。また今回挙げた二〇タイトルには、万能機と位置づけられてはこなかったものも含めてある一方、「スピットファイアやBf109がはいっていないではないか」という誇りも免れないであろうという、なかば開き直りに近い意識もある。だがここでは、いわゆる多機能機の代表的機種を挙げるだけでなく、意外な機種が様様な任務に適用可能だったことも示したかったという意図もあった。

資料による錯綜はこれからも避けられないだろうが、こうした各機に興味を持っていただいて、より優れた類書の資料、またモスキート、Ｊｕ88、Ｂ‐25やＰ‐38など個々の各機についての著作が生み出されるきっかけとしていただけるようならば、記述者にしてみれば望外のことである。なお、貴重な資料をご提供下さった小松浩介氏（北海道）の支援無くしては本稿の完成が難しかったことを、感謝の意を表しつつ付言させていただきたい。

飯山幸伸

(上)三菱 零式艦上戦闘機21型　(中)空技廠 艦上爆撃機彗星33型
(下)空技廠 陸上爆撃機銀河11型

(上)三菱 百式司令部偵察機２型
(下)三菱 四式重爆撃機飛龍

(上)ノースアメリカンP-51D ムスタング
(下)ロッキードP-38J ライトニング

（上）ノースアメリカンB-25 ミッチェル
（下）チャンスヴォートF4U-1 コルセア

（上）フォッケウルフFw190A-3　（中）メッサーシュミットBf110
（下）メッサーシュミットMe210

(上)メッサーシュミットMe410　(中)ユンカースJu88D
(下)メッサーシュミットMe262A-2a

(上)ホーカー・ハリケーンMk.ⅡC
(下)デ・ハヴィランド・モスキートNFⅡ

(上)レッジアーネRe2000　(中)レッジアーネRe2005
(下)サヴォイアマルケティSM79 スパルヴィエロ

(上)ペトリヤコフPe-2FT　(中上)ポテ630
(中下)ポテ63・11　(下)ラテ・コエール298

万能機列伝——目次

第3章　ドイツ空軍機　157

第4章　イギリス／イタリア／ソ連／フランス軍機　235

万能機列伝

世界のオールラウンダーたち

第1章
日本陸海軍機

1　三菱零式艦上戦闘機

二一型から真の艦上戦闘機となった「零戦」

世に言われている「零式艦上戦闘機」の量産型の初陣は、「零戦一一型」、昭和十五年九月十三日、中国大陸の漢口に進出していた横須賀海軍航空隊所属機が、重慶の西南方上空で中国空軍所属のポリカルポフI-16およびI-152と交戦して多数機を撃墜した」とされている。

二機の十二試艦上戦闘機に続いて六四機製作されたのが、初期生産型の零戦一一型だったが、うち三機は増加試作機で二機は本格的な量産型となる二一型の原型機（着艦フック、折りたたみ翼機構あり）である。一機は着艦用のアレスティング・フックは有するが、折りたたみ翼機構を有していない艦載実験機で、多くを占める五八機は艦載機としての運用には供さない陸上戦闘機型であった。

だからといってこれらを指して「零式陸上戦闘機」とする記述はまずなかろうが、一一型の意味するところは「一号戦闘機一型」で零戦一一型はごく初期には「一号零戦」と呼ばれていたという。

これに続いた着艦フックや折りたたみ翼機構、航法支援用のクルシー帰投方位測定装置も備えられた零戦二一型が「零式一号艦上戦闘機二型」となる。零戦二一型という呼び方は昭和十七年以降のことで、動力を栄一二型（離昇九四〇馬力）とする系列が一号戦闘機、二速過給機付きの栄二一型（離昇一一三〇馬力、高度六〇〇〇メートルで九八〇馬力）エンジンを搭載する系列が零式二号艦上戦闘機となった（号の前の数字は型の一桁目と一致するが、これはエンジンの違いを示す）。一一型、二一型が円筒形に近いかたちのエンジン・カウリングだったのに対して、三二型以降の二号系ではカウリングが再設計されて、空力的にさらに洗練された形状に改められたので、容易に識別できるだろう。

空母から運用される艦載機は、着艦フックや主翼の折りたたみ機構が備わっていればよいというものでもなかった。狭小な飛行甲板における発着艦に耐えうる、然るべき強度も求められたのだが、これは重量増大や飛行性能の低下につながりかねない要素でもあった。もとより着艦フック、折りたたみ機構も陸上機には不要な仕組みであり、これらの装備、配慮を要する分、艦載機には陸上機に対するハンデがあるということになる。

零戦の前作に当たる、九六式艦上戦闘機が開発された際には「九試単戦」としての試作指示で、戦闘機に求められる速度、上昇性能および運動性を重視した機体が作られ、その後で空母運用機としての実用性が高められたという経緯があった。

九六艦戦には翼端失速を克服するために前縁スラットとは異なる、主翼の空力的ねじり下

25　三菱零式艦上戦闘機

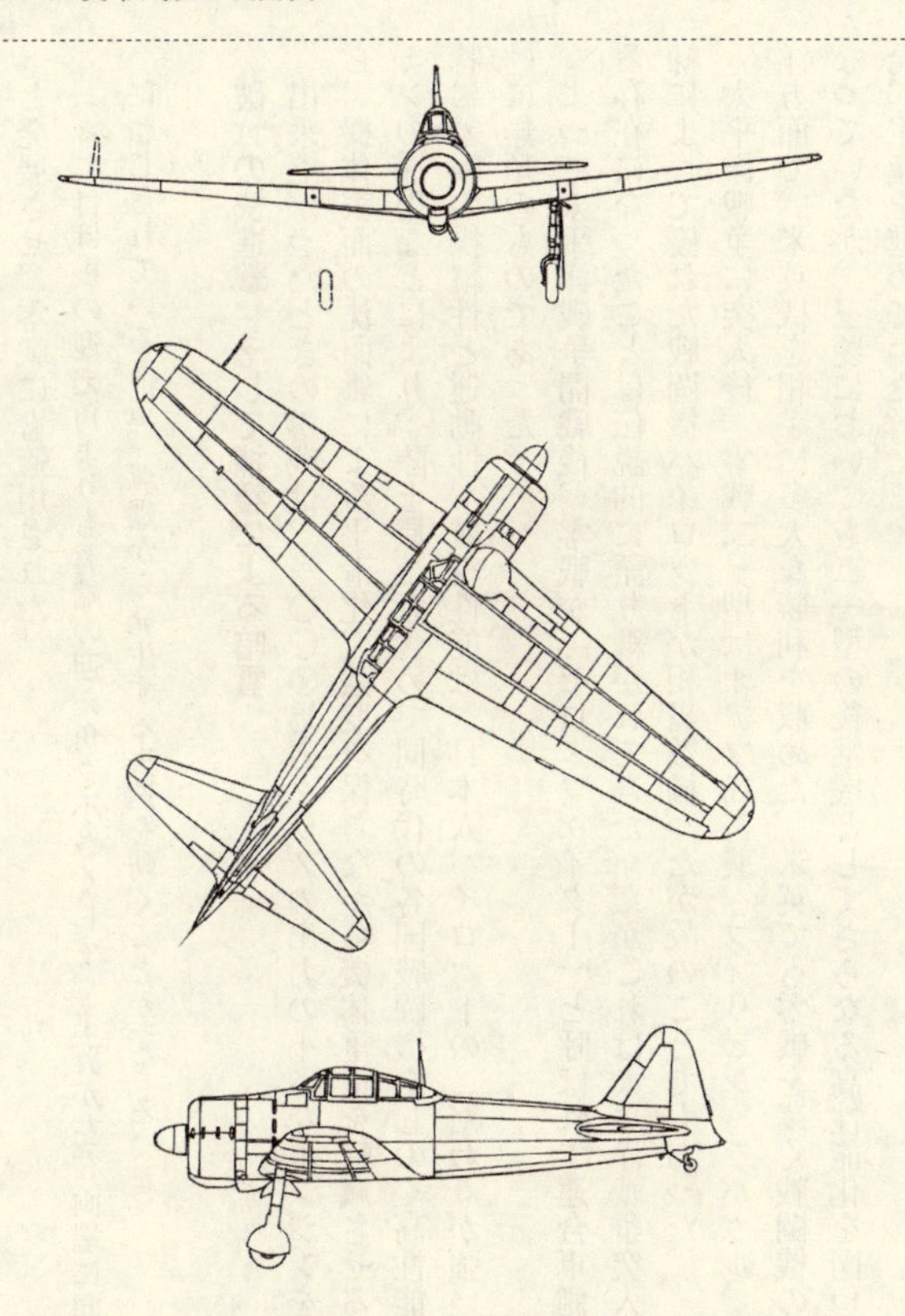

三菱A6M2b 零式艦上戦闘機二一型(艦上戦闘機)　全幅：12.00m　全長：9.06m　全高：3.51m　全備重量：2410kg　発動機：中島「栄」一二型(940hp)×1　最大速度：533km／h(高度4550m)　実用上昇限度：10080m　航続距離：3502km(増槽使用時)　武装：20mm機銃×2、7.7mm機銃×2、30kgまたは60kg爆弾2発　乗員：1名

げ（＊）が採られた。この主翼のねじり下げは九六艦戦を当時の世界の水準を越える戦闘機へと発展させ、零戦にも適用された。

（＊）付け根の迎え角よりも翼端の迎え角を小さくして、主翼が左右両端に向かって下向きにねじられている構造。翼端から発生する失速を防ぐことができる。

破竹の快進撃、そして捕獲による暗雲

出来上がったときの零戦は、一〇〇〇馬力クラスの出力の小さなエンジンを動力としながら、機体表面の沈頭鋲による平滑化、強度を保ちながら機体重量を軽減させる超超ジュラルミンの採用などにより、陸上機をも含めて同時代の各国戦闘機をしのぐ高性能機となった。特に零戦の操縦性と運動性、航続性能は、日本人パイロットのこだわりが強い特性だっただけに無類のものであった。

よって太平洋戦争開戦後、零戦が「ゼロ・ファイター」と呼ばれて連合軍側から恐れられる存在になったことは伝説的に語り継がれてきた。だがこれは太平洋戦争突入前に、錬成訓練によって優れた戦闘機パイロットが相当数揃ったが故のことでもあった。

太平洋戦争に突入後、零戦二一型はオアフ島奇襲、フィリピン、ラバウル、蘭印、インド洋方面で、米英機を相手に多大な勝利を収めた。米英でも零戦を凌ぐ戦闘機の開発に躍起になっていたが、三菱においても二一型の後継機としてさらなる高性能化を図った三二型の開発、生産を進めていた。

しかしながら昭和十七年六月のミッドウェー海戦において主力空母四隻が撃沈され、多数のベテラン搭乗員まで失われ、容易には挽回できないほどの大打撃となった。空母直衛の零戦が、低空から来襲する米雷撃機の迎撃におおわらわだったときに、空母群の上空に迫っていた米急降下爆撃機の奇襲に近い爆撃を受けたのだった。空母にはミッドウェー島占領後に配備する予定だった零戦も搭載されていたので、この戦いでは一〇〇機を上回る零戦が失われた。

だが同時期に実施されていたアリューシャン列島・ウラナスカ島のダッチハーバー攻撃の際には、零戦の運命をさらに暗転させる事故が発生した。この作戦に参加した空母「龍驤」所属の古賀忠義一飛曹機はダッチハーバー攻撃の際に被弾し、北東部のアクタン島の湿原地帯に不時着。着陸事故で古賀一曹は戦死し、不時着した零戦二一型は修理可能な状態で米軍に捕獲されたのである。

これよりわずか前に中国戦線でも零戦の不時着機一機が捕獲されており、米軍ではこれらの捕獲機を基に零戦の強さの秘密、弱点の解明が急がれた。（＊）

（＊）最初にアメリカ本国に運ばれて作業の対象になったのが古賀機だったので、のちに有名になった。

零戦は出力の小さなエンジンを動力としつつ、最大限の能力を引き出すための工夫を凝らしたギリギリの構造だったのである。最も大切にすべきパイロットの生命を守るための、防弾や装甲を犠牲にしてまで機体を軽量化させていたので被弾には弱く、他の大出力エンジンを動力にするなら大改造が求められるような構造だった。

米海軍では二〇〇〇馬力級の大出力エンジンを動力とする、火力、装備、防弾などの面でも余裕がある大型の単発戦闘機の開発を急いだ。これらがグラマンＦ６Ｆヘルキャットやヴォートニ４ＵコルセアⅠで、これら新型機の前線への登場は一九四三年（昭和十八年）初頭のこととなる。

新型零戦が現われるも力不足は否めず

昭和十七年初頭にラバウルに零戦が配備されてからは、長期にわたって繰り広げられるソロモン航空戦に突入していたが、この年の春には零戦のメジャー・チェンジ型の三二型（二号戦闘機三型）が戦線に到着しはじめた。改設計のエンジン・カウリングに、翼端折りたたみ箇所をカットした新主翼だったため戦線に現われはじめた頃は、米軍からは零戦とは別の機種とみなされゼロではなく「ハンプ」と呼ばれた機体である。エンジンの違いについては先に触れたが、新主翼にした意図は速度性能、高空性能、横操縦性の改善、生産性向上にあったという。

けれどもエンジンの大型化により胴体内燃料容量が減少（翼内燃料容量は微増）し、新エンジンの燃料消費率が少し高いこともあって航続性能はさらに低くなった。また、格闘性能重視のベテランらには高空性能や急降下制限速度の向上が評価されなかった。主翼の翼幅を二一型と同様に戻した零戦二二型（二号戦闘機二型）は、開発される順番としては記号が逆になったが、三二型で損なわれた航続性能が挽回できたと好評だった。

だが戦線には飛行性能の面では明らかに上回るF4UやF6F、P-38などが到着。ベテランパイロットが相手側のペースに引き込まれないように戦って善戦に持ち込める……という厳しい戦い方になりつつあったが、戦況が厳しくなってきたなかでベテランも相次いで命を落としていった。やはり防御面で問題がある零戦では厳しい消耗戦を戦い抜くのは困難だった。

広がった連合軍機との飛行性能の差を少しでも挽回しようと昭和十八年（一九四三年）夏に現われたのが、翼幅を三二型と同じ一一メートルにして翼端を整形、フラップ、エルロンを改めるとともに推力式単排気管にしてエンジンの排気ガスも推進力に結び付けた零戦五二型だった。速度性能（五六五キロ/時）や上昇性能（実用上昇限度一万一七四〇メートル）は零戦各型の中でも最高で、燃料タンクにも自動消火装置が施されたが、水平面での運動性は犠牲にされた。

だが何よりも窮状になっていたのは、この時点までに被ったベテラン搭乗員の喪失で、以降、経験不足の乗員の搭乗機が出撃しては損害が拡大するという悪循環に陥った。零戦五二型も、武装や防弾装備の強化による性能低下が避けられなくなり、大戦末期は悲劇的な雰囲気を漂わせることになる。

連合軍側パイロットに恐怖感を植え付けた零戦が凋落したもうひとつの要因は、栄エンジンに代わる高出力エンジン搭載型の開発が遅れたことに帰するだろう。一五〇〇馬力級の金星エンジン搭載型の必要性はかなり早い段階から指摘されていたうえ、じつのところ十二試艦戦として開発に入った頃も金星エンジンの搭載が考えられたことがあった。栄エンジン搭載機として開発されたので、金星エンジンへの換装が空技廠や三菱側から持ち上がったことがあった。

けれども海軍は「航続性能が低下する」「早期の改修は難しい」と乗り気ではなかった。ところが昭和十九年十一月、金星六二型に換装した零戦五四型の開発を指示。二機製作されて三沢基地で審査を受けた五四型の試作機は、長らくその形状が不明確のままだった。しかし一九九七年に、巨大なスピンナーと上部に開口した大きなインテイクを有する、再度改設計されたエンジン・カウリングが金星エンジンを覆った零戦五四型試作機の写真が公開されている。

中島で開発された水上戦闘機型

零戦二一、五二型の生産に携わり、全生産機数の半分を超える六五〇〇機あまりを生産することになる中島飛行機には、昭和十六年はじめに零戦一一型の水上戦闘機改修が命じられた。日本軍の南進戦略が定まった頃のことだったが、飛行場建設が進んでいない南方戦線で使用可能な水上戦闘機の必要性が間近に迫っていた。零戦の転換生産も担当することになった中島飛行機には水上偵察機（九五式水偵）を開発した経験もあったからである。

最大の改修点は降着装置が引き込み脚から単フロートに改められたところで、零戦の空力

31　三菱零式艦上戦闘機

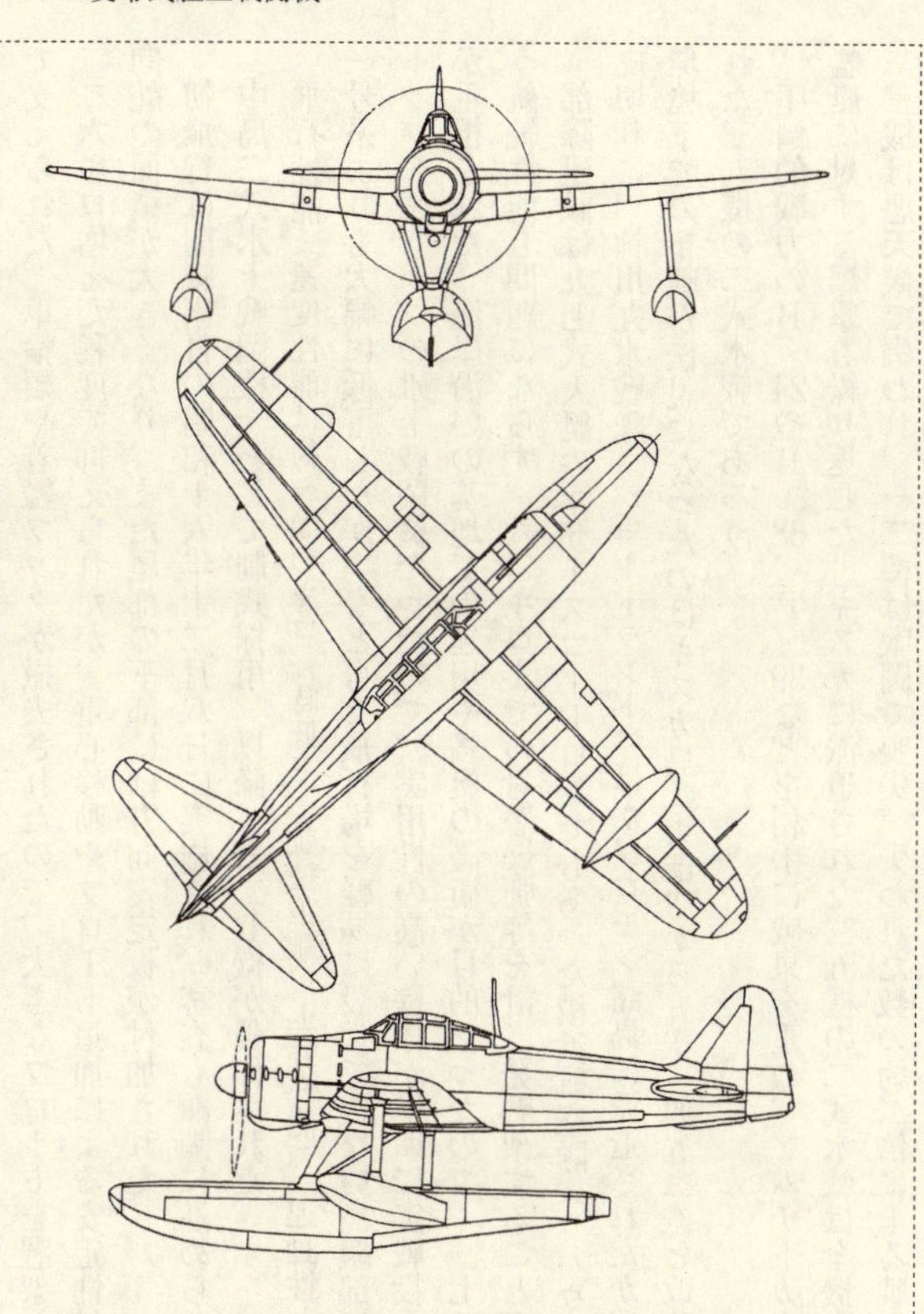

中島A6M2-N 二式水上戦闘機(水上戦闘機)　全幅：12.00m　全長：10.25m　全高：4.31m　全備重量：2880kg　発動機：中島「栄」一二型(940hp)×1　最大速度：435km/h(高度5000m)　上昇限度：9760m　航続時間：6時間　武装：20mm機銃×2、7.7mm機銃×2、60kg爆弾2発　乗員：1名

性を損なわないように支柱は抵抗の少ない形状になり、両翼下の補助フロートも一本の支柱で支えられた。車輪類や着艦フックが撤去されたので、大きなフロートを懸架しても自重は二二六キロ増えた程度で抑えられたが、重心移動やフロート追加による安定性対策として方向舵の面積が大きくなり、また尾部の下部には方向安定板が付加された。

初飛行は開戦当日の昭和十六年十二月八日に実施され、審査も順調に進められて七月には「中島二式水上戦闘機」として制式採用。以降、三二七機が製作された。

飛行性能（速度性能は約一〇〇キロ／時低下、航続距離、上昇性能）、運動性とも基の零戦一号系よりも大幅に低下したが、もともと飛行場を軽易に設営できない島嶼部に置かれるストップ・ギャップの水上戦闘機だったので、実用性の高い機体が早期に実戦投入できることが重視された。海岸沿いの基地での運用や艦艇の護衛が目的だったので、一七八〇キロという航続性能も問題にならず、六〇キロまでの対潜爆弾等を計二発懸架することができた。

部隊建設は九七式大艇のマザースコードロンでもあった横浜航空隊（ラバウルに展開）を皮切りに、神川丸水戦隊（ショートランド）ほかソロモン諸島に派遣されたが、厳しい運用環境下での奮戦が伝説になったのはキスカ島（東港空から五空、四五二空と改称）に派遣された三五機の二式水戦であろう。

圧倒的戦力のB‐24やP‐38、P‐39などを相手に戦果を重ね、アムチトカ島停泊地の米艦艇に対する爆撃も繰り返した。キスカに派遣された三五機の二式水戦は全機喪失したが、二三機は悪天候で失われ、一二機は戦闘で喪失。失われた数の約二倍に上る戦果を挙げた奮戦振りは運用部隊の闘魂の結果でもあったが、原型機・零戦の素性の良さを示すものであった。

本機の登場はグラマンF4Fやスピットファイア水戦型開発の呼び水にもなったが、飛行場建設能力の違いや改造水上機の能力差などの兼ね合いから、日本の水上戦闘機ほど重視されることはなかった。

標的曳航機を兼ねた戦闘練習機

戦闘機搭乗員を養成するための練習機には、先輩機種の九六艦戦を基にした渡辺（九州飛行機）二式練習用戦闘機があったが、零戦を基にした練習用戦闘機は第二一航空廠（大村）で改設計が行なわれた。

零戦二一型から作られた零式練戦一一型は少ない改造ながら機体を単純化させる方向で開発された。二一型の操縦席の後ろに教官席を増設して前席訓練生席は開放式、教官席のみキャノピーで覆われ、操縦系は複操縦式になった。

主翼端の折りたたみ機構が廃止されたほか、主車輪カバーも一部なくなり、尾輪は大きくなって固定化された。火器も翼内の二〇ミリ機銃は搭載されず、射撃訓練用に胴体上部に七・七ミリ機銃のみ装備された。複座になった分、キャノピーが後ろに移動したため、水平尾翼直前の胴体には小さなヒレが設けられた。

標的曳航機としても使用され、その際には翼下に懸架した収納筒内に吹流し標的を納めて

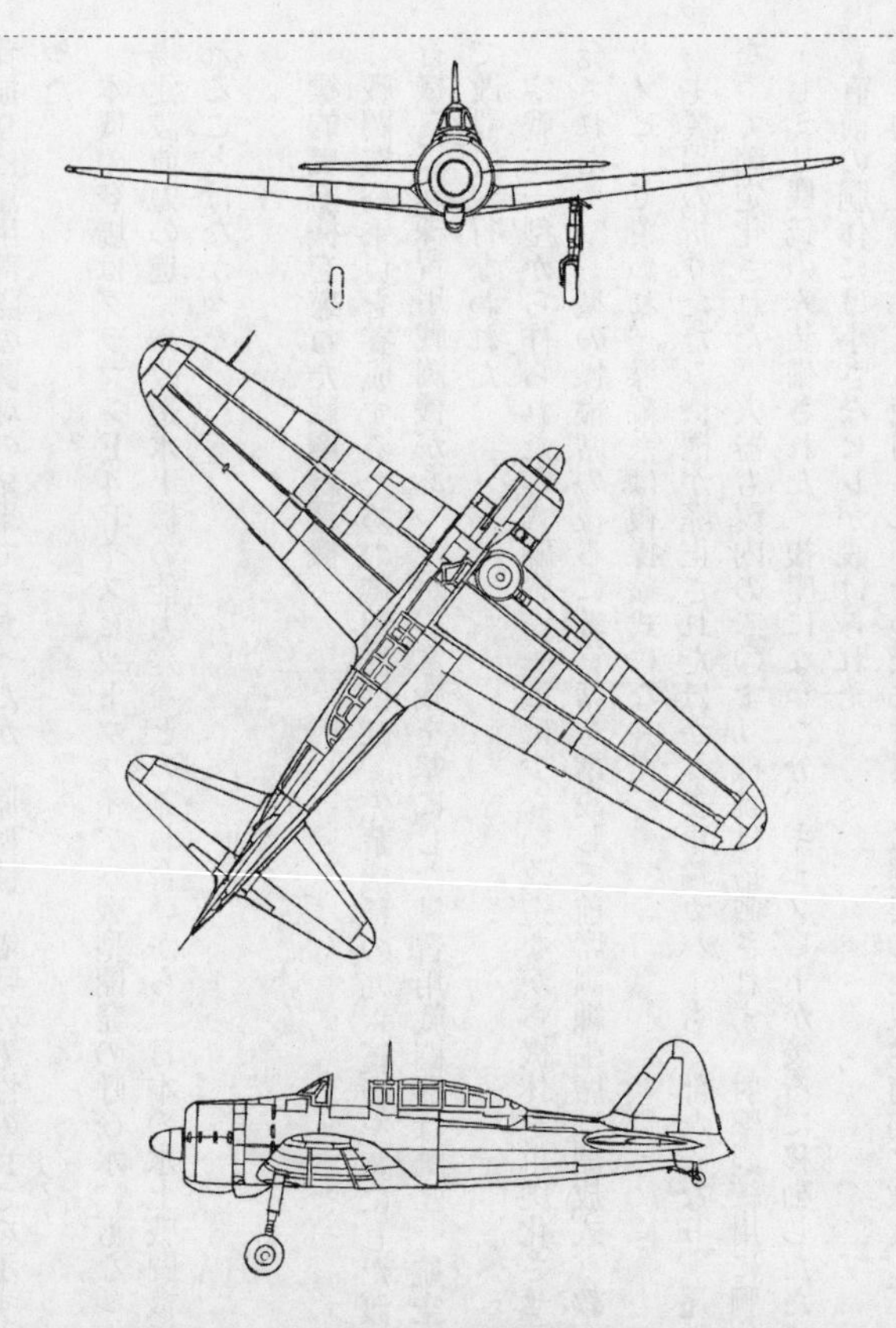

二一空廠A6M2-K 零式練習戦闘機(練習機) 全幅:12.00m 全長:9.06m 全高:3.535m 全備重量:2334kg 発動機:中島「栄」一二型(940hp) 最大速度:476km/h(高度4000m) 上昇限度:10180m 航続距離:745km 武装:7.7mm機銃×2 乗員:2名(複操縦式)

離陸する。射撃訓練開始時には収納筒が外されて、尾輪カバーを外した箇所にセットされる標的取付支基から伸びた曳航索によって吹流しを曳航することとした。零式練戦一一型は昭和十九年から五一五機製作されたが、昭和二十年には零戦二二型に基づく練戦二二型の開発も進められていた。

戦闘爆撃機となり体当たり攻撃に行き着く

零戦にも「三〇キロまたは六〇キロ爆弾二発」といったレベルの爆弾搭載能力が開発時から求められていたが、これは世界の戦闘機の水準から見ても、すでにかなり下回っていた。機体重量の軽減に努めて戦闘能力の向上を目指してきた零戦も、大出力エンジンの米英戦闘機が増えてくると苦戦を強いられるようになってきたが、それを上回る問題になっていたのが開戦以来主力艦爆の地位にあった九九式艦爆の旧式化だった。

後継機の彗星艦爆は発着艦速度の問題ゆえ、小型空母での運用には適さなかった。そこで浮上したのが旧型となった零戦二一型の艦爆転用、つまり代用艦爆だった。胴体下部に特設爆弾投下装置を装備して、ここに二五〇キロ爆弾を懸架。この特設装置は、弾体の懸架フックと弾体、風車の押さえから成る簡素な爆弾投下装置だったが、胴体下部にむき出しになる不細工さがゆえに、爆弾投下後も空気抵抗は少なくなかった。

また、艦上爆撃機として開発された機体ではなかったので降下角も四五度より浅い緩降下とされた（二一型の急降下制限速度は三二型、五二型の六六七キロ／時を下回った）。それでも貴重な攻撃用機材として期待され「爆戦」とも呼ばれた。後には零戦五二型についても同様の改造が施された。

だが緒戦となったマリアナ沖海戦では、レーダーによって警戒管制誘導されたF6Fの待ち伏せに遭って、多数機が爆弾を抱えたまま期待された戦果を挙げられずに撃墜され、この五ヵ月後のフィリピン決戦（エンガノ岬沖海戦）では帰還すら果たせなかった。

フィリピン決戦では搭乗員もろともの体当たりによる、特攻作戦が最初に組織的に実施されたが、これは爆戦型の零戦によって行なわれた。昭和十九年十月二十五日に神風特攻隊敷島隊、同菊水隊が米機動部隊に突撃。空母「セント・ロー」に突入して撃沈したが、突入機は敷島隊を率いた関行男大尉とみられている。この作戦を機に、爆戦機の体当たり作戦は経験が浅い搭乗員らを操縦士として、かなりの頻度で実施されるようになる。

特攻機は自殺機の領域に踏み込んでいたが、これらとは別に胴体下に二五〇～五〇〇キロ爆弾を搭載、翼下に三〇キロロケット弾用発射レールを装備した戦闘爆撃機・零戦六二型（および六三型）も開発され、終戦が近づく頃には生産に入っていた。なお六二型と、栄三一甲型を動力とする六三型とは非常に紛らわしい間柄になっている。

零戦五三丙型の動力になるはずだった栄三一型は水・メタノール噴射装置付きの高性能エンジンと期待された。ところが、予定された性能に達せなかったうえ整備性も悪かったのでこの装置を除いた栄三一型甲が作られ、これを搭載したタイプが六三型と呼ばれた。これら新たな戦闘爆撃機型には急降下爆撃能力の向上が求められ、水平尾翼や胴体が補強されて急

37　三菱零式艦上戦闘機

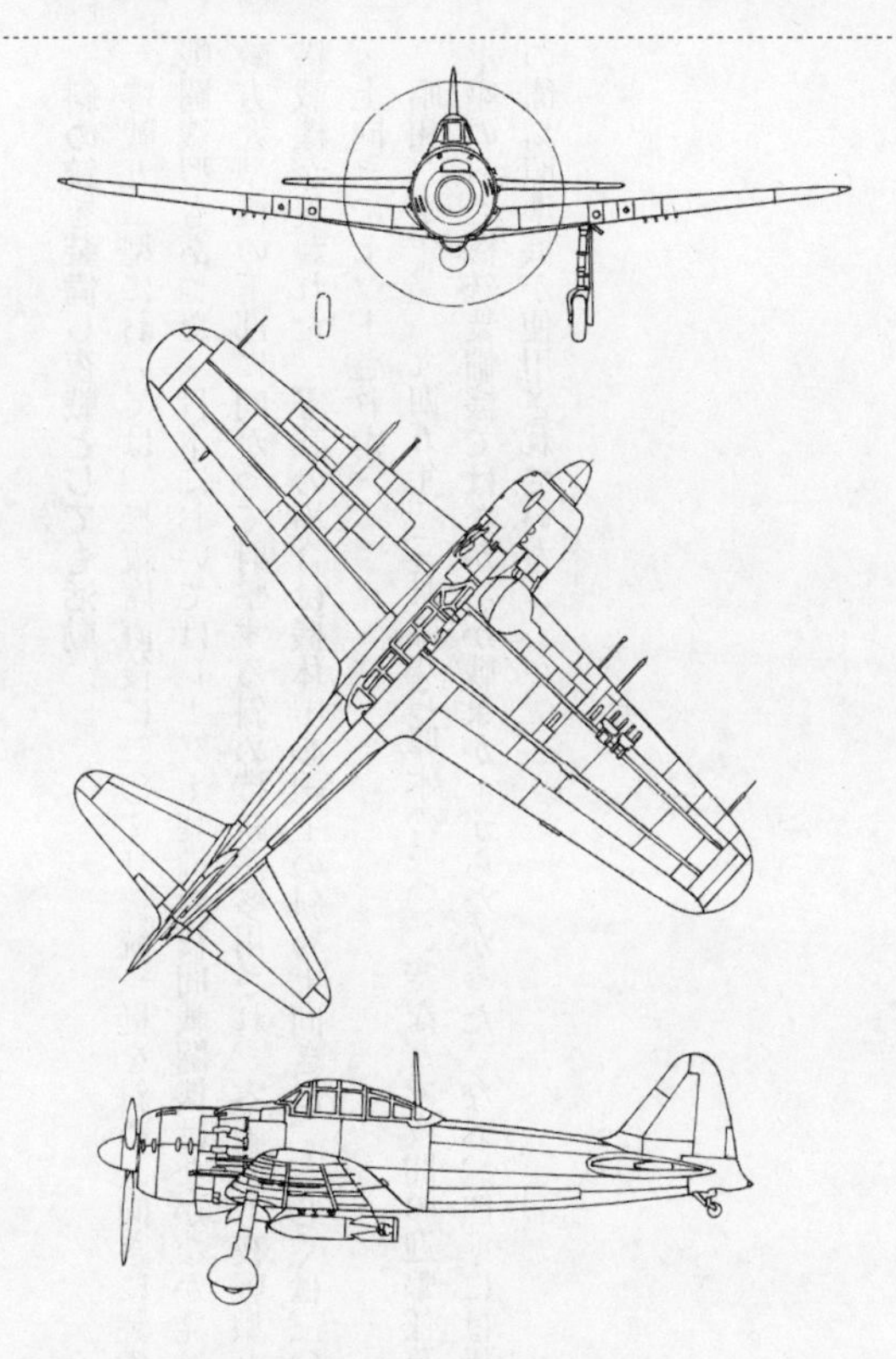

三菱A6M7 零式艦上戦闘機六二型(戦闘爆撃機)　全幅：11.00m　全長：9.12m　全高：3.51m　全備重量：3000kg　エンジン：中島「栄」三一型甲(1130hp)　最大速度：543km／h(高度6400m)　上昇限度：10180m　航続距離：1519km　武装：20mm機銃×2、13mm機銃×2、胴体下部に500kg爆弾用爆弾架、左右翼下に60kg爆弾×2または空対空ロケット弾(×4)用レール　乗員：1名

降下制限速度は七四〇キロ／時に達した。

斜め銃を装備し夜戦としても活動

零戦五二型においては、操縦席直後に二〇ミリ機銃一梃を斜め上向きに装備した改装夜間戦闘機型もあった。日本においてはレーダー装備の夜間戦闘機はなかなか発達しなかったが、敵方大型機の下部に向かって射撃する斜め機銃が多用され、零戦にも夜戦型として斜め機銃搭載機が現われた。零戦の場合は機体中心線上の斜め上向きに、もしくは三〇度ほど外向き・上向きにセットされた。

昭和二十年（一九四五年）二月頃から厚木の三〇二空などで夜間の迎撃任務に携わったが、単座の斜め機銃装備機ではなかなか戦果が上がらなかった。なお、照準には操縦席風防上部の簡易照準機が使用されていた。

2　空技廠　艦上爆撃機彗星

戦闘機を振り切る高速艦爆

太平洋戦争緒戦の米英艦隊との戦いにおいて、驚異的な爆弾命中率を誇った九九式艦上爆撃機の全盛期は短かった。急降下機動により目標に爆弾を命中させる能力は随一だったが、間もなく飛行性能、爆弾搭載量とも世界水準から遅れて旧式化が目立つようになる。やがて損害が拡大する一方、緒戦で挙げた実績のような華々しい活躍の機会は得られなくなっていった。

九九艦爆は、愛知航空機がドイツのハインケル社から購入したHe66を模範にして九四式、九六式艦爆を製作した経緯が重視されて、愛知で開発された。これとは別にやはりハインケル社において、海軍航空廠（空技廠に改称される）の山名正夫技師らが高性能艦爆の研究を目的として、He118試作急降下爆撃機などに関する研修を受けたことがあった。こちらではHe118の国産化も考えてライセンス生産権まで買い付けたが、空技廠で九四艦爆（九六艦爆）の次の次にあたる制式機として、非常に要求水準の高い十三試艦上爆撃機が開発されることになった。

「敵新型艦上戦闘機を振り切れる高性能艦爆」というポリシーのもと、最大速度二八〇ノット（五一九キロ／時）以上、巡航速度二三〇ノット（四二六キロ／時）以上、航続距離は二五〇キロ爆弾を搭載して八〇〇カイリ（一四八〇キロ以上）、同量の爆弾と燃料満載で一二〇〇カイリ（二二二〇キロ）……と開発途中の零戦をも凌ぐ高性能を求めることとした。この時点では、米海軍の次期艦上戦闘機（F４F）を振り切ることも夢ではないとみられた。

山名技師らのドイツでの研修の成果も取り入れられ、エンジンには高速飛行に有利な正面面積が小さい液冷エンジンを予定し、DB601Aを国産化した愛知・熱田（一二〇〇馬力級）が用いられることになった。

艦爆（急降下爆撃機）という機体強度を必要とする機種で、当時としては常識破りとも言える高性能を追求することにしたため、エンジンほか空力面および構造面においても様々な工夫が凝らされ、空技廠開発の十三試艦上爆撃機は実験的な機体となっていく。

液冷エンジンなのでラジエターが必要だが、ラジエターと滑油冷却機のインテイクがエンジンの下部に開口し、これら冷却機の後ろに投下用の誘導桿（一本式アーム）付きの爆弾倉が設けられた。なお爆弾倉は細身の胴体に合わせていたので、二五〇キロ爆弾ならば扉を閉めることができたが、五〇〇キロ爆弾のときは閉め切ることはできなかった。

さらに凝っていたのが主翼である。整備担当者への負担が予想される液冷エンジンを動力としたので、ほかの箇所では単純化が図られ、主翼の折りたたみ機構はやめてエレベーターに収まる翼幅一一・五メートルにとどめられた。空母での発着のため、ある程度の翼面積が必要だったが、アスペクト比五・六という長めの翼弦にして対応。高速巡航飛行にも有利な平面形の主翼になった。

三分割のエア・ブレーキは非作動時の空力性が重視されて、折りたたみ時には主翼下面表面と一致されることになった。またあれだけの航続性能を実現するにはかなりの翼内燃料タンクが必要になり、主翼の翼厚比はタンクやエア・ブレーキを納める付け根付近で一六パーセントという厚翼になり、翼端では六パーセントとかなり薄くなった。翼端失速の対策として翼断面の最厚部が付け根で翼弦の四〇パーセントから翼端での二〇パーセントへと前進するかたちになり、これでねじり下げと同様の効果を得ることにした（＊）。

（＊）中島製戦闘機の主翼もこれに近い考え方である。

昭和十五年（一九四〇年）十一月に実施された試作一号機の初飛行に続き、昭和十六年（一九四一年）は五機の試作機をもって試験飛行が行なわれた。早い段階で目標の性能をクリアして期待を抱かせたが、急降下爆撃機という難しい機種ゆえに年末になっても飛行試験は終わらなかった。

二式艦偵としての制式採用

十三試艦爆は、増加燃料タンクを装備した際には二一〇〇カイリ（三四九〇キロ）という長大な航続能力を発揮したが、これが本機に対する艦上偵察機としての需要を高めた。海軍の空母飛行隊では、航続性能は優れているが速度性能に難があった九七艦攻を索敵機として併用していたからである。そこで昭和十七年（一九四二年）早々には試作三、四号機が爆弾倉内にも燃料タンクを装備するなど偵察機としての改造が施され、「二式艦上偵察機」として制式化。空母「蒼龍」に搭載された。

同年六月のミッドウェー海戦では一機が米機動隊を捕捉するが、無線機不具合のため母艦に帰還する（「蒼龍」はすでに被爆、「飛龍」に着艦）まで伝えられないという不運に見舞われた。結局この海戦で二機とも失われたことが、彗星のテスト飛行に悪影響を及ぼすことになった。

長引いた飛行試験中に、量産は熱田エンジンの製作を担当した愛知で行なわれることになったが、空技廠から送られてきた彗星関連資料の、高度な造型技術を要する実験機然とした造りにはメーカー側もしばしば閉口。この時点で量産および整備担当者の混乱も予想された。

昭和十七年中の生産はなかなかはかどらなかったが、翌十八年から十九年四月にかけて熱田二一型（一二〇〇馬力）を動力とする彗星一一型（および二式艦偵一一型）が七〇〇機あまり製作されて、ラバウル方面で、また空母「瑞鶴」や「翔鶴」の搭載機となって実戦投入された。

エンジン出力アップの彗星一二型

この間、昭和十九年はじめに、圧縮比とブースト圧を高め、シャフトの回転数も上げて出力を二〇〇〇馬力ほどアップさせた熱田三二型（水・メタノール噴射を採用）を動力とする彗星一二型（および二式艦偵一二型）の量産準備も始まった。

速度性能（二〇キロ／時アップ）、上昇性能とも向上したものの、彗星の売りものだった飛行性能の向上を上回るペースで戦闘環境の厳しさは増していく。連合軍側の警戒レーダーシステムの整備、戦闘機の性能向上などにより、迎撃に遭うと生還が困難な性能レベルとなっていた。

海軍ではあまたの水上偵察機、飛行艇を持ちながら、陸上もしくは空母から運用する専用の偵察機を長らく持たず、高性能の艦偵・彩雲が使用可能になるのは敗色が濃くなってからのことだった。それまでは損害を出しながらも二式艦偵や二式陸偵を用いる一方、陸軍からも百式司偵を借り受けた。

なお二式艦偵は艦爆上がりの頑丈さゆえに、激しい機動が求められる空域への偵察任務では彩雲よりも重用されたということである。

彗星一二型系は二八〇〇機あまり製作されたが、これは一一型よりもかなり少ない。彗星では駆動に油圧よりも電動が多用されて故障がちと指摘されたが、一二型ではさらにトラブルが多発し、オイルの温度上昇や冷却液漏れなども問題になり、熱田三二型は扱いにくいエンジンと悪評が立った。トラブル多発の原因には材質低下といった背景もあっただろう。

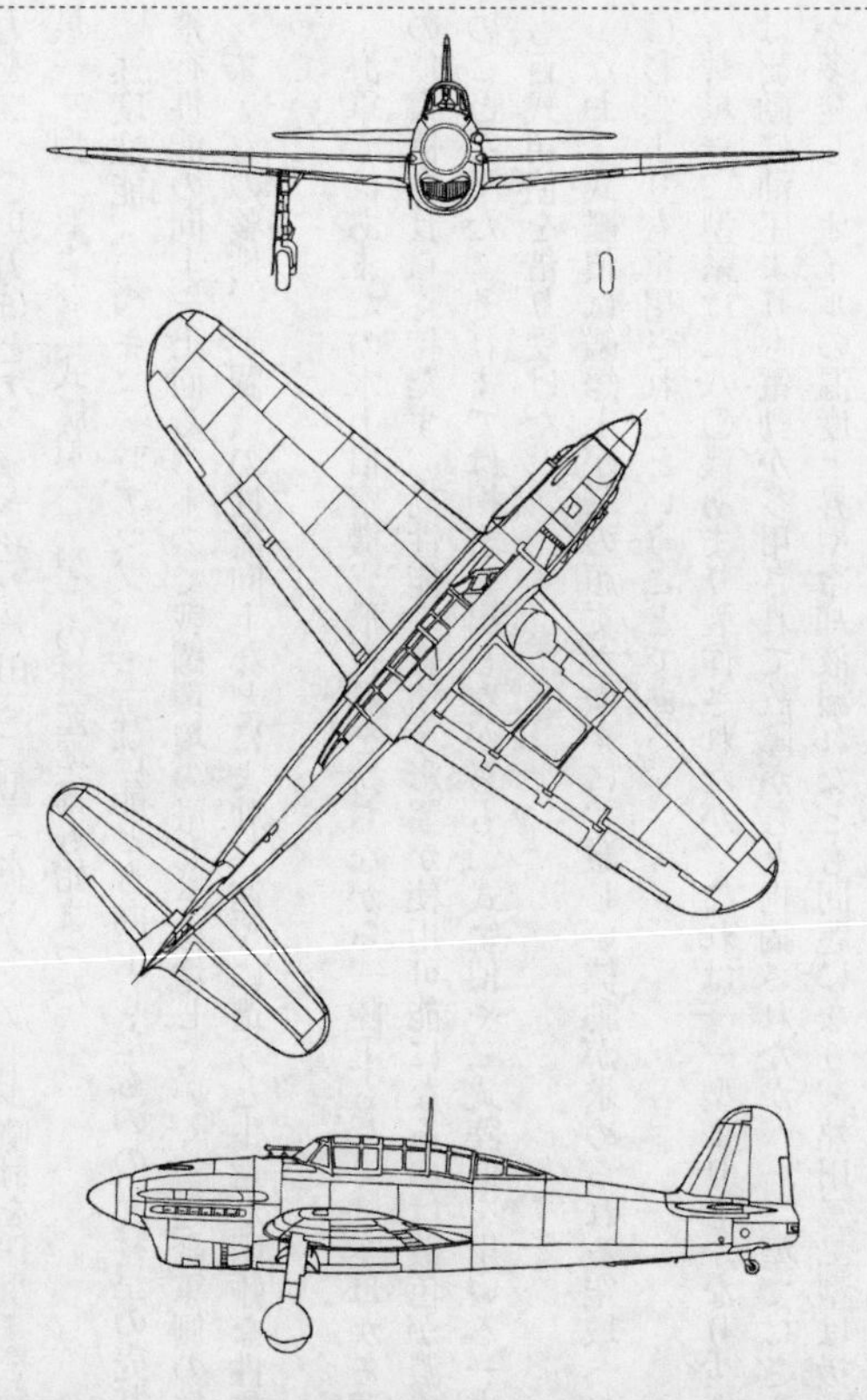

空技廠D4Y2 彗星一二型(艦上爆撃機) 全幅:11.49m 全長:10.22m 全高:3.68m 全備重量:3742kg エンジン:愛知「熱田」三二型(1400hp)×1 最大速度:580km/h(高度5250m) 上昇限度:10720m 航続距離:1517km 武装:7.7mm機銃×3、250kgまたは500kg爆弾×1、60kgまたは30kg爆弾×2 乗員:2名

斜め銃を積んだ彗星夜戦も登場

だが彗星一二型系が本質的には優れた機体だったことは、「特攻拒否」で知られる一三一航空隊（芙蓉部隊）所属機の高稼働率での奮戦、また「一二戊型」こと夜戦型による夜間迎撃からも推察できるだろう。

芙蓉部隊は沖縄戦において無謀な体当たり攻撃もしなければ急降下爆撃にこだわることもなく、米軍が占領した基地区域に対し、激しい弾幕を突破し高速での緩降下爆撃や、ロケット弾を用いた夜間襲撃を繰り返したことで知られる。

また夜間戦闘機型は後席・偵察員の直後に三〇度上向きの斜め機銃（二〇ミリ）を装備。第一一航空廠において彗星一二型から数十機が一二戊型に改修されて三〇二空、三五三空で防空任務に着き、数機のB‐29の撃墜も記録した。なお、夜戦型は芙蓉部隊にも配備されていた。強度が高かっただけに、日本海軍独特の艦種となった航空戦艦「伊勢」「日向」からカタパルトで射出される二一型、二二型へと一一、一二型からそれぞれ少数機改修されていたが、こちらは実戦で使用されるには至らなかった。

故障対策などのため熱田三二型の生産ペースは乱され、生産ラインで機体製作が先行してダブつき気味になったことにより、空冷星型の金星六一型（一五六〇馬力）を動力とする彗星三三型も五三六機製作された。

だが昭和十九年末のフィリピン決戦で空母部隊が壊滅状態になり、すでに空母からの運用が考えられなくなっていたため、着艦フックなどは外されていた。エンジンのシャフトの位

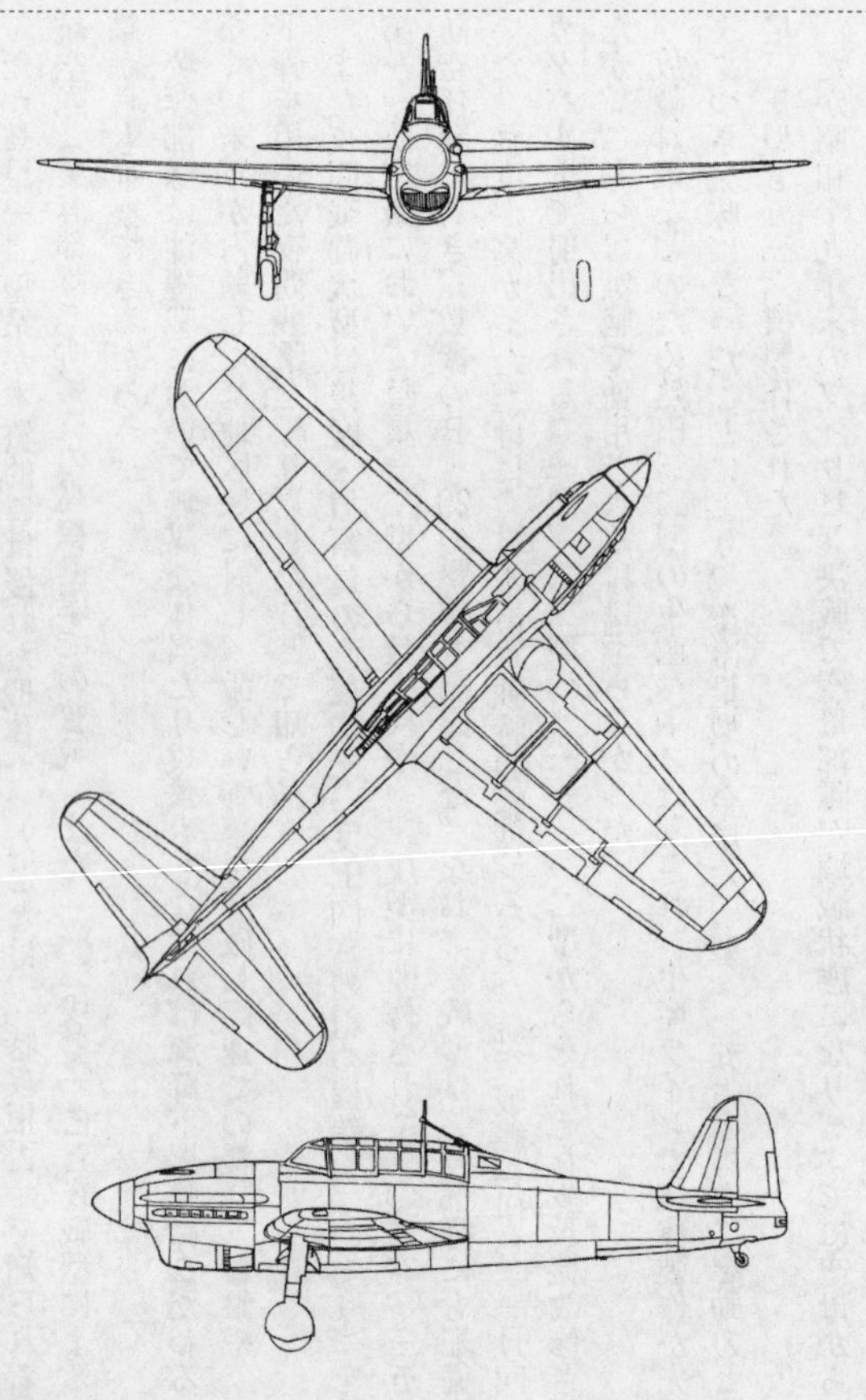

空技廠D4Y2-S 彗星一二戊型(迎撃戦闘機)　全高：3.74m　武装：20mm機銃(斜め銃)×1(後席直後)、その他は彗星一二型に準ずる

47　空技廠艦上爆撃機彗星

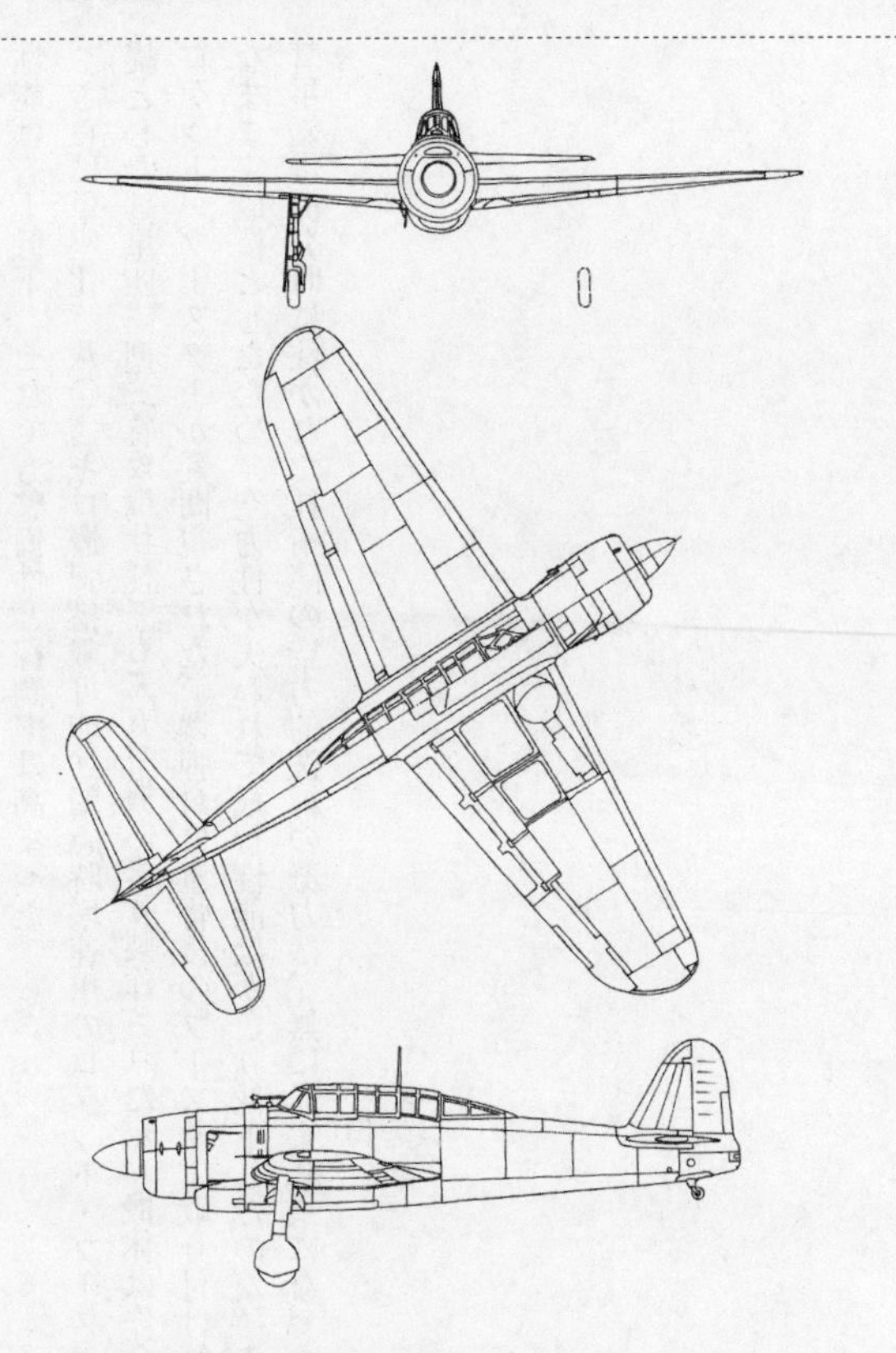

空技廠D4Y3 彗星三三型(艦上爆撃機)　全幅：11.50m　全長：10.22m　全高：3.74m　全備重量：3750kg　エンジン：三菱「金星」六二型(1560hp)×1　最大速度：574km／h(高度6050m)　上昇限度：10500m　航続距離：1519km　武装：7.7mm機銃×2、7.9mm機銃×1、250kg爆弾×3または500kg爆弾×1　乗員：2名

置が下にずれるためプロペラの直径が小さくなり、さらに正面面積が大きくなったため飛行性能は若干低下。それでも整備性と稼働率は高まった。

さらに単座化、八〇〇キロ爆弾搭載可能、緊急時増速用のロケット・ブースター装備を前提とした彗星四三型（特攻機仕様）も二五三機あまり製作されたが、機体は作られたもののロケット・ブースターが疑問視された。爆弾倉位置背後のブースター取り付け箇所を不細工なまま完成機としたため、空力性が失われて飛行性能はかなり低下したのだ。ここにおいて、彗星艦爆開発時に注がれた技術陣の空力的洗練の努力は、無に帰す結果になったのである。

3 空技廠 陸上爆撃機銀河

雷撃も急降下爆撃もこなす万能攻撃機

十三試艦爆（のちの彗星）の開発が佳境に入ろうかという昭和十四年、横須賀海軍工廠（改称後、空技廠）では世界の水準を凌駕する「より早く、遠くへ、高く」を成し得る三種類の実験機の開発を企画した。それぞれ、略称をY10、Y20、Y30としたが「家財を質に入れての戦争準備」の時期であったから、実機開発が進められることになったのは「一トン爆弾を搭載し、三〇〇〇カイリ（約五六〇〇キロ）飛行して洋上決戦に参加し得る長距離爆撃機があれば」という需要の声を反映させたY20だった。

単発機では航続性能や搭載量の面でこの要求に応えられそうもなく、双発機にならざるを得なかったが、望まれたのは「爆撃機」であった。海軍では「爆撃機＝急降下爆撃機」を意味する。双発の爆撃機というとドイツでユンカースJu88が実用化されていたが、航空廠ではさらに目標を高く掲げて「航空魚雷も搭載可能、（十三試艦爆と同様に）速度性能を活かして敵機を振り切る」こととした。

Y20は世界水準に伍し得る航空廠の技術力をもって、民間では実現できないような高性能長距離爆撃機とすることにした。艦爆（D）、陸攻（G）という機種記号はあったが、陸上爆撃機としては最初の機体なので「P1Y」とされた。（＊）

（＊）たとえば十三試艦爆は四番目の艦爆なのでD4Y。Yは横須賀航空廠のメーカー・コードである。

教材として輸入されたJu88はすでに古い設計になっていたが、乗員を機首の観測・爆撃手席とコクピットに集中させて、以降の胴体を極力スリム化させるというスタイルは同様だった。爆弾類は機内の武器庫に収納し、防御火器も機首（二〇ミリ機銃）とコクピット後部（一三ミリ機銃）という最小限にとどめ、速度性能を活かして振り切るという考え方は十三試艦爆と同様だった。

Y20の外見は風防、キャノピー、胴体にエンジン・ナセルと、空力的に抵抗の少ない曲面状の形状が志向された（風防、キャノピーには平面ガラスも使用されるようになる）。エンジンには一・一八メートルと小さな直径ながら、二〇〇〇馬力に近い出力を出せる見込みの、中島十五試ル号（後の誉エンジン）が予定された。

並外れた高性能を確保するためのラディカルな設計

零戦並みの速度性能と五〇〇〇キロを上回る航続距離、それに急降下機動からの引き起こ

51　空技廠陸上爆撃機銀河

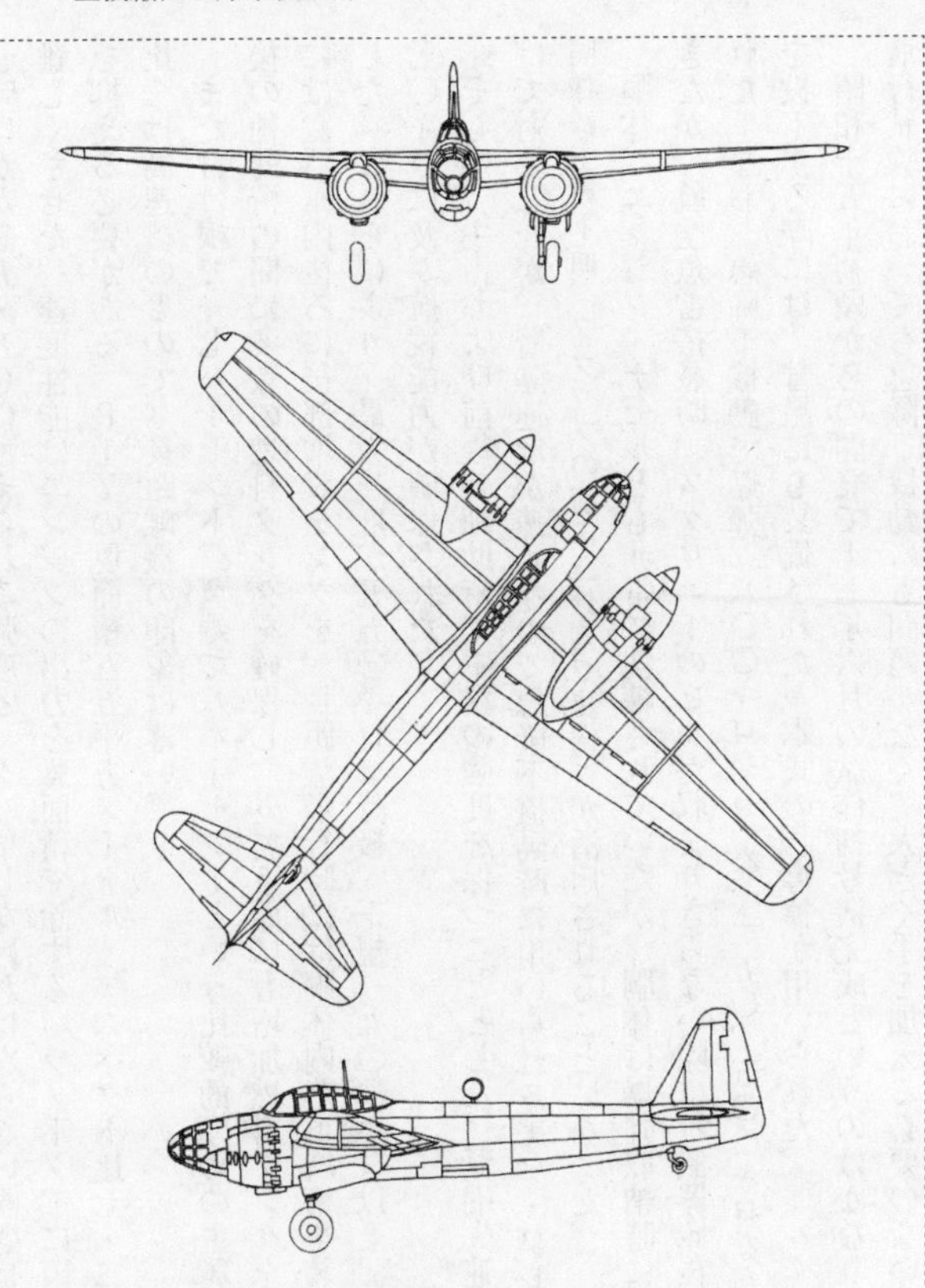

空技廠P1Y1 銀河一一型(爆撃機・雷撃機)　全幅：20.00m　全長：15.00m　全高：5.30m　全備重量10500kg　エンジン：中島「誉」一二型(離昇1825hp)×2　最大速度：546km／h(高度5900m)　上昇限度：9400m　航続距離：1920km　武装：20mm機銃×2、爆弾1000kgまで。または航空魚雷×1　乗員：3名

し時にかかる五・五Gに耐えられる強度と、クリアしなければならない課題は主翼の設計を難しくさせた。速度性能はエンジンの出力を翼面積で除するパラメーターに因るので翼面積を抑える必要がある。P1Yの翼面積五五平方メートル、アスペクト比七・二八、テーパー比三は高速機のもので、長距離機の印象は薄い。

また付け根で一七パーセント、翼端で八パーセントという比較的厚めの主翼内の主桁と前後の補助桁の間に多数の燃料タンクを確保し、外翼下面にも増加燃料タンクを懸架。爆撃時には武器庫内後ろに後部増設タンクを、長距離飛行時には胴体内落下増槽を装備することとした。これらにより、最大速度が五五〇キロ／時級、正規一九〇〇キロ以上、過荷重で五三七〇キロに及ぶ航続能力が確保された。

そして、主桁および前後の補助桁で主翼の強度を保つこととした。翼端失速にはねじり下げで対応したが、着陸速度が速めなので急降下機動時に用いられるエア・ブレーキ（彗星と同様に主翼下面、フラップの前に三分割で装備）が活用されることになった。

胴体、エンジン・ナセルとも非常に洗練されていたが、胴体は爆弾収納時には扉を開閉できたが、航空魚雷搭載時、スクリューのヒレが収まりきらない際には武器庫後部の蓋が外された。なお、急降下機動で爆弾（八〇〇キロなら一発、二五〇、五〇〇キロなら前後に二発）を投下する際には、彗星にも装備された一本式の誘導桿が用いられた。

昭和十五年初頭からの開発で十七年六月の試作初号機完成というのはかなり順調な方で、飛行試験においても急降下機動にも問題がなく、大きく手を加える必要のない良好な飛行特性も確認された。戦局の緊迫度が高まるにつれ、優秀な陸上爆撃機・銀河への期待も高まったが、問題が表面化するのはそれからだった。彗星艦爆の生産を担当した愛知も悩まされた問題だが、銀河は非常に製作が難しい機体になっていたのである。

銀河の製作を担当したのは中島飛行機だが、空技廠の「民間では開発できない高性能機」の理想が高過ぎたのである。分割構造や型鍛造を用いたのは官側で考えた生産性への工夫だったが、民間航空工業では型鍛造の技術が未成熟で、手間が掛かるのを承知で機械加工とした。

けれども熟練工まで兵役に召集される長期戦のなか、機械加工で部品を揃えたため工数は増えて、生産現場を悩ませる機体になってしまった。生産が順調に進まないなか、結果的に一〇〇〇機を上回る数の銀河が作られたことには、空技廠の関係者をして驚かされたという。

もとより、動力に選ばれた「誉」にしても、よほどの好条件が整った場合にのみ高性能を発揮できた。多くの場合、実戦においてデータ通りの能力は発揮できず、その不安定さもこのエンジンを採用した各機を苦しめることになる。量産型の動力になったのは誉一一型と一二型で、推力式単排気管を採用した。

奮戦も空しく……次々と散りゆく銀河

量産型の銀河一一型による部隊編成は昭和十八年八月に始まり、翌春にかけて配備部隊が着実に増えて、錬成訓練も行なわれた。しかしながら生産機数が伸びなかったため、なかなか定数に達さなかった。やがて米軍によるマリアナ方面への攻勢も強化され、四月には最初の銀河運用部隊となった五二一空がグアム島に派遣され、初陣に備えた。

以降、マリアナ沖海戦や台湾沖航空戦、フィリピン決戦と、爆撃、雷撃の両作戦を実施して奮闘したが、銀河の高性能は良好な条件が整った場合でのみ発揮される。誉エンジンが不調に悩まされ、米機動部隊のレーダー警戒管制システムによって接敵前に捕捉され、誘導された迎撃機の待ち伏せに遭う厳しい戦闘環境下では、予想外に被害が拡大して所期の戦果を挙げることはままならなかった。

銀河による特攻隊も編成されて、フィリピン決戦以降、体当たり攻撃もかなりの頻度で実施されたが、故障によって引き返すケースも少なくなかった。今に語り継がれている、ウルシー環礁の米機動部隊泊地への菊水部隊梓特別攻撃隊の作戦も、故障機の多発や攻撃目標への到着の遅れから実質的には失敗した。

なお、銀河は急降下爆撃機として開発されただけに、降下機動で制限速度に近づくと機体が引き起こされ気味になったため、急角度での突入が要求される体当たり攻撃には向かなかったとも言われている。

九州沖航空戦では空母フランクリンに命中弾を与え（水平爆撃）、沖縄決戦の際にも上陸部隊に対しても手傷を負わせたが、沖縄占領後も進出した米軍基地への攻撃を行なっている。なお、洋上攻撃任務の銀河の一部には三式空六号レーダーが搭載されていた。

夜間戦闘機・極光

米軍機の日本本土空襲に備えて、戦闘機以外の機種の防空戦闘機転用も進められていたが、空技廠の指示により川西において銀河からの改造夜間戦闘機「極光」が製作されていた。エンジンを火星二五型に換え、胴体上部に二〇ミリ機銃二梃の斜め機銃を装備していたが、銀河ほどの飛行性能には達することができず、B‐29を相手にする迎撃戦には向かなかった。

これとは別に銀河一一型や一一型甲（後席銃座が二式一三ミリ機銃に変更）に同様の斜め機銃を装備した改造夜戦が作られ、極光とともに三〇二空（厚木）に配備された。厚木の銀河夜戦はB‐29に対しては打撃力不足と認識され、爆弾倉内に三号爆弾を搭載して迎撃任務に携わり、撃墜機数は約一〇機に上ったとみられている。なお、性能不足とされた極光の大部分は爆撃機としての装備を施して、銀河一六型となり沖縄の米軍攻撃などに使用された。

多銃掃射を狙った襲撃機型

銀河は生産機数にしては改造型が多かったが、最たるものは二〇ミリ機銃を一〇梃ずつ斜め前向きに二列に縦列した襲撃機型（七〇六空・松島）であろう。この襲撃機型については、前向き、右前向き・左前向きに銃身を傾けたタイプがあって、三機編隊で地上に掃射攻撃する予定だったのではないかとも伝えられている。

同じ飛行隊の一式陸攻が陸戦隊員、空挺隊員の約四〇〇名をマリアナに空輸し、地上でB‐29を撃破する「剣作戦」を実施し、銀河・襲撃機はこれを支援する「烈作戦」の使用機で、

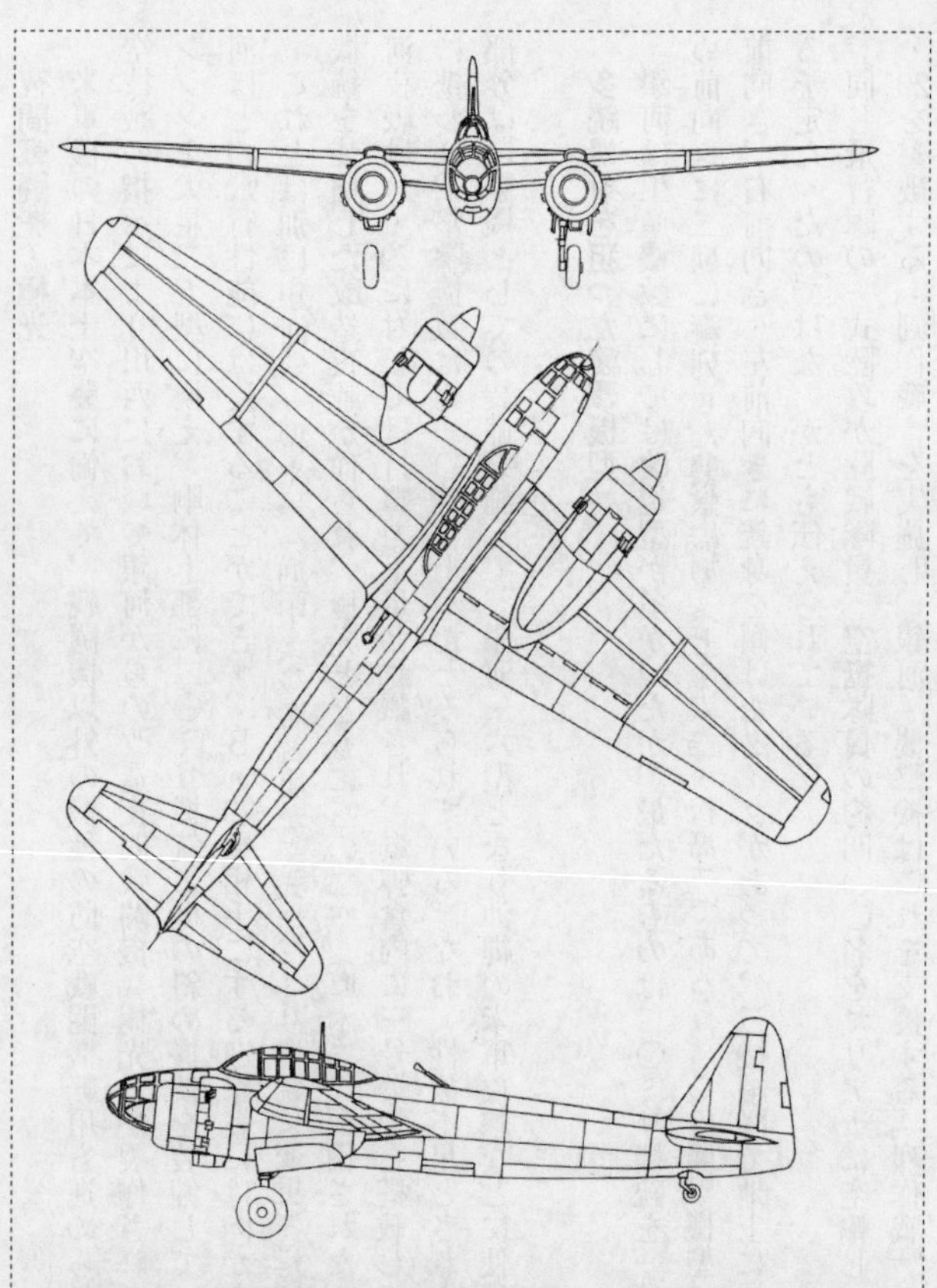

空技廠P1Y1-S 試製極光（夜間戦闘機）　全幅：20.00m　全長：15.00m
全高：5.30m　全備重量：10500kg　エンジン：三菱「火星」二五型（離昇1850hp）×2　最大速度：522km／h（高度5400m）　上昇限度：9560m
航続距離：3982km（最大）　武装：20mm機銃×3　乗員：3名

六番爆弾一二発を搭載した銀河も支援に加わることとされた。七月中の作戦実施を目指して実機も作られて演習も行なわれたが、米機動部隊の攻撃に遭って作戦参加予定機が破壊され、作戦は延期。その前に終戦を迎え、実施されることはなかった。このような多数機銃装備の襲撃機型による米基地攻撃作戦は、沖縄戦時にも計画されていたという。

4　三菱　百式司令部偵察機

次世代高速戦略偵察機の開発

百式司偵の先輩である九七式司令部偵察機（＊）の日中戦争での活躍は、さらなる高性能偵察機の要求への呼び水となり、昭和十二年（一九三七年）末には、最大速度六〇〇キロ／時以上、航続時間が六時間という格段に厳しい内容の戦略偵察機が要求された。これは空冷星型エンジンの単発機では難しいとみられ、双発機として開発されることになった。こうしてキ-46、のちの百式司令部偵察機の開発が開始されたのである。

（＊）司令部偵察機＝主に前線の戦術航空偵察を任務とする軍偵察機に対し、敵陣深く侵入しての戦略偵察を主任務とする機体。

双発機になると正面面積がさらに拡大するが、開発陣はその分空力的洗練を究めることとし、まずはエンジン・カウリングとナセルの空気抵抗の極限に取り組んだ。プロペラのスピンナーからエンジンにかけての流線形に近い形は以後の三菱双発機に広く取り入れられることになる。この時点での動力はまだハ‐26エンジン（七八〇馬力）であった。写真偵察機なので安定的に水平直線飛行ができ、舵の効きの良さも求められたが、双発機ならば片発でも水平直線飛行が容易で、旋回飛行ができることも要求された。

胴体に関しても可能な限り流線形化させ、操縦士と偵察員はコンパクトなコクピットに収納されたが、これは偵察員の下方視界不良が指摘された。そのため偵察員席は主翼付け根よりも後ろに置かれることになった。また、主翼、尾翼とも翼厚を薄くして、垂直尾翼には高さを低くしつつ前後の幅を広げて、面積を確保する工夫がなされた。

試作初号機の最大速度は五四〇キロ／時（高度四一〇〇メートル）と確認されたが、当時の陸海軍の主力戦闘機よりは高速だったものの、要求よりもかなり下回っていた。採用の際にも速度性能が問題視されたが、飛行特性が優れていたため、性能向上の継続を求めつつ「百式司令部偵察機」としての制式化が決まる。ハ‐26を動力とする三四機（試作機を含む）は百式司令部偵察機一型となった。ちなみに皇紀二六〇〇年（一九四〇年）の制式化は、海軍では零式、陸軍では百式とされている。

ビルマの通り魔

キ‐46はその性能向上が継続課題とされ、過給機を二段二速に改めたハ‐102（一〇八〇馬力）を動力とするキ‐46Ⅱが昭和十六年の春には試作された。プロペラの直径も二〇センチ大きくなり、高空性能は向上。六〇四キロ／時（高度五八〇〇メートル）という速度性能を

61　三菱百式司令部偵察機

三菱キ-46-Ⅱ 百式司令部偵察機二型（偵察機）　全幅：14.70m　全長：11.00m　全高：3.88m　全備重量：5800kg　エンジン：三菱ハ-102（1055hp）×2　最大速度：604km／h（高度5800m）　上昇限度：10720m　航続距離：2474km　武装：7.7mm機関銃×1　乗員：2名

示して当初の要求性能をクリアした。搭載カメラは九六式小航空写真機一台だったところ、キ-46Ⅱでは百式大航空写真機も装備されるようになった。キ-46Ⅱは実用評価試験後、ただちに生産に入り、偵察機としては多い一〇九三機が生産された。

百式司偵をしばしば「新司偵」と呼ぶのは前任の九七司偵に対する呼び方だが、昭和十六年八月の独立飛行第十六中隊への配備を皮切りに次第に九七司偵と交代、やがて新司偵運用部隊数は五〇個を越えた。マレー方面では宣戦布告前に高高度での隠密戦略偵察を行ない、開戦後はシンガポール航空撃滅戦の支援、天候偵察や事前偵察、戦果確認にと、連日の出撃を繰り返した。

昭和十七年の三月中旬には新司偵もビルマ方面の航空撃滅戦に参加。大規模航空戦の前には新司偵が現われ、待ち伏せ攻撃がうまく行かない限り連合軍は捕捉できず「ビルマの通り魔」とも呼ばれた。蘭印侵攻の際にも事前の航空撃滅戦に入る前には司偵が現われた。「『写真屋のジョー』が来ると間もなく日本機が大挙して襲来する」と嫌われ恐れられた。

真打キ-46Ⅲの登場

昭和十七年五月には第二次性能向上型(キ-46Ⅲ)の開発が命じられたが、最大速度を六五〇キロ/時、航続時間をさらに一時間延長という飛行性能向上にとどまらず、離着陸の一層の容易さも求められた。使用エンジンは、水メタノール噴射式のハ-112Ⅱ(一五〇〇馬力)で、エンジンの直径も一〇センチ大きくなった。そのためエンジン・カウリング、ナセ

63　三菱百式司令部偵察機

三菱キ-46-Ⅲ 百式司令部偵察機三型(偵察機)　全幅：14.70m　全長：11.00m　全高：3.88m　全備重量：6500kg　エンジン：三菱ハ-112Ⅱ(1350hp)×2　最大速度：630km／h(高度6000m)　上昇限度：10800m　航続距離：2600km(+1時間)　武装：なし　乗員：2名

ルが再設計され、操縦席の風防の段差もなくして曲面の部分が拡大。航続性能の向上には胴体前部の二〇〇リットル燃料タンク増設に加え、四〇〇～六〇〇リットルの落下式増槽タンクを懸架することとした。増槽を使用すれば航続距離は四〇〇〇キロにも及んだのである。

これだけの改修が施されたうえ、防弾の改善や搭載カメラの見直しも行なわれたため、キ-46Ⅲの開発は遅れた。審査では良好な高高度性能は確認されたが、速度性能は六三〇キロ／時にとどまった。酸素吸入装置や自動操縦装置の不具合にも手を焼き、段無しの曲面風防も屈折が大きくて評判は芳しくなかった。だが推力式単排気管の採用や消焔効果の改善など辛抱強い改善が行なわれ、百式司偵三型は結果的に六一一機製作されることになる。

百式司偵三型が現われる頃には、すでに連合軍側戦闘機の飛行性能が大幅に向上し、「通り魔」と呼ばれた昔日の面影も薄れてきたが、優れた戦略偵察機に恵まれなかった海軍にも供与され、陸軍も洋上長距離飛行技術の向上に取り組んだ。その結果、台湾沖航空戦、フィリピン決戦と、索敵任務で海軍を支援し、やがては沖縄戦での状況偵察、体当たり攻撃機出撃前の索敵や戦果確認といった困難な強行偵察任務に従事することとなる。

攻撃機型や練習機型の誕生

この間に実施された特異な任務としては、首都圏への空襲が始まる直前の昭和十九年十一月上旬に、第四独飛の百式司偵が行なった、マリアナのB-29基地への夕弾（成形炸薬弾）での攻撃が挙げられるだろう。六日夜間の出撃ではサイパンのアスリート飛行場、テニアン

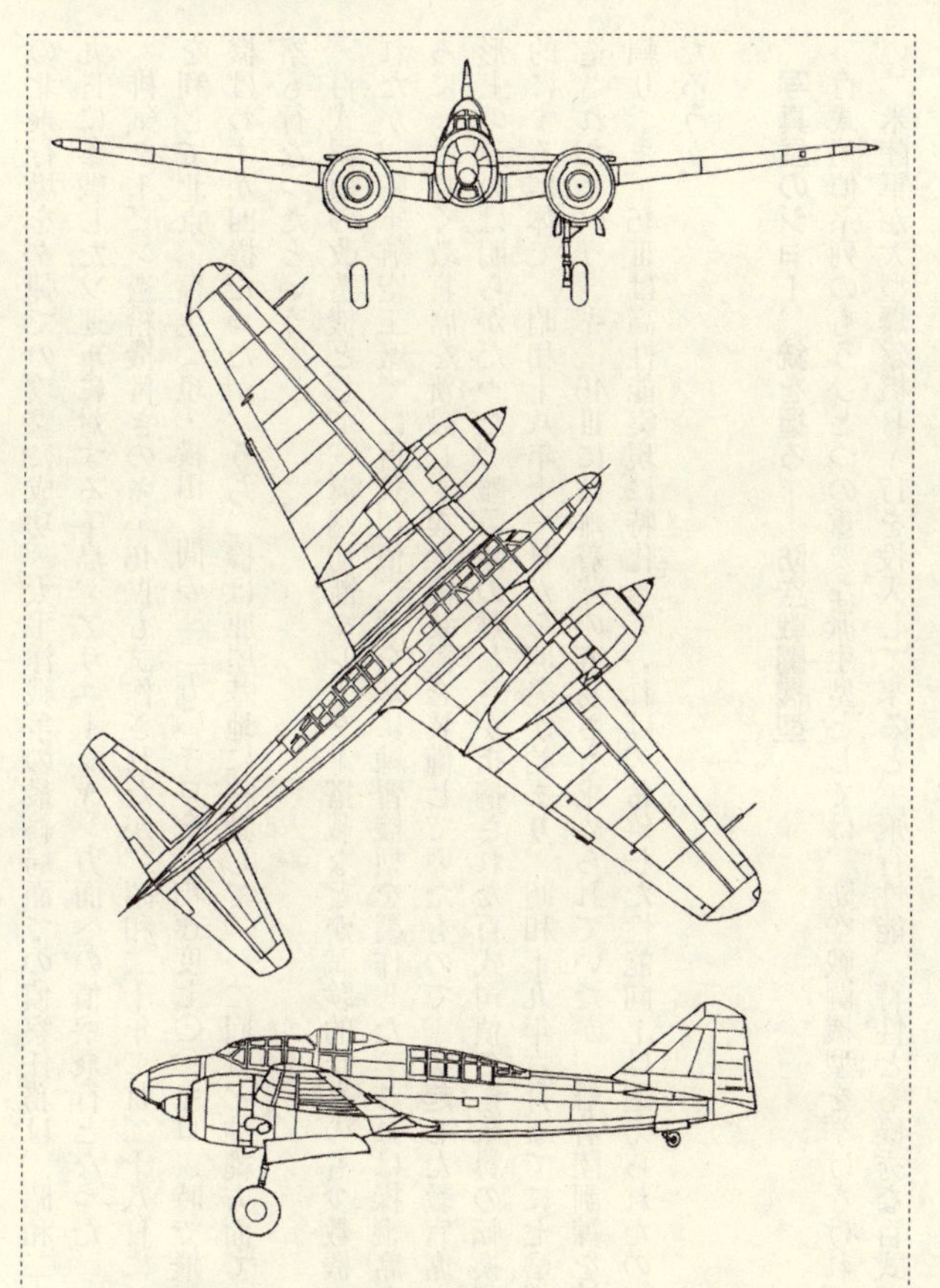

三菱 百式司偵二型改・練習機(練習機)　エンジン、寸法は二型と同様。操縦席、偵察員席の間の燃料タンクを縮小して教官席(複操縦式)を突起させて新設　乗員：2〜3名(複操縦式)

の北飛行場を夕弾での攻撃に成功。太平洋戦争の最終局面での偵察任務は、昭和二十年八月九日に参戦したソ連軍に対する千島、アリューシャン方面への偵察飛行となった。

排気タービン過給機付きのキ-46Ⅳも試作されたが、昭和二十年二月二十八日には追い風を利して北京・福生（現・横田）間の二二五〇キロを平均速度七〇〇キロ／時で飛行。完成機はわずか四機だったが、うち二機は鹿屋基地に移動して、一二回ほど沖縄方面での強行偵察も行なったという。

百式司偵の改造機として、翼端切断やレーダー搭載などが試験的なものも少数機で試みられたが、陸軍航空工廠では百式司偵二型を基に練習機型を製作した。これは操縦席のすぐ後ろに一段高く教官席を新設し、複操縦装置を装備していたもので、突起した教官席により外形上の違いは明らかだった。離着陸の難しさが指摘された百式司偵の搭乗員の転換訓練を目的にする機体で、昭和十八年十一月から開発が始まり、昭和十九年六月までに七〇機ほど改造されたという。キ-46Ⅲには離着陸の容易さも求められていたが、離着陸訓練を練習機に頼り、キ-46Ⅲは高性能実現に特化していれば、希望した性能向上は適えられたのではないだろうか。

写真屋のジョー、銃を握る――防空戦闘機型

百式司偵系列のもうひとつの重要な派生型としては、防空戦闘機型を挙げなければならない。米陸軍が大型爆撃機B-17を投入して来ると、飛行性能、特性とも優秀な百式司偵の戦

陸軍航空工廠 百式三型乙戦(迎撃戦闘機)　全幅：14.7m　全長：11.0m　全高：3.88m　全備重量：6228kg　エンジン：三菱ハ-112Ⅱ(1350hp)×2　最大速度：630km/h(高度6000m)　上昇限度：10500m　航続距離：2600km(+1時間)　武装：20mm機関砲×2、50kgタ弾×2(図画は37mm機関砲の斜め機銃を装備した百式三型乙+丙戦)　乗員：2名

闘機転用が考えられた。そこで陸軍航空工廠では、胴体の前部を補強して九四式三七ミリ対戦車砲を搭載した迎撃戦闘機型を昭和十八年の初めから一七機製作し（一五機説もあり）、ラバウルの飛行第十戦隊での運用が始まった。

改造戦闘機はB-17の迎撃には成功したものの、大口径の固定火器装備によって良好な飛行特性は失われた。そのうえ、なかなか使いこなせる機体でもなかったため、現場での評判は芳しくなかったという。

昭和十九年の夏場近くには、実用試験中の百式司偵三型について防空戦闘機転用が提案されていた。

操縦性など飛行特性に定評があった百式司偵の速度性能、高高度性能がさらに高められたⅢ型なので、これは自然な流れでもあった。陸軍航空工廠ではすでに二型の戦闘機転用の例もあったが、改設計は第一航空技術研究所で、改造作業は陸軍航空工廠で実施されることになった。

この防空戦闘機ではカメラなど偵察機の装備の撤廃と視界向上のため操縦席風防を段付き形状に変更し、二〇ミリ機関砲二門を機首に搭載。高高度飛行時のベーパーロックを防ぐため燃料タンクにブースターポンプを装備、酸素ボンベも増量された。

もとが偵察機だったので航空戦における激しい機動が懸念されたこともあったが、新司偵改造機も本土防空用の迎撃機に列せられ、百式三型司偵乙（いわゆる百式司偵三型が「三型甲」と呼ばれた）、百式司偵三型改防空戦と呼ばれ、百式三型防空戦とも呼ばれた。すでに実戦部隊で実施されていた三七ミリ機関砲の、斜め七〇度での搭載も審査されており、こちらは「三型乙＋丙」として制式化された。

同年秋にも独立飛行十七中隊（調布）でもB－29との迎撃戦に備えて百式司偵二型六機（および三型一機）に、偵察員席直前に三七ミリ機関砲を七五度上向きに装着し、迎撃機型に改修した。大型機迎撃のための斜め機銃装備は海軍の二式陸偵（＊）への搭載に始まり、日本の迎撃機だけでなくドイツ空軍の迎撃機にも装備されるようになっていたが、B－29に対しては七五度上向きが死角を狙えるとみられたという。

（＊）のちの「月光」。

B－29による中国大陸の成都から九州北部への空襲は始まっていたが、テニアンからの首都圏への空襲は十一月下旬より始まった。三型乙（七五機）および三型乙＋丙（一五機）の改造と配備はギリギリのタイミングになっており、九〇機の改造防空戦闘機のうち五〇機には内翼下面に夕弾懸架用の爆弾架も装備されていた。

キ－46改造防空戦闘機はB－29に対抗し得る重武装の迎撃機となったが、硫黄島が米軍の手に落ち、P－51のような護衛戦闘機が随伴するようになると、同機に可能な迎撃任務も大幅に制限されてしまったのである。

5　三菱キ・67四式重爆撃機飛龍

世界の常識とは異なる日本の〝重〟爆撃機

要求仕様にしたがって開発された軍用機が所期の働きを成しえない、また、旧式化するのが早すぎた……というのは、仕様書策定の段階で見込み違いや甘さがあったということになるのだろう。日本の陸海軍の爆撃機に関して指摘されることが多いのは、やはり武器搭載量の少なさや防御、装甲面の貧弱さであろう。

陸軍機をみると、例えば九七重爆（三菱）の量産開始前に、のちに百式重爆となるキ・49（中島）の開発が始まっており（昭和十二年末）、キ・49の試作初号機が出来上がった昭和十四年（一九三九年）にキ・49の後継機種の研究が三菱に内示されていた。これら各機は「重爆撃機」と称されているが、爆弾搭載量は七五〇キロ～一トン程度の、実質的には敵方基地施設や飛行場攻撃などを目的とした〝戦術〟爆撃機で、世界の一般的なHeavy Bomberとはそれなりに異なっていた。

「今日の新型は明日の旧式機」という戦時下にあっては、有利に戦いを進めるうえで新型機や改良型の開発は間を開けられない大問題だったが、だとしても先の問題点が代々引きずられる仕様が出され続けたことには、要求者側の姿勢、考え方に疑問を感じざるを得ない。キ-49の後継機種として研究が内示された重爆キ-67は、翌年の実大模型の審査を経て昭和十六年に試作が正式に指示されるが、研究方針から要求仕様が発せられるまでに「五〇〇〇〜六〇〇〇メートルの高度から六〇〇キロ/時ほどで急降下し爆撃、銃撃を行ない、対空射撃による損害を減らす」「最大水平速度は五五〇キロ/時」と明示され、それまでのニッポン重爆にはみられない機動性、速度性能が求められた。ただし「爆弾搭載量を減らして(標準五〇〇キロ)でも航続性能を向上(行動半径一〇〇〇キロ+二時間)」というところは、さらに打撃力を削減しても可、と世界の潮流に逆行しているようにみられる。だがこれは、敵国を米英ではなくてソ連(昭和十四年の夏にノモンハン国境紛争で惨敗を喫した相手)と意識しての「機動性が高い攻撃用機種での反復攻撃」を考慮していた結果からとされている。

機動性に優れる重爆飛龍

仕様書どおりに開発せずに制式化された例は外国ではしばしばあったが(別項のBf110もその例)、本邦では要求内容が重んじられたものの、必ずしも予定どおりの使われ方をされず、故障が多発するという事態に見舞われていた。そこで新型重爆キ-67に関しては「爆弾

73　三菱キ-67四式重爆撃機飛龍

三菱キ-67-Ⅰ　四式重爆撃機「飛龍」一型(爆撃機)　全幅：22.50m　全長：18.70m　全高：7.70m　全備重量：13765kg　エンジン：ハ-104(1900hp)×2　最大速度：537km/h(高度6090m)　上昇限度：9470m　航続距離：2800km　武装：20mm機関砲×1、12.7mm機関銃×4、爆弾800kgまで各種　乗員：6〜8名

を減らさずとも行動半径一五〇〇キロ」「正規爆弾搭載量は八〇〇キロ」ほか防御火器も指定より強化と、自主的に厳しい内容を設定した。急降下、超低空飛行も可能な双発爆撃機というのは小澤久之丞技師を主務とする技術陣の目指すところでもあった。

キ-67は機動性に優れる双発爆撃機とするため、一式陸攻を鍛え上げたような胴体になったが、機首の爆撃手兼射手席は鋼管溶接の窓枠にガラス張り、正副操縦士が並列するコクピットはプロペラの回転面よりも前に置かれるなど、視界確保にはかなりの配慮がなされた。

エンジンには離昇一九〇〇馬力のハ-104が用いられ、VDM電気式フルフェザリング・プロペラを装着。強制冷却ファンを備え、多くの三菱双発機に見られるような絞り込んだエンジン・カウリングになった。九七重爆開発の際に縦安定性が問題になったことから胴体は長めになり（翼幅は同じ二二・五メートルで全長は約二・七メートル長い一八・七メートル）、また生産性や修理の際の方便が考慮されて、胴体は六ヵ所から成る分割構造が採られた。

主翼は胴体と一体の中央翼と外翼から成る二桁構造で、構造的に単純なスロッテッド・フラップが用いられていた。仕様段階で寒冷地での作戦が意識されていたためか、主翼には防氷装置も備えられた。水平尾翼は一式陸攻と相似形だったが、爆弾投下時の横安定性が重視されて面積が大きくなった。また、外翼内の各四個の燃料タンクには、底部が翼下面と一致するセミ・インテグラル・タンクが用いられた。

防御火器は、機首と尾部に一二・七ミリ機関銃の銃座、胴体左右側面のブリスターに七・七ミリ旋回機関銃が装備されることとなった。胴体上部の球形銃塔も一二・七ミリ機関銃だったが、間もなく二〇ミリ機関砲に変更される。通常の爆撃装備の場合は、胴体内爆弾倉に五〇キロ×一五、一〇〇キロ×八、二五〇キロ×三、五〇〇キロ×一といった爆弾の組み合わせのいずれかが搭載された。

雷撃機としてのデビュー

試作段階では縦横の安定性不良や尾部の振動、舵の利きの悪さなどが指摘され、速度性能も五一〇キロ／時にとどまった。しかしながらこれらの初期不具合は舵面形状の変更や水平尾翼の大型化、強度向上やタブの改修などによって早期に改めることができた。速度性能もキャブレターの改善や推力式単排気管を用いることにより、五三七キロ／時（高度六〇〇〇メートル）まで高めることができたのである。

三機の試作機に続いて実用試験のための増加試作機が一七機製作されたが、昭和十八年末にはかねて可能性が打診されていた、陸軍機での艦艇攻撃、航空魚雷の搭載能力が研究対象になった。そこで一七、一八号機が爆弾倉を閉じた胴体下部に九一式魚雷改7を搭載できるように改装され、海軍横須賀航空隊で試験を受け、航空魚雷の投下方法などが研究された。

そして量産型一六一号機から一度五〇分下向きに魚雷が搭載されることになった。雷撃機型には索敵・帰投用のタキ‐1Ⅱ電波警戒機、超低空電波高度計タキ‐13が装備されたものもあった。

試作段階で製作に慎重を期したため予定よりも一年四ヵ月も遅れたこともあり（初飛行は

昭和十七年十二月）、審査、改修を経て量産に入ったのは昭和十九年早々のこと、また四式重爆・飛龍として制式化されるのは八月になり、その二ヵ月後の台湾沖航空戦から実戦に参加した。

飛龍雷撃機型はこの戦いに投入されて陸軍初の雷撃機となる。けれども台湾沖航空戦は伝えられた戦果とは裏腹に、実際は飛龍を含めて出撃した陸上機の大部分が失われ、米機動部隊の数隻に損傷を与えるにとどまった戦いである。直後からのフィリピン決戦でも飛龍は通常の爆撃機型と雷撃機型が機動部隊ほか米艦艇攻撃を実施したが、損害に見合うような戦績は挙げられなかった。さらにフィリピン決戦の最終段階では飛龍による体当たり攻撃も実施された。

また、十月～十一月には硫黄島に進出して、米軍に占領されたサイパンの飛行場地区を攻撃したが、防御火器の対空射撃は激しく、出撃機数の大部分が未帰還になるケースが相次いだ。それでもB－29による対日本土爆撃作戦を阻止せんと、攻撃作戦の継続が困難になるまでこの作戦は続けられた。

その硫黄島の攻防戦の際も、米艦艇に対する攻撃、上陸作戦の阻止攻撃、日本軍守備隊への支援物資補給にと出撃を繰り返したが、米軍による上陸、占領は避けられなかった。その後も、九州沖航空戦、沖縄戦と飛龍による爆撃、雷撃作戦は続けられたが、最後の大戦果となったのは六一戦隊所属の飛龍雷撃機・七生神雷隊が実施したバリクパパンの米艦隊に対する雷撃作戦で、八隻の撃沈破を記録した。

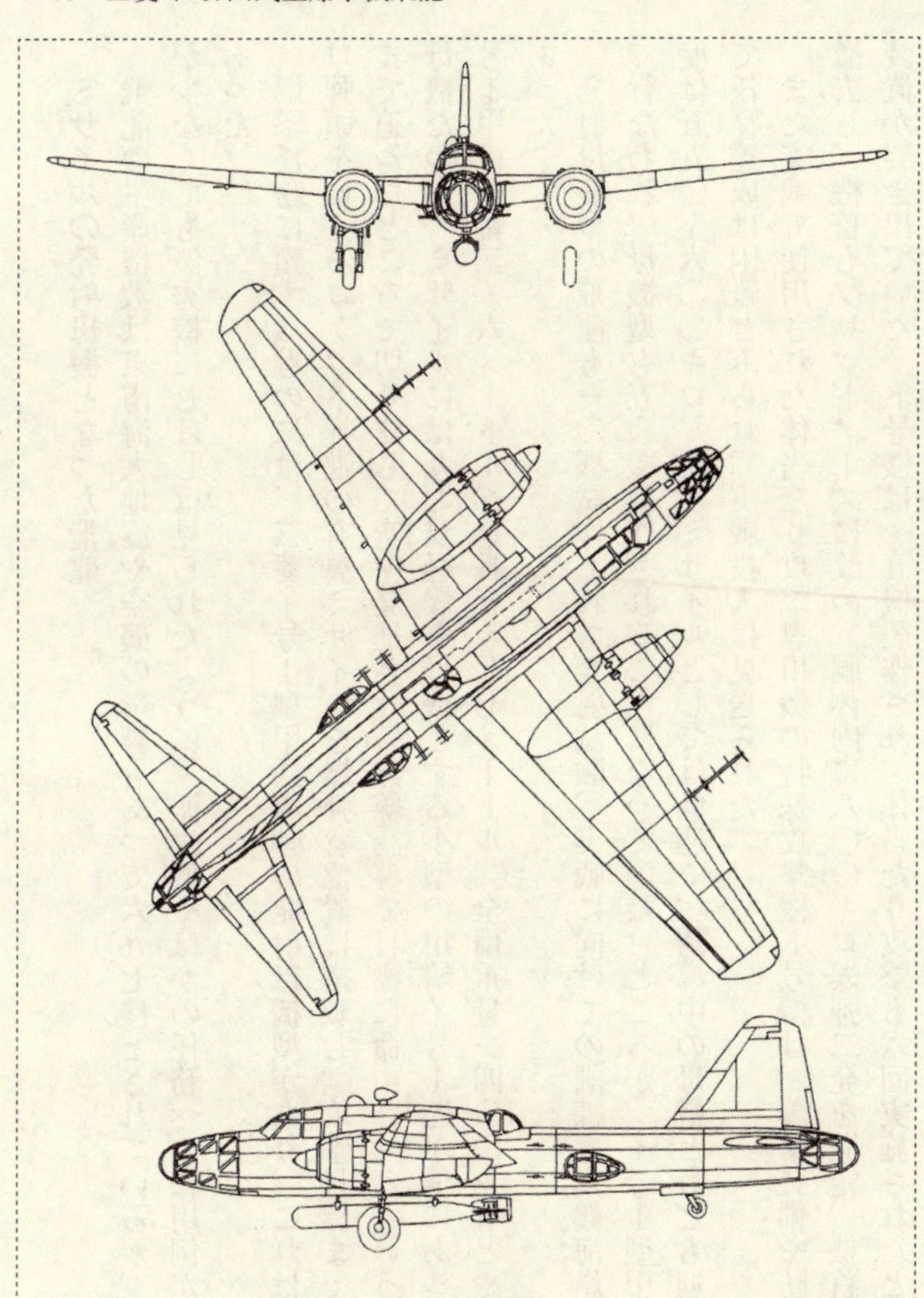

三菱キ-67-Ⅰ 四式重爆撃機「飛龍」(雷装型)　エンジン、寸法は爆撃機型と同様。800kgまたは1070kg航空魚雷を装備。タキ1Ⅱ洋上捜索用レーダー、タキ13電波高度計を搭載したものもあり。乗員数6〜8名

ミサイルの発射母機となった飛龍

飛龍の生産機数は東南海大地震や空襲の影響もあって六九七機とされているが、製作機数が少なくても優秀機にしばしば見られたように、派生型やほかの任務への転用例がいくつもあった。

爆撃任務に類するものには、三菱イ号1型甲誘導弾の発射母機型があり、これは八〇〇キロ弾頭を備えるロケット推進の有翼ミサイルを爆弾倉位置に搭載し、攻撃目標まで一〇キロまで迫ったところで切り離して空中発進させ、無線誘導で目標に命中させるというミサイル母機だった。ミサイルには九九双軽爆を母機とする小型の川崎イ号1乙が他にあったが、イ号1甲は全幅三・六メートル、全長五・七七メートル、全備重量一四〇〇キロとやや大型であった。

発射母機型の飛龍も一〇機試作されて発射試験、実戦に向けての訓練も真鶴海岸や琵琶湖で行なわれ、母機型も五〇機製作されることになっていた。ところが、イ号1型甲の飛行速度は五五〇〜六〇〇キロ／時とミサイルとしては低速で、誘導中の母機ともども迎撃に遭って任務達成は困難とみられ、実戦投入は見送られた。

また実戦で使用された体当たり攻撃専用機の特殊攻撃機ト号機は、爆撃装備や防御火器を撤去し、機首もソリッドノーズに改め、胴体内に八〇〇キロ爆弾二発を固定、機首には起爆装置が突き出ていた。ト号機は一五機製作され、体当たり攻撃も六回実施されたという。爆発力が大きな桜弾装備・特別攻撃機も二機の試作に続いて数機が改造され、実際に出撃している。

飛龍・航続距離延長型

マリアナの被占領地に設営された、B‐29基地への反攻攻撃を目的とした長距離攻撃機型の飛龍には、タ弾一五発を搭載する特殊航続距離延長型と、二〇ミリ機関砲五門を斜め三〇度前向きに装備した長距離襲撃機型とがあったが、実際に作られたのは特殊航続距離延長型の方である。

同機は主翼のアスペクト比を高めるために翼端を〇・七五メートルずつ延長し、爆弾倉内に七〇〇リットル、上部銃塔を撤去した箇所に二二〇〇リットル燃料タンクを増設し、翼下にも外部燃料タンクを懸架して行動半径二六〇〇キロを実現。雷撃機型にも搭載されたタキ電波警戒機と電波高度計を装備していた。

防御火器は尾部の連装機関砲のみとし、銃塔、ブリスターなどは整形された。特殊航続距離延長型は終戦一月前に一二機ほど改修されたというが、本機によるB‐29基地攻撃作戦が実施されることはついになかった。

高射砲を積んだ防空戦闘機キ‐109

飛龍の戦歴は一方ではB‐29発進基地との戦いの歴史でもあったが、来襲するB‐29を空中で直接迎撃しようとしたのが、口径七五ミリの八八式野戦高射砲を搭載したキ‐109防空戦闘機である。

四式重爆開発の軍側担当を務めた酒本英夫少佐の発案による、B‐29防御火器の射程圏外から発砲して仕留める一撃必殺の迎撃機だった。

急降下爆撃能力も考慮されて、ソリッドノーズの機首は下向きに整形され、七五ミリ砲の砲身が機首下部から突き出ていた。七五ミリ砲に用意された一五発の砲弾は副操縦士相当の搭乗員がセットし、目標に狙いをつけた操縦士が発砲することとした。

キ‐109には飛龍の操縦性、運動性も受け継がれ、七五ミリ砲の発射試験も良好。四四機の製作が指示されたが、来襲したB‐29相手に二機の試作機で迎撃を実践してみると、七五ミリ砲の発射速度の遅さや射程の把握の難しさ、キ‐109自体の高高度性能不足からB‐29撃墜は困難と認識された。

そのため生産型では尾部の一二・七ミリ機関銃以外の防御火器・銃塔、ブリスターや燃料タンクの一部は撤去されて重量軽減、空力性の改善に努めた。また、排気タービン過給機の装備やロケット・ブースターの利用も考えられたが、やがて本機の迎撃機としての使用は断念。工場が被弾したこともあって二〇機の製作にとどめられた。

製作されたキ‐109は朝鮮海峡の哨戒、関釜連絡船の護衛などに用いられた。やはりこの種の大口径砲搭載機は、米軍のB‐25G、Hか、ドイツのヘンシェルHs129襲撃機のように、航空機以外の目標を攻撃対象にすべきだったとみられている。

三菱キ-109 試作特殊防空戦闘機(迎撃戦闘機)　全幅：22.50m　全長：17.95m　全高：5.80m　全備重量：10800kg　エンジン：ハ-104(1900hp)×2　最大速度：550km/h(高度6090m)　航続距離：2200km　武装：75mm高射砲×1、12.7mm機関銃×1　乗員：3名

第2章 アメリカ陸海軍機

1　ノースアメリカンP・51ムスタング

英空軍から発注された野生馬

第二次大戦時のノースアメリカン社が、連合国の空軍力に多大な貢献を果たしたという評価に異論を唱える者はいないだろう。中型爆撃機のB・25ミッチェル（別項）やAT・6テキサン練習機の働きも相当なものだったが、同社の軍用機として最重要視されるのはやはり、「ムスタング（発音記号ではマスタングの方が近い）」と呼ばれた単発戦闘機である。

のちに枢軸国各国の上空を思うままに飛ぶことになるムスタングの基本設計を担当したエドガー・シュムードは、学才に恵まれながらも学校教育を受ける機会はなく独学で学識を身につけたという。第一次大戦中はオーストリア軍の兵卒として従軍後、戦後は航空工業にはいってフォッカー、メッサーシュミット（バイエルン航空機製造）と渡り歩くが、ナチスを嫌って出国する。

親族を頼ってブラジルからアメリカ入国後、ノースアメリカン社に入社。その才が評価されて設計主任の座に着いたが、この経歴も波乱万丈と言えよう。ムスタング戦闘機も生みの親のシュムード技師と同様、数奇な運命をたどることになる。

その後、第二次大戦突入と事態が急変した英国から、航空機購入を目的とした使節団が渡米してきた。彼らは満足できないながらもカーチスP‐40を米国機としては最も使えそうな機体と評価。カーチス社の航空機製造能力をみて、AT‐6テキサン（英名・ハーヴァード）を購入した経緯から、ノースアメリカン社にP‐40の転換生産を打診した。これを受けた「ダッチ」キンデルバーガー社長は、かねて温めていたP‐40と同じエンジン（アリソンV‐1710）を用いたさらなる高性能戦闘機を逆提案した。

戦闘機の開発経験が乏しいメーカーが切った大見得に乗るかたちで開発は認められたが、英国も危機的な状況にあったため、開発条件も「予定どおりの性能発揮、試作機は一二〇日で完成」という尋常ではない厳しさだった。一九四〇年五月二十九日に「新型戦闘機三二〇機＝一五〇〇万ドル超」という商談が成立した。

社内称NA‐73の設計には従来の曲線定規を用いる方法ではなく、数式化した二次曲線を活用した設計方法が採られ、短時間で空気抵抗が少ない機体が描き上げられた。液冷エンジン機につきもののラジエターは、コクピットよりわずか後ろの胴体下部に置く方が空力的に有利である、と風洞実験からも解明されていた。主翼にも翼面表面の気流の流れを高速にするのに有利な層流翼が用いられた。

機体構造も大量生産に向く、胴体前、中、後部、主翼左右の五つのコンポーネントから成る分割構造とされた。NA-73の試作機は一一七日で出来上がり、注文機数は開発最中にさらに三〇〇機追加された。

エンジンが不足気味だったので初飛行は若干遅れたが、操縦性、飛行性能ともP-40をはるかに凌ぐことが確認された。英国危機も何とかしのいだ年末にはRAF向けのノースアメリカン・ムスタング戦闘機の存在が公表され、ノースアメリカン社では生産体制の構築が急がれた。

ムスタングMkⅠは従来のヨーロッパの単発戦闘機にはない航続性能、機動性、武器搭載能力を示して関係者を驚かせたが、もうひとつ驚かせたのはその高性能を発揮できる高度が低高度に制限されていたことだった。高度四五〇〇メートルを越えると性能は劇的に低下し、いわゆる高高度の戦闘は不可能に近かった。同種の問題はドイツのFw190でも指摘されたが、ムスタングⅠの方が程度の差が大きかった。その理由は一段一速の過給機しか有さないV-1710-39エンジンに起因していたのだ。

結局、RAF戦闘機軍団の主力機としてはスピットファイアが使われ続け、ムスタングⅠは一九四〇年十一月に新編されたRAF陸軍直協軍団の所属となった。地上攻撃能力を高めるために固定火器を二〇ミリ機関砲×四に換えることもあり、低高度での戦闘、偵察、攻撃にと、ムスタングⅠは実戦投入の初期段階から優れた戦績を挙げた。それだけに「これで高高度性能が良ければ」との声が高まったが、この評価はシュムード技師を歯軋りさせるものでもあった。「マーリン・エンジンを使えるなら、すぐにもっと高性能の戦闘機に仕上げることができる……」と。

P‐51の前身、A‐36急降下爆撃機

実はアメリカ国民の第二次大戦に対する関心は一九四〇年を過ぎても非常に低く、それゆえルーズベルト大統領や合衆国政府は国民の戦意を一気に高めるために、「真珠湾奇襲」のようなインパクトが強い事件を必要としていたことは各方面で指摘されてきた。同様に、日本軍や独伊軍との戦いを念頭に置きつつ国防を預かっていた、米陸海軍の高性能軍用機を求める気風も決して強くはなかった。それゆえ、大西洋の向こうからムスタング戦闘機への高評価が伝えられても、ノースアメリカン社から見本機材として二機受領していたXP‐51にも強い関心を示さず、既存の四機種の主力機（P‐38、‐39、‐40、‐47）で事足りるとみていた。

この考え方は、整備補給、要員訓練体制の拡大防止、ひいては防衛予算の抑制を示すものの見地からすれば間違っていない。だがこれは、大洋の向こうの戦火を「あさってのこと」とみる関心の低さでもあった。

ところが一九四一年十二月八日の真珠湾攻撃は、レンドリース協定が結ばれた後、ムスタングIAとして生産、引き渡されるはずだった機体を取り上げて「P‐51」として実戦化を急がせることになるほどの衝撃となった。戦闘偵察機として用いられたP‐51は、間もなく翌年早々にF‐6Aと名称変更される。とはいえ、要員育成や運用方法の研究、支援体制の

89　ノースアメリカンＰ-51ムスタング

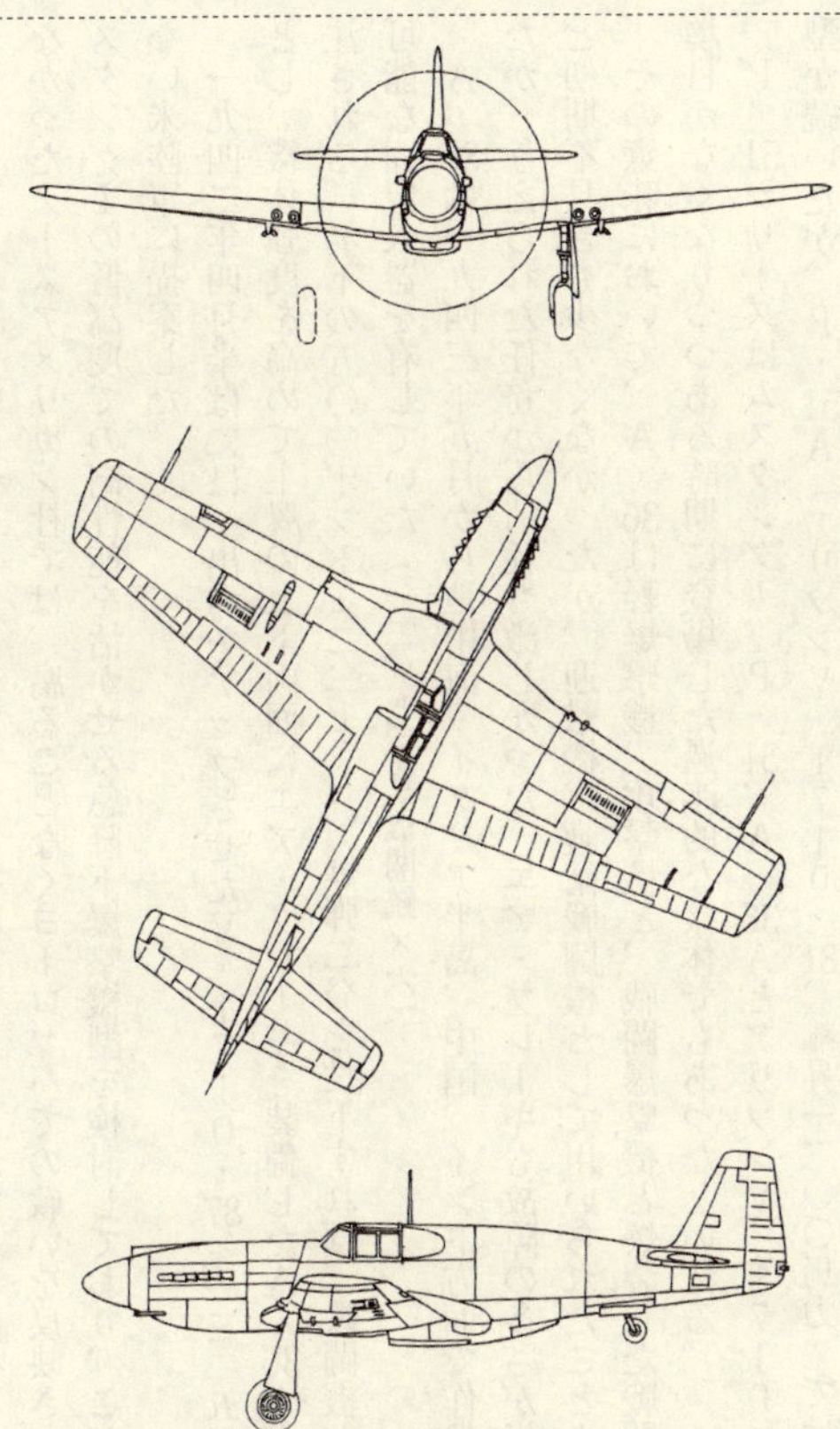

ノースアメリカンA-36A（急降下爆撃機）　全幅：11.28m　全長：9.83m　全高：3.71m　全備重量：3797kg　エンジン：アリソンV-1710-87（1325hp）×1　最大速度：579km/h（高度6100m）　上昇限度：7650m　航続距離：1018km　武装：12.7mm機関銃×6、227kg爆弾×2　乗員：1名

確立にはそれなりの時間を要し、P‐51の緒戦は一九四三年に入ってからとなった。

一方、XP‐51というディジグネーションこそは割り当てられても、関心をもってもらえなかったノースアメリカン社では、腐ることなくヨーロッパでの戦いを反映させた、またムスタングIの低高度での高性能を活かせる急降下爆撃機型を検討しており、これを参戦間もない米陸軍に提案した。

一九四二年四月半ばには、出力をアップさせたV‐1710‐87(一三二五馬力)を動力とし、機体強度を高めて主翼の上下両面にエア・ブレーキを装備したA‐36Aが五〇〇機発注される。翼下の五〇〇ポンド(二二七キロ)爆弾二発を投下すれば、戦闘機としても使用可能な固定火器を有していた(一二・七ミリ機関銃×六)。

A‐36は一九四三年五月から地中海、イタリア半島、中国、インド方面で作戦活動に入ったが、与えられた任務から消耗も激しかった。エア・ブレーキも故障の多さが指摘されるなど初期不具合も少なくなかったが、迎撃機、護衛戦闘機として用いられたこともあった。

その意味において、A‐36は軽爆撃機、攻撃機と、戦闘爆撃機と爆装した戦闘機機種との境目がなくなりつつある時期に登場した過渡的な機体でもあったといえる。

P‐51シリーズはムスタングI、P‐51、A‐36AとアリソンV‐1710エンジン搭載型が続いたが、P‐51A(アリソンV‐1710‐81、離昇一二〇〇馬力)では高高度性能の改善努力により、高度六〇〇〇メートルで六二〇キロ/時の飛行性能を発揮した。だが、このタイプがアリソン・エンジン搭載の最終型となっている。

爆弾は一〇〇〇ポンド×二搭載可能となっていたので、この時点でP-51戦闘爆撃機が急降下爆撃機A-36を上回っていたことになる。なお、P-51にするために取り上げたムスタングIAの埋め合わせのムスタングIIとして五〇機が英空軍に引き渡された。

P-51Aの多くは中国、ビルマ戦線に派遣されて友軍爆撃機の護衛や侵入する日本軍機の迎撃任務に就いた。しかしながら（初期のP-38の戦闘と同様）一撃離脱に徹した戦い方もできないまま、格闘戦に持ち込まれて被害が拡大することもしばしばあった。

本命、マーリン・エンジン搭載機登場

P-51の機体設計の優秀さが広く認められるようになっただけあって、ロールズロイス・マーリン・エンジンへの換装による大幅な性能向上は米英両国での関心事になっていた。「マーリン・エンジン搭載戦闘機の設計は、戦闘機設計技師の夢」という零戦設計担当・堀越二郎技師のことばも残されているが、マーリン版ムスタングの開発に向けて、まず先に行動を起こしたのはロールズロイス社のテスト・パイロット、ロナルド・W・ハーカーとされている。

ムスタングIに試乗し、空軍パイロットの意見をも聞いたハーカーは早速帰社して、ムスタングIにマーリンXX（20）と新型のマーリン61を搭載した場合の飛行性能を試算してもらった。マーリンXXでは時速五〇キロ近くムスタングIを上回り、マーリン61なら七一〇キロ／時（高度七六二五メートル）と、当時では考えられないほどの速度性能、高空性能の改善

が期待できるとはじき出された。この試算資料をもとにマーリン・エンジン型の開発がロールズロイスから英空軍当局に提案され、試作型「ムスタングX」の開発が認可された。

搭載エンジンにはマーリン65（中高度用・二段二速過給機付き）が指定され、一九四二年十月以後、五機の改造試作機が順次飛行した。ロートル四枚プロペラを用いた十月二十一日の飛行時には六九五キロ／時（高度六〇九五メートル）という高性能を示した。だが英国内では、肝心のマーリン・エンジンが供給難に陥りつつあり、ランカスター爆撃機の空冷エンジン型まで生産される状況になっていた。

ところが見通しに長けた指導者が英国にいた。バトル・オブ・ブリテンの危機に陥った一九四〇年夏、英戦闘機の動力となったマーリン・エンジンの製造工場が被爆したらお手上げ状態になる、ということを憂慮した航空機生産担当大臣のビーバーブルック卿は、アメリカでのマーリン・エンジンの転換生産を打診していた。フォード社には断わられたが、パッカード社が応えてくれた。パッカード社製のマーリンは、カナダで生産されたランカスターやモスキート、ハリケーン、またカーチスP-40Fの動力となっていく。

ムスタングX開発の件は、駐英武官のトマス・ヒッチコック少佐を通じてハップ・アーノルド大将に伝えられた。P-51の優秀さを長らく無視してきた米陸軍の対応の悪さに責任を感じていたアーノルド将軍は、一九四二年七月末にノースアメリカン社にマーリン搭載型のXP-78（後にXP-51Bと改称）の開発を指示した。

高高度用のパッカードV-1650-3（離昇一四〇〇馬力）を動力とする試作機も、キ

 ノースアメリカンP-51ムスタング

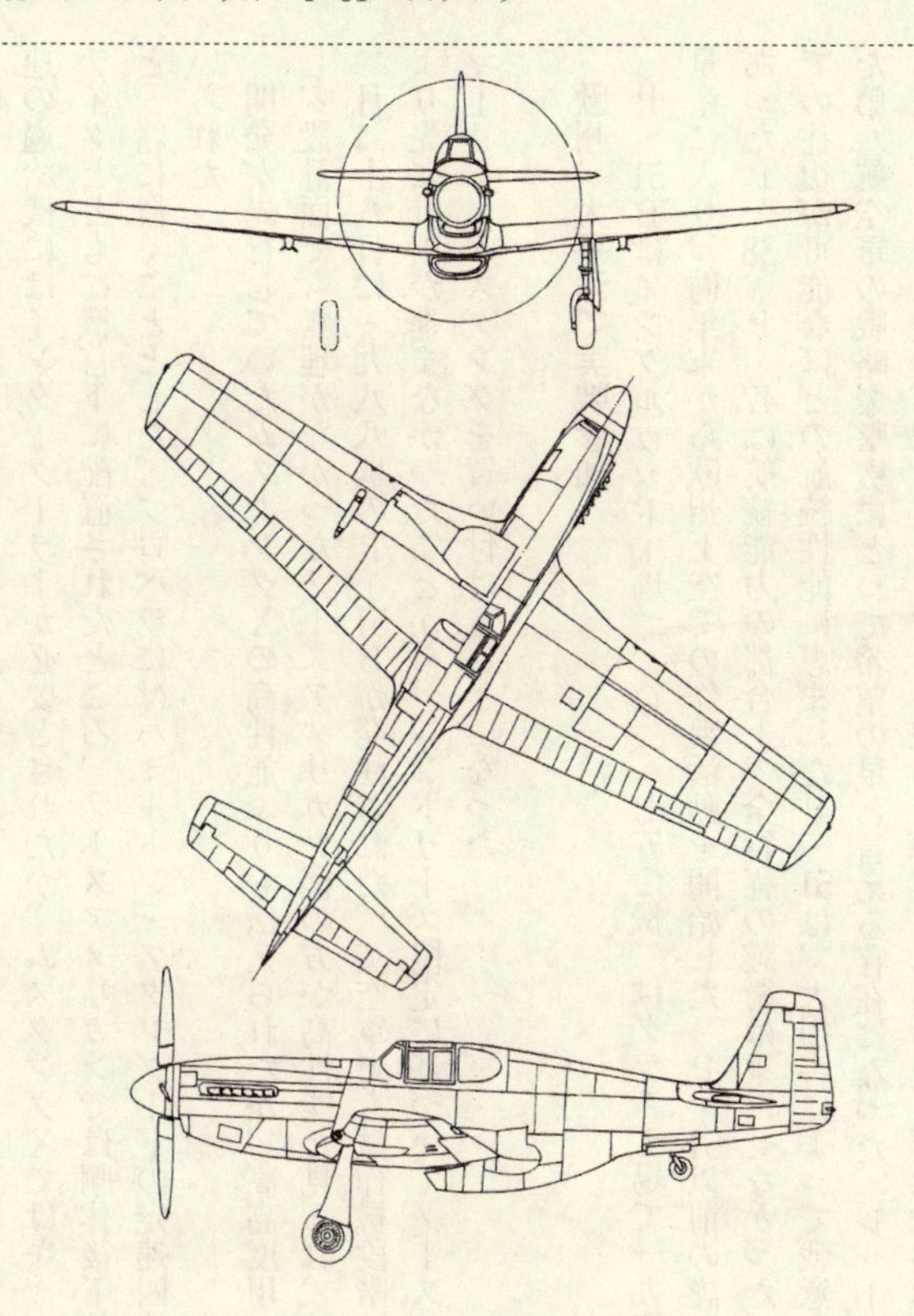

ノースアメリカンP-51B ムスタング(戦闘機)　全幅：11.28m　全長：9.83m　全高：4.16m　全備重量：4445kg　エンジン：パッカードV-1650-3／7(1450hp)×1　最大速度：708km/h(高度9100m)　上昇限度：12800m　航続距離：3347km(最大)　武装：12.7mm機関銃×4、453.6kg爆弾×2またはM-10チューブ型ロケット弾・ランチャー装備可　乗員：1名

ャブレターからの流れが昇流式だったため、インテイクがエンジン下部に置かれた。二段二速の過給機にはインタークーラーが必要とされたが、ムスタングXではキャブレター・インテイクとともに機首下に配置されたところ、ノースアメリカンでは胴体後下部のラジエターと一緒に置くこととした。プロペラにはハミルトン・スタンダードの定速四枚プロペラが用いられた。

開発が先行していたムスタングXの高性能ぶりも伝えられたが、高高度用エンジンを使用し、設計面でも無理がなかったノースアメリカン機の方が高性能と見られ、試験飛行中の十二月二十八日に一九八八機のP‐51Bが発注された。英空軍でも試作機段階のムスタングXより先に計画が進まなかったことから、レンドリース協定に基づいてノースアメリカン製のマーリン・ムスタングを買い付けることになった。

欧州、太平洋で実戦参加

P‐51Bはイングルウッド工場で、C（一七五〇機）はダラス工場で一九四三年早々から量産に入り、同年末から欧州上空での作戦活動を開始した。P‐51以前の護衛戦闘機の任にあったP‐38、P‐47は航続能力の都合上、全行程の護衛は果たせなかった。ドイツ全土までの往復が可能なほどの航続性能に恵まれたP‐51は、大損害によって戦意を失いつつあった第八航空軍の戦略爆撃機にとって希望の星と言える存在になった。レザーバック（*）のマーリン・ムスタングはP‐51B、Cと続いたが、これらのタイプは二〇〇〇ポンドの爆弾やM-10ロケットランチャーを搭載して地上攻撃任務でも使用された。

（＊）風防後部がそのまま胴体後部につながっている形態の風防を持つ機体形状をさす。

P-51による戦略爆撃機の護衛はドイツ空軍にとっても衝撃的なことであり、重武装の双発戦闘機による戦略爆撃機の迎撃作戦はついに断念され、空軍元帥のゲーリングをして「この戦争での勝利はもう無くなった」という印象を抱かされたという。その一方で、とがった胴体の平面形ゆえにBf109と誤認されて、守っているはずの爆撃機編隊から発砲されることもしばしばあったという。

ムスタングⅢの名で英空軍に使用された機体の多くは爆装して、建設が進められつつあったV1号（フィーゼラーFi103）の発射サイト攻撃などに使用されたが、そうなると今度はさらに優れた視界が求められた。中央キャノピーを膨らませたマルコム・フードも使用されたが、P-51に良好な視界を求めたのは米陸軍も同様だった。

レザーバックを低くして、バブル・キャノピーに改めたP-51D（英名・ムスタングⅣ）がイングルウッド工場で生産に入ったのは一九四四年二月のことだった。B、Cで固定火器が一二・七ミリ機関銃×四では打撃力不足と指摘されていたので、P-51Dでは六梃に増やされていた。また一九四五年に入ってからの生産機にはAN／APS-13後方警戒用レーダーが装備されるようになった。

ダラス工場生産分もP-51Dと呼ばれたが、エアロプロダクツ製プロペラ装備機に生産が移され、こちらはP-51K（英名・ムスタングⅣA）と称された。P-51D系でも大きな武器搭載能力が活かされて、爆弾のほかロケット弾も装備された。米軍機としてはM‐10チューブ型ランチャーに始まり、外翼下部のHVAR六基のランチャー（発射レールなしのZRL＝Zero Rail Launcher）に代わった。

マーリン・ムスタングは中国、太平洋戦線にも現われると日本機の追随を許さない存在になったが、硫黄島を占領するとここに日本本土爆撃に向かうB‐29を護衛するP‐51Dの前進基地が建設された。

ドイツ本土爆撃のときもそうであったが、P‐51が爆撃機の護衛に随伴すると、相対する迎撃戦闘機の活動は絶望的な状況に追い込まれる。

だが、戦争に集中したアメリカ航空工業の強大さでもあったが、さらなる発展型P‐51Hも量産に入っていた。P‐51HはP‐51Dの軽量化に努め（四八〇キロ削減）、エンジンにも水噴射時に二二七〇馬力まで高められるパッカードV‐1650‐9を使用。一九四五年二月に初飛行後、すぐに生産に入った。外見上、P‐51Dに似てはいたが共通部分はわずか一〇パーセントに過ぎず、事実上、別機に近い機体になっていた。

なお、P‐51B、Dで最大速度は七〇〇キロ／時を上回っていたが（それぞれ七〇八、七〇三キロ／時）、P‐51Hは七八四キロ／時に達した。レシプロ・エンジン機としてはトップクラスの高性能を発揮したが一九四五年春、夏で第二次世界大戦は終結。革新的な純ジェット戦闘機のP‐80ですらその必要性が疑問視される状況になった（P‐51Hは五五〇機で生産終了した）。

エースさえ生んだ戦闘偵察機

P-51に偵察カメラを搭載して写真偵察機としても使用するのは、ムスタングI（K-24カメラをコクピット後方に装備）以来、ほぼ当たり前のように続けられてきた。米陸軍が参戦により大慌てで導入したP-51（五五機）も戦闘偵察機型だったことは先に触れた（F-6A、コクピットの左側後方とラジエター・シャッター後ろにF-24カメラを装備）。P-51Aの写真偵察機型はF-6Bと称された。

P-51B系から派生したF-6Cになると、低高度（高度三〇〇〇メートル以下）用のF-24カメラ二台もしくは高高度（高度九〇〇〇メートル上）からの撮影用のF-17、F-27カメラ各一台を搭載できるようになった。このカメラの組み合わせはP-51D、Kから作られたF-6D、K、またP-51Hの写真偵察機型（F-6Hとは称さず）にも適用された。

初期の高速偵察機の多くが非武装の強行偵察だったのに対して、ムスタング系の写真偵察機は、カメラ装備の重量が四五キロ程度と軽量だったこともあって戦闘機型の火器を装備したままの武装偵察機となった。写真偵察任務の最中に空戦に入ることも珍しくなく、偵察機パイロットのエースも誕生したということである。

P-51から作られた複座練習機型

P-51B、Cには何らかの用途に応ずるため、現地改修で後席を設けた複座型があったが、

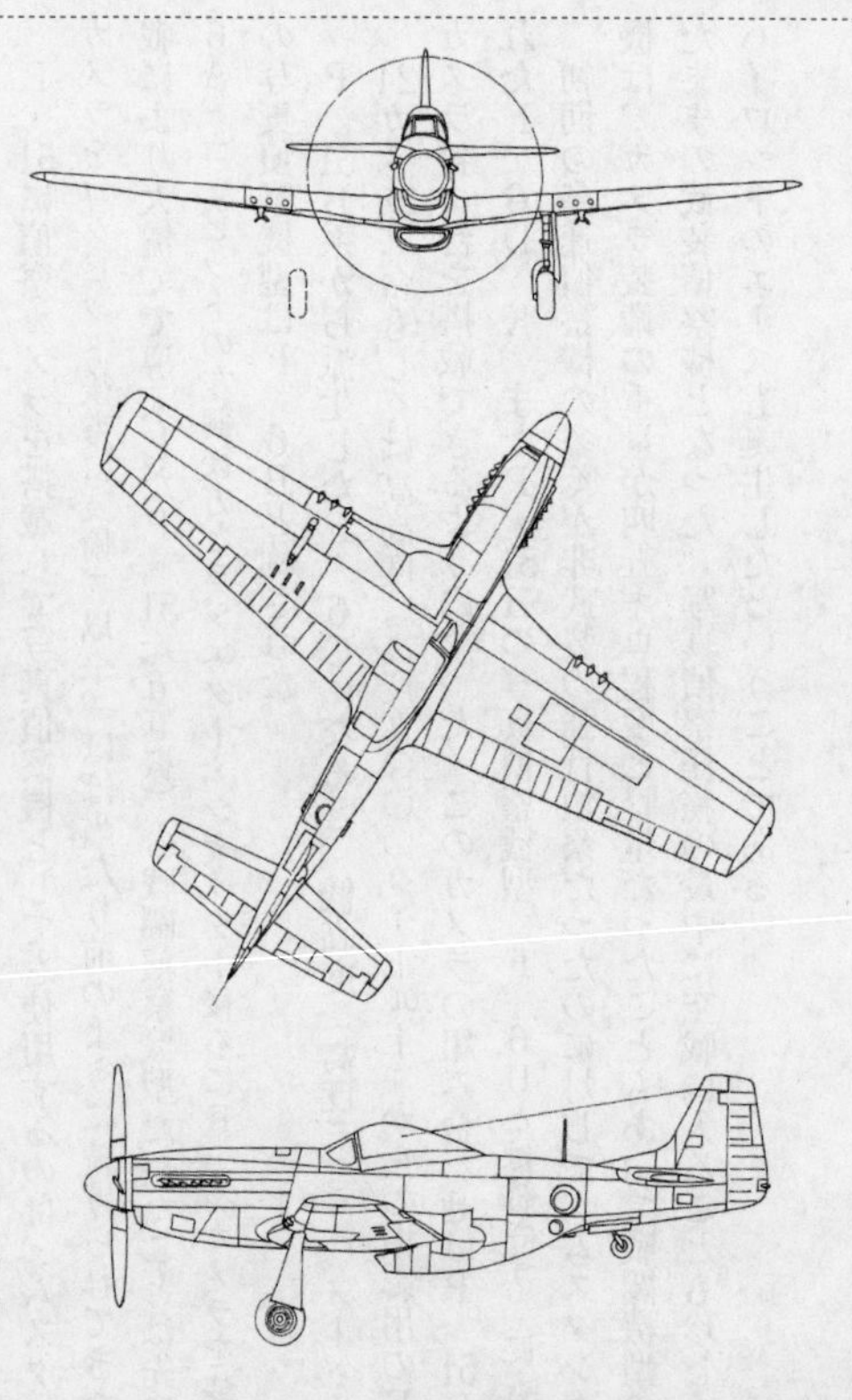

ノースアメリカンF-6D ムスタング(戦闘偵察機) P-51Dの後部胴体内にK-17、22、24カメラを1～2台装備したタイプ ※以下はP-51Dの諸元
全幅：11.28m 全長：9.83m 全高：4.16m 全備重量：4581kg エンジン：パッカードV-1650-7(1490hp)×1 最大速度：703km/h(高度7620m) 上昇限度：12771m 航続距離：3701km(最大) 武装：12.7mm機関銃×6、453.6kg爆弾×2およびHVAR×6

複座練習機型として製作されたものにはTP（TF）-51D-NT（一〇機）とTF-51D（一五機）とがあった。

TP-51D-NTは在来のP-51Dのキャノピーのまま複座型にしたもので、機内インターホンを備えたが機内は大変窮屈だったという。固定火器は一二・七ミリ機関銃を四梃のみ装備した。

これに対してTF-51Dの方はキャノピーを大型化してコクピットの居住性を改善し、尾輪を固定式にした。一九五一年にテムコ社で改造されたというが、朝鮮戦争（一九五〇～五三年）当時、F-51（空軍の独立によりP-51から名称変更）は地上攻撃などを主任務として現役の実戦機の地位にあった。

P-82双胴長距離戦闘機、夜間戦闘機

P-51は卓抜した航続能力を有する高性能護衛戦闘機であったが、戦略爆撃機がB-36になる時代の護衛戦闘を想定して、大戦末期にはジェット、ジェット＋レシプロ（複合動力）、レシプロという三タイプの長距離戦闘機が開発されていた。

それらがベルP-83、コンソリデーテッド・ヴァルティーP-81、それにノースアメリカンP-82ツインムスタングである。ジェット・エンジンは初期の燃費の悪さや完成度の低さが問題になって長距離飛行に足る信頼性が得られず、採用されたのはP-51を二頭立てにする考え方で開発されたP-82だった。在来の単胴の機体を双胴機にして新たな能力を引き出

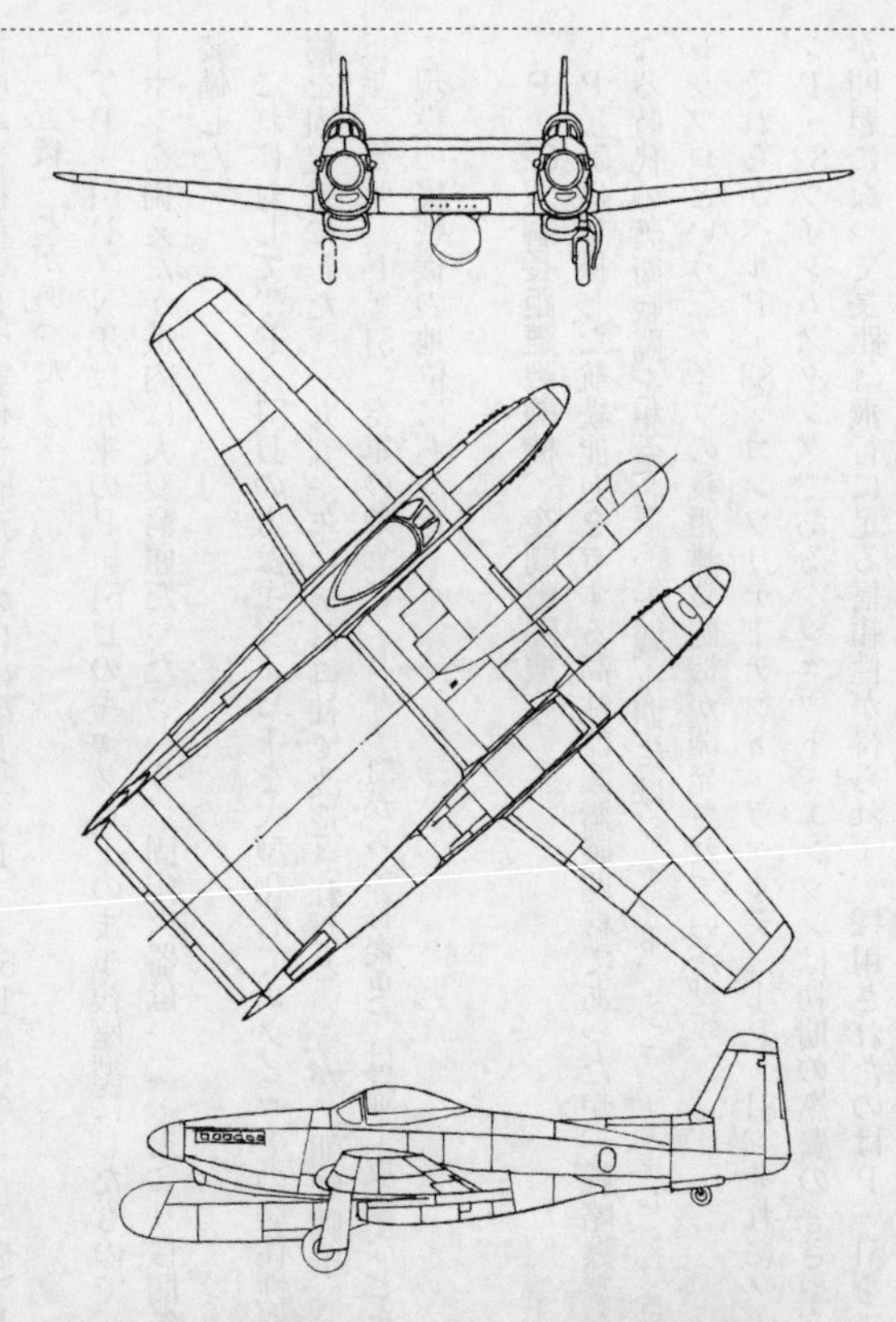

ノースアメリカンF-82G-2 ツインムスタング(夜間戦闘機)　全幅：15.62m　全長：12.92m　全高：4.21m　全備重量：11744kg　エンジン：アリソンV-1710-143/145(1600hp)×2　最大速度：742km/h(高度6400m)　上昇限度：11857m　航続距離：3605km　武装：12.7mm機関銃×6、爆弾、ロケット弾等1800kg　乗員：2名(複操縦式)

そうとした試みはほかにもあったが、実際に双胴機が作られて実用化に至ったのはこのP・82とハインケルHe111Zくらいだったろうか。

P・51はマーリン・エンジンに換えて高性能を発揮できるようになったが、双胴型では少数生産に終わった長距離戦闘爆撃機型のP・82Bまでで、以降の主力生産型（といっても桁違いに少ない機数）では二段二速過給機付き、左右逆回転のアリソンV・1710・143／・145（離昇一六〇〇馬力、水噴射時に一九三〇馬力）が動力となった。P・82E（F・82E）長距離戦闘機が一〇〇機製作されたのに続いて、夜間戦闘機型のP・82F（追跡用のAN／APG・28レーダーを搭載）が九一機、P・82G（捜索用のSCR・720Cレーダーを搭載）が四五機製作された。レーダーは、左右の胴体を連結した長方形の中央翼の中ほど下面の巨大なドーム内に納められた。

夜間戦闘から全天候戦闘機と呼ばれるようになる頃の過渡期の戦闘機だったが、朝鮮戦争ではアメリカ機として最初の撃墜を記録。ただしそれは昼間戦闘だったうえ、F・82として最初で最後の撃墜記録でもあった。

その後のムスタング

大戦末期に生産が急増したP・51だっただけに、終戦で余剰機となったものも多く、これらは広く諸外国に供与されたほか、陸軍航空隊の軍務を退いた各機は米国内の州航空隊に移管された。朝鮮戦争が勃発すると、ジェット戦闘機の時代に入っていたため、F・51の多数機が地上攻撃任務で使用されたが、この種の任務は本来、被弾に強い空冷エンジンを動力としたP-47サンダーボルト(F-47)の方が適していたとも見られている。

延命策とも言える発展型としては、動力をピストン・エンジンからターボプロップ・エンジンに換えたキャバリエ・ムスタング(ロールズロイス・ダート510、一七四〇馬力を使用)やパイパー・エンフォーサー(ライカミングT55-L-9、二五三五馬力に変更)があった。紛争鎮圧、対ゲリラ戦用途でターボプロップ版ムスタングが中南米諸国や米軍に提案されたが、双方とも注文を得るには至らなかった。

平和な時代に戻るとナショナル・エア・レースが再開され、P-51を中心とする大戦機はレースの花形となった(リノ・エア・レースとなって今日に至る)。これにともない民間に払い下げられたP-51は大変な数に上ったが、改修して民間登録を得るキャバリエ・エアクラフトのような事業者も現われた。六〇年以上のときを経て二一世紀にはいってもレシプロ・レーサーとして活躍し続けているムスタングも少なくない。

ジェット機の時代になり、レシプロ機の速度記録が忘れられかけた一九六九年、グラマンF8F改造のレーサー「コンクエストI」が三〇年ぶりに記録を塗り替えると、その後は一〇年おきにピストン・エンジン機の飛行速度の記録が塗り替えられた。一九七九〜一九八九年のタイトルホルダーだったのがP-51改造のRB-51「レッドバロン」の八〇三・二キロ/時(パイロット=スティーブ・ヒントン)で、その後一九八九年八月からはF8F改造「レアベア」の記録(八五〇・二六キロ/時)が破られていない。

103　ノースアメリカンP-51ムスタング

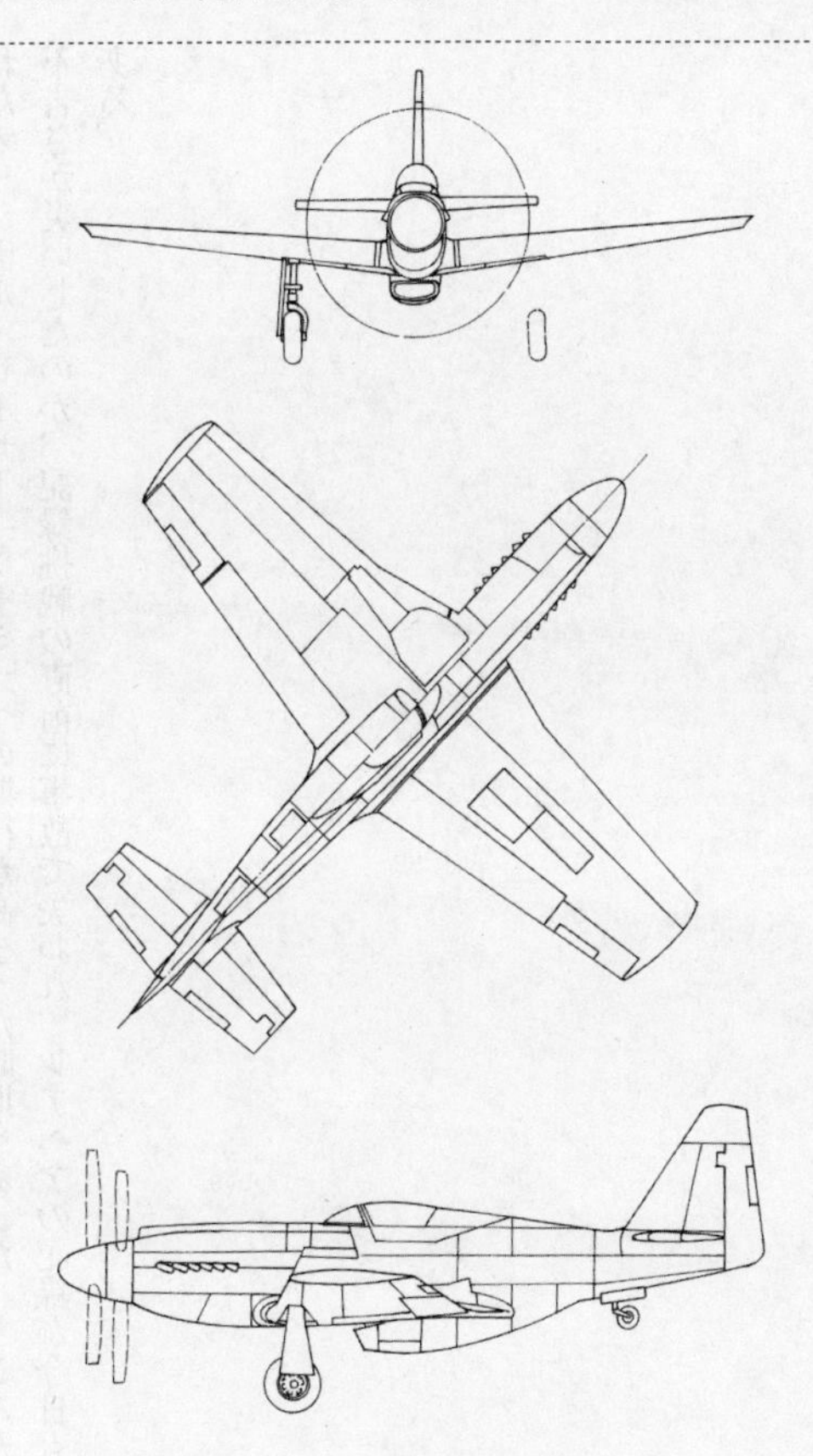

RB51 レッドバロン(レーサー機)　全幅：10.06m　全長：9.91m　エンジン：ロールズロイス・グリフォン(3000hp以上にチューン・アップ)×1　飛行速度803km/hでレシプロ機の速度記録を樹立

P‐51と同じエンジンを用いながらその機体を小型、軽量化させるコンセプトで新設計されたオリジナル・レーサー「ツナミ」への期待が高まった時期もあった。ところがその名の不吉さが災いしたのか、記録挑戦の直前に事故で失われ、レアベアの記録が今日も継続中である。

2　ロッキードP・38ライトニング

異色の双発〝双胴〟戦闘機

米陸軍は一九三七年早春、高高度迎撃機の開発要求を各社に打診した。それに対して具体案をもって応えたのがロッキード社とベル社である。その頃に審査が進められていたカーチスP・36よりも一〇〇キロ／時近く速い速度性能（三六〇mph＝五七九キロ／時・高度六一〇〇メートル）や卓抜した上昇性能（高度二万フィート＝六〇九六メートルまで六分）、フル・スロットルで一時間飛行可能という厳しい内容で、ベル社がのちにP・39エアラコブラとなる単発機で応える一方、ロッキード社は双発機で応じることとした。

一九三〇年代後半というと各国で双発の多用途戦闘機、重戦闘機の開発が活発に行なわれていた時期だったが、ロッキード社の双発戦闘機はこれらとはかなり異質の高高度戦闘機だった。まだ開発段階のアリソンV・1710エンジンを二基、動力とするところも並ではなかったが、社内で検討された在来型双発機を含む、エンジンの配置と胴体の型式に関する六つの案のなかから、乗員や火器類を収めた中央短胴部（ナセル）を有する双胴形式を選ぶなど、開発のスタートも特異だった。

このレイアウトはフォッケウルフFw189やフォッカーGIなどにも採られたものだが（キャビンからの視界確保や乗員相互の連絡、火器類集中などの見地から後部胴体に妨げられないナセル＝キャビンを選択）、ロッキード機では左右の細胴（ビーム）内にエンジン以下、車輪やラジエター、それに航空性能を引き出すための排気タービン過給機が収納された。

中央短胴部にはコクピット、前輪や固定火器、無線機など航法支援装置類が装備された。ことに大口径砲、〇・五インチ（一二・七ミリ）機関銃など固定火器を機首に集める方法は、命中精度を高めるための双発機ならではの装備方法だった。

双胴ゆえの問題点を克服

良いこと尽くめなら双発戦闘機は双胴機ばかりになるところだが、克服すべき問題も少なからずあったため双発戦闘機も多くは単胴機になったのであろう。

双胴機は主翼と胴体の結合部で発生する過流が尾部に異常振動（バフェッティング）を起こさせることもあれば、機体の重量箇所（双ビームや尾翼など）が重心位置から離れるため運動性が損なわれる恐れもあった。実際、初期のP－38では急降下からの引き起こしの難しさが指摘されることになる。何よりも構造の複雑さは単胴機を上回り、生産性の悪さや整備の手間も懸念された。

けれども技術主任のホール・L・エバートと、空力学の専門家としてミシガン大学大学院から引き抜かれてきたクラレンス・L＝ケリー＝ジョンソンは、この高高度迎撃機の仕事の受注を、ロッキード社飛躍のチャンスと捉えていた。まだ新興メーカーと目されていたロッキード社の事業はそれまで旅客機中心だったが、軍用機の世界でのビジネス・チャンスが拓かれるならば、さらなる大量生産の受注を見込むこともできた。

そこで技術陣は新型戦闘機の斬新さを陸軍の関係者に認識させるとともに、失敗の恐れを局限するよう根回しして（トルク対策からアリソン社に逆回転のV‐1710エンジンを要求）、試作機での飛行記録樹立という注目せざるを得なくなるような演出にも力を注いだ。このあたりの技術者、研究者にとどまらないマネジメントのセンスをも包含したやり手経営者ぶりはなかなかのものであろう。

米陸軍機としては最初期の三車輪式降着装置（前輪あり）が採られたこともあってタキシング中に車輪を壊す事故にも遭ったが、試作初号機のXP‐38は一九三九年一月二十七日に初飛行を実施。このときも内翼のファウラー・フラップが不具合を起こしたが、次のステップ、北米大陸横断飛行が急がれた。

二月十一日には西海岸に近いマーチフィールドを発ち、二度の給油着陸を経てロングアイランドのミッチェルフィールドを目指して飛行。最後の着陸の段階で無理を重ねた機体のエンジン、フラップが故障して機体は破損。それでも平均五六三キロ／時で横断飛行を達成し、追い風での飛行速度六七五・八キロ／時（対地速度）により「最速の戦闘機アメリカに現わる」と注目を浴びた。

こうなると陸軍当局も、「ロッキードの高速戦闘機を玉成させざるを得なくなる。追い討ちをかけたのが九月にヨーロッパで勃発した第二次世界大戦で、P‐38への期待感はさらに高まった。ところが今度はロッキードの方が仕事の急な拡大に追いつけず、P‐38の開発が遅れた。ヨーロッパでの戦争発生が懸念された時期に英空軍が、ロッキード社にスーパーエレクトラを基に発展させたハドソン哨戒爆撃機を大量発注していたのである。P‐38の実用化を増加試作機のYP‐38×一三機がどうにか完納されたのは一九四一年春と、太平洋戦争突入まで一年を切っていた。

P‐38、P‐38Dと実戦投入前の初期生産型が続いて（各二九、三六機製作、P‐38Dは一九四一年八月に第一追撃機大隊に初配備）、この間に尾部のバフェッティングの問題にも取り組まれた。すでに安定的に片発飛行できるほどの安全性も確認されていた。P‐38Eでは携行弾数が少ない三七ミリ機関砲から二〇ミリ砲に変更するなど搭載火器も見直され、生産機は南西太平洋やアリューシャン列島などの飛行隊に配備された。

実戦投入可能な戦闘機の段階に達したのはアリソンV1710‐49／53（離昇一三二五馬力）エンジンに換えたP‐38Fだったが、このタイプからは主翼内翼下のパイロンに増加燃料タンクもしくは一〇〇〇ポンド（四五四キロ）までの爆弾類が搭載可能になった。また後期のP‐38F‐15では旋回半径を小さくするため、旋回機動に入るとフラップが自動的に八度ほど下げ位置に固定されるようになっていた。しかしながら太平洋戦争の初期段階で、P

109　ロッキードP-38ライトニング

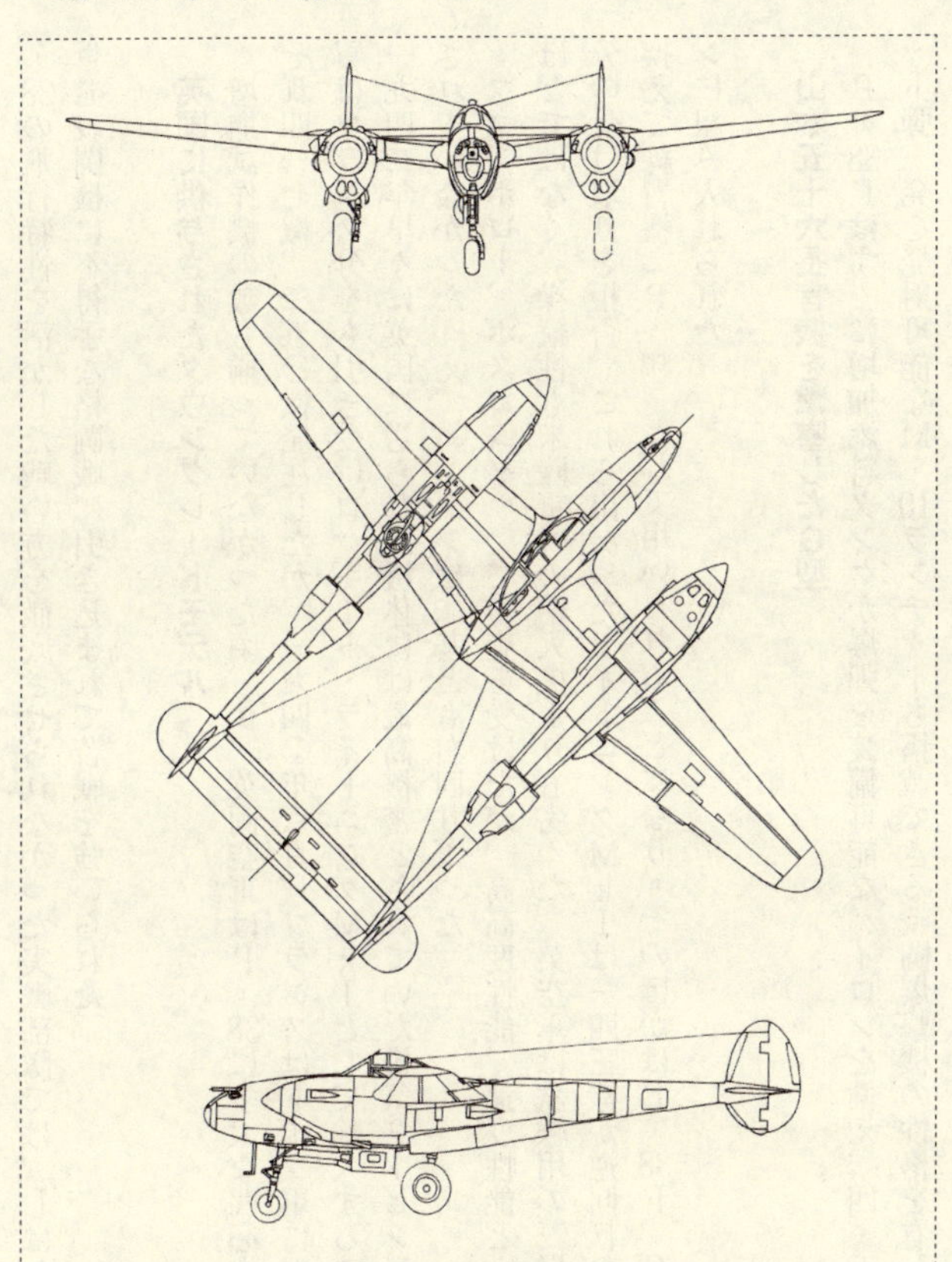

ロッキードP-38F ライトニング（戦闘機） 全幅：15.85m 全長：11.53m 全高：3.91m 全備重量：6940kg エンジン：アリソンV-1710-49/53（1325hp）×2 最大速度：636km/h（高度7600m） 実用上昇限度：11890m 航続距離：684km 武装：20mm機関砲×1、12.7mm機関銃×4、453.6kg爆弾×2 乗員：1名

・38の飛行特性を活かした戦い方を徹底させられなかった実戦部隊では、しばしば日本軍の単発戦闘機に不得手な格闘戦に引き込まれて苦戦を強いられた。

英国に供与されたダウングレードモデル

増加試作機の数も揃っていなかった頃、仏、英両空軍はP・38に多大な関心を寄せ、それぞれ四一七機、二五〇機発注したが、一九四〇年六月、フランスはドイツ軍に屈した。英空軍はフランス分をも引き受けロッキード・ライトニングMkⅠとして輸入することとしたが、一九四二年早々に英国に送られた機体には最高機密とされていた排気タービン過給機が装備されていなかったうえ、エンジンは二基とも右回りだった。

ファンボロー、ボスコムダウンで審査を受けたが、高高度性能、速度性能とも期待されたほどではなく、操縦性も米陸軍への納入機よりも劣った。英空軍は試験用の三機以外の注文分の受け取りを拒否。これら出戻ったライトニングMkⅠは一四三機が逆回転のエンジンに換えて練習機（P・332）として用いられることになり、そのほかはP・38F、Gの生産ラインに組み入れられた。

山本五十六長官機を撃墜したG型

P・38Fはすでに増加燃料タンクか爆弾を装備可能なパイロンを備え、四・五インチロケット弾三発を発射可能なM・10ランチャーも搭載できる戦闘爆撃機の性格を有していた。アリソンV1710-51／55（離昇一三二五馬力）に換えたP-38Gはパイロンに七二六キロ爆弾か一一三六リットル増槽（ともに×二）を搭載できるようになり、攻撃能力、行動半径を拡大させた。キャノピーも右開き式よりも緊急時に脱出しやすい後方跳ね上げ方式に変更された。

P-38Fではエンジンの冷却能力の都合から、高度八一〇〇メートル以上では出力を一一五〇馬力までに制限されていた。それがP-38Hでは、離昇一四二五馬力（水噴射時は一六〇〇馬力）のV1710-89／91エンジンに換装されたことにより自動滑油冷却フラップが備えられて、制限を受けずに出力どおりの能力を発揮できるようになった。

P-38Fはグリーンランド、アイスランドを経由してヨーロッパ戦線に派遣されたが、アイスランド上空ではUボートと共同作戦を行なうFw200C哨戒機の撃墜も記録。ヨーロッパで作戦活動に入ってからは、トーチ作戦から北アフリカ戦、イタリア侵攻と、地上軍支援作戦を継続した。

北アフリカ戦線では、枢軸国軍への補給支援を行なおうとする独伊輸送機群に対して地中海上で大きな損害を与え、補給路寸断に務めた。しかしながら、それまでなかった珍しい双胴戦闘機の登場は、単発機に慣れていた乗員たちに尾翼の振動や急降下機動時の昇降舵の効きの悪さなど、自らの慣熟で克服すべき新たな負担を強いることになった。

ガダルカナルに派遣されたP-38G（第一三空軍339FS）は、南方方面前線視察中の山本五十六連合艦隊司令長官が搭乗する一式陸攻を撃墜して歴史に名をとどめた。P-38Hもヨーロッパ戦線で充分な護衛を受けられないまま昼間作戦を強行する米戦略爆撃機の護衛を務めたことがあった。

だが護衛戦闘機としての任務は、対戦闘機戦闘能力、航続性能がさらに優れている単発戦闘機が揃ってくると、その任務を譲ることになる。やがてP・38は開発時に想定された高高度での迎撃戦よりも、低高度での侵攻作戦に多用されることになる。

多用な武器を搭載した戦闘爆撃機

P・38はH型に至るまでに何度かエンジンを換装していたが、P・38JはH系と同じエンジンながら、外翼内に置かれていた中間冷却器がエンジンの正面下部に移されて、カウリングが〝アゴ〟状になったため、ひと目でわかる新型機となった。外翼には内部燃料タンクが増設され、爆弾搭載量も九〇七キロ×二と中型爆撃機レベルに達したが、爆弾を積めるだけの戦闘爆撃機から脱却しなければならない時期になっていた。

そのため爆弾を搭載したP・38戦闘爆撃機群の先導機役を務める、二種類のパスファインダーが開発された。固定火器が撤去されて爆撃照準器が備えられ、この機器を操作する爆撃手が機首に搭乗するパスファインダーだが「ドループ・スヌート」と呼ばれたタイプでは機首先端の透明風防箇所にノルデン爆撃照準器が装備された（パスファインダー機も爆弾を搭載した）。

ドループ・スヌートは一九四三年から実戦に投入され、爆装したP・38の編隊は高度六〇〇〇メートルを飛行し、パスファインダーの指示に従って爆弾を投下する編隊爆撃が実施されるようになった。

さらにまた、雲に遮られることなく照準可能なAN／A5P-15レーダー照準器を装備した先導機型は、レーダー・スコープを見やすいようにと風防が曇りガラスになった。これらの爆装したP-38の編隊は、中型爆撃機や戦略爆撃機では適さない、強固に防御された攻撃目標に対する爆撃作戦を担当するようになった。

V1710-111／113（離昇一四七五馬力、水噴射で一六〇〇馬力）エンジンに換えたP-38Lは、大戦下の戦場に登場したP-38の最終で最多生産型（三九二三機）となり、M-10ロケット・ランチャー（中央ナセル下部左右に装着）だけでなく、五インチHVAR（高速度航空用ロケット弾）を外翼下に一〇発搭載できるようになった。

概して爆弾は目標に命中しないことの方が多かったが、三インチ・ロケット弾の一斉発射は軽巡洋艦の片舷斉射と同規模の破壊力と評価されていた。英国で開発されて運用が拡大した三インチ・ロケット弾の技術はアメリカにも伝えられた。

さらに研究開発を進めた結果、より大型で高性能の五インチHVARが作られ、これが米陸海軍機の攻撃用兵器として非常に有用なロケット弾となった。正面から見ると樹木を天地逆さまにしたようなかたちに見える五インチ・ロケット弾発射装置（通称クリスマスツリー）もP-38Lの外翼下部に装備された。

地上攻撃任務は特殊な技術やかなりの慣れを要したうえ、対空射撃にも狙われやすい非常

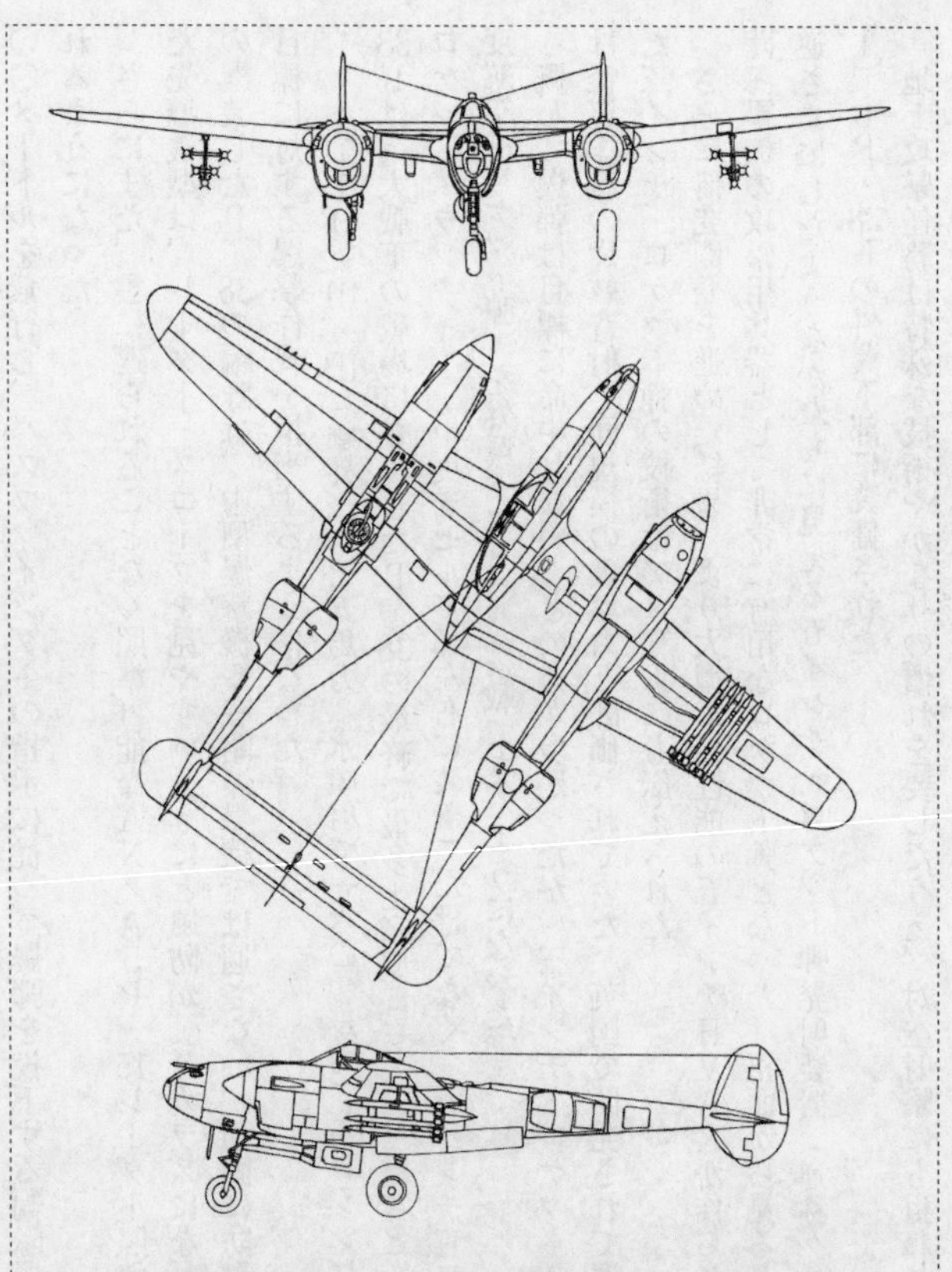

ロッキードP-38L ライトニング(戦闘爆撃機) 全幅：15.85m 全長：11.53m 全高：3.91m 全備重量：7435kg エンジン：アリソンV-1710-111/113(1475hp)×2 最大速度：667km/h(高度7600m) 実用上昇限度：13410m 航続距離：724km 武装：20mm機関砲×1、12.7mm機関銃×4、907kg爆弾×2、HVAR×10 乗員：1名

115 ロッキードP-38ライトニング

ロッキードP-38L ドループスヌート・パスファインダー　エンジン、寸法はP-38Jと同様。固定火器は装備しないが爆撃手が操作するノルデン爆撃照準器を機首に装備、爆弾も搭載。乗員2名　※P-38Jの諸元　全幅：15.85m　全長：11.53m　全高：3.91m　全備重量：7938kg　エンジン：アリソンV-1710-89/91（1425hp）×2　最大速度：667km／h（高度7620m）　上昇限度：13410m　航続距離：724km　武装：20mm機関砲×1、12.7mm機関銃×4、907kg爆弾×2

に危険な任務だった。また特に高高度での戦闘能力向上に供する排気タービン過給機を装備していたP-38にとっては、割り切れないものもあったろう。だがP-38の対地ロケット弾搭載型は、太平洋、ヨーロッパ両戦線で猛威を振るい、終盤にはナパーム弾を搭載することもあった。

珊瑚海海戦を有利に導いた写真偵察機

第二次大戦に参戦する頃まで、米陸軍の偵察用機種のディジグネーションに用いられていたコードは「O-」(observation = 観測、監視)であった。太平洋戦争突入から間もなくO-は廃止されて、連絡・観測機のL-と写真偵察機のF-(＊)に分化した。

(＊) photo のPか reconnaissance のRが充てられそうなものだが、Pは戦闘機・追撃機のP-=pursuit に、Rは回転翼機のR-=rotor に当てられていた。

そして写真偵察機は、その任務での専用機種が作られることもなく(試作機はあったが)、戦闘機や爆撃機などほかの機種から派生した写真偵察機型に当該ディジグネーションがわり当てられた。

そのような経緯があったため、F-系の写真偵察機は大部分が少数機で、P-51から派生したF-6戦闘偵察機が数百機作られ、P-38から発達したロッキードF-4、F-5がアメリカの写真偵察機の中で最も多く使われた機体となった。

ともに非武装だったが、F-4はP-38Eを基に武装を撤去して、自動操縦装置や偏流測

117　ロッキードP-38ライトニング

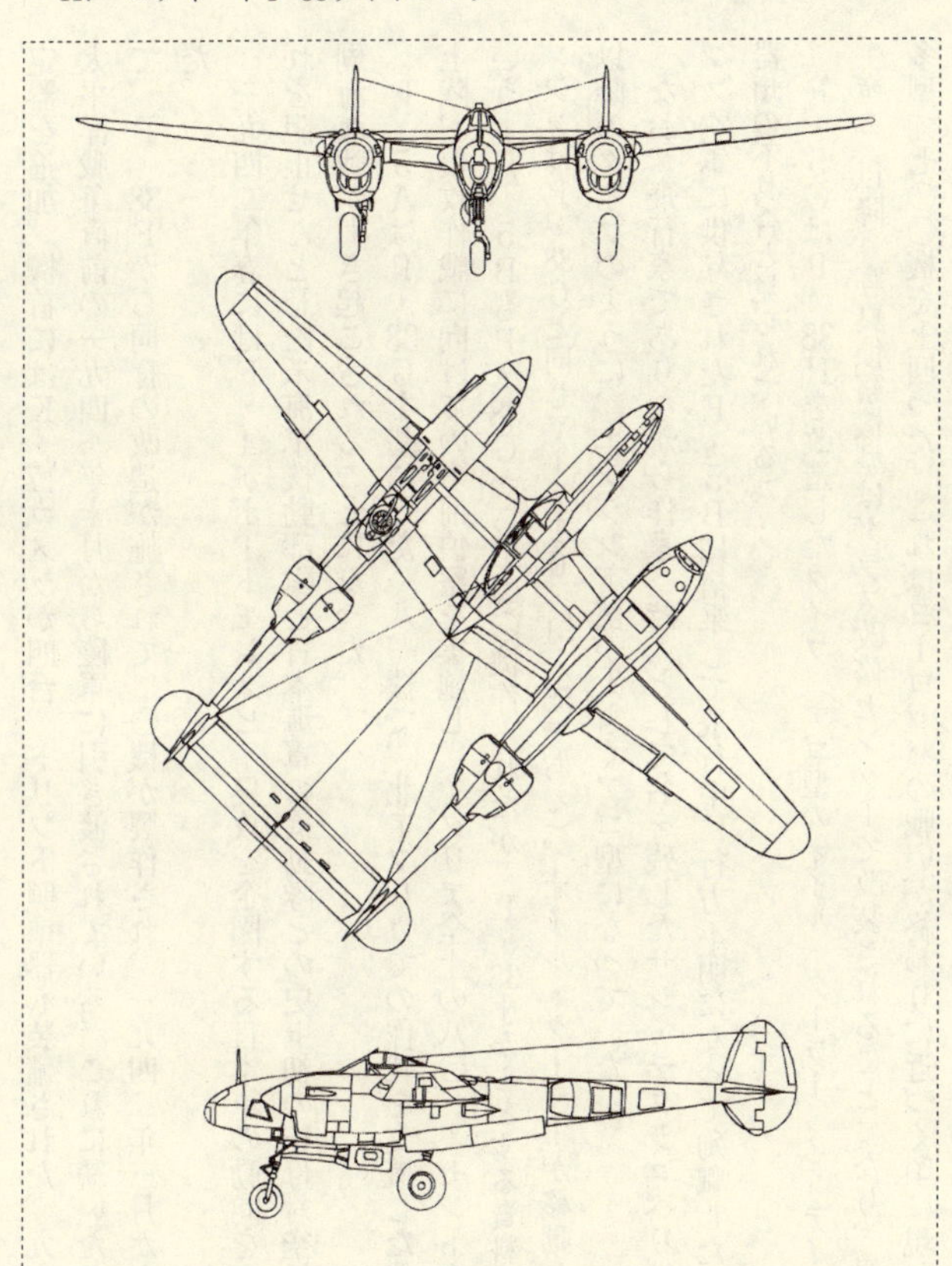

ロッキードF-5B ライトニング(写真偵察機)　全幅：15.85m　全長：11.53m　全高：3.91m　エンジン：アリソンV-1710-51/55(1325hp)×2　最大速度：643km/h(高度7600m)　上昇限度：11890m　航続距離：3860km　武装：K-17カメラ×4　飛行性能は同じエンジンを動力として用いていたP-38Gに準ずる

定器を追加。機首にはK‐17カメラが四台、ドリフト照準器も装備された。九九機作られて太平洋戦争直前の一九四一年十月から陸軍に引き渡されている。これに続いたのがF‐4Aで、P‐38Fから同様の改造が施されて二〇機が製作され、一九四二年三月から引き渡された。

一九四二年春にはF‐4がポートモレスビー侵攻を企図する日本軍の動向をキャッチ。これを阻止せんとした米海軍機動部隊と日本海軍の機動隊との史上初の空母対空母の戦い、珊瑚海海戦が引き起こされることになった。

F‐5AはP‐38Gを基にした一八一機で、北アフリカでの作戦を支援した後、イタリア上陸、侵攻作戦に向けての事前偵察を実施し、イタリア全土の八〇パーセントを撮影したという。F‐5BもP‐38Gから二〇〇機作られたが（P‐38Jからとする資料もあるが、エンジンはP‐38Gと同じV1710‐51／55である）、オイル・クーラーが移動してP‐38J以降のタイプのように、エンジン下部が大きくアゴ型になっていた。

なお、飛行家でありながら作家、詩人として名を残したサン・テグジュペリは、自由フランス空軍に供与されたF‐5Bに搭乗して飛行中に行方不明になって殉職した（酸素吸入機器類の不具合と見られている）。

F‐5CはP‐38Hを改造したタイプ（アゴ型のオイル・クーラー・インテイク、一二三機生産）。以降、写真偵察機型はダラス改修センターで改装されることになり、F‐5Eは最多型で七〇〇機を上回った。これはヨーロッパの戦いが終わりに近づく頃に現われた強行偵察機型で、ドイツ空軍のレシプロ戦闘機はよほどの好条件に恵まれなければ振り切られることが多く、Ｍｅ262のようなジェット戦闘機でもなければなかなか捕捉できなかったほどの高速を誇った。

この頃のライトニング偵察機の重要な任務は、舗装された飛行場やV兵器関連施設、車輌の発見になっていた。ドイツ空軍のジェット機は舗装された飛行場から発着したため、攻撃目標として重視された。それだけにライトニング偵察機はＭｅ262戦闘機からすれば帰還を許せぬ相手でもあった。

Ｆ-５ＧはＰ-38Ｌ-５からの改造機だが（機数不明だがＦ-５ＦもＰ-38Ｌ-５に基づいていた）、六三機改造されたＦ-５Ｇはこれまでのｆ-４、-５とは機首の形状が大きく異なっていた。標準装備の四台のカメラ以外にも機首に斜め装備カメラを搭載したので、短胴ナセルがほかのタイプよりも太目になっていた。Ｆ-５Ｅの頃にはヨーロッパの戦いが終息に向かっていたため太平洋方面に現われることも多くなったが、Ｆ-５Ｇは降伏直後の日本に進駐している。

日本では戦略偵察機として開発された百式司偵が優秀さを買われて迎撃戦闘機に発展した（別項）。それに対してＰ-38という本来は戦闘機として開発された機体が、約一四〇〇機も偵察機として使われたことは、ライトニングのあるべきもうひとつの姿が、写真偵察機だったことを物語っていたといえるだろう。

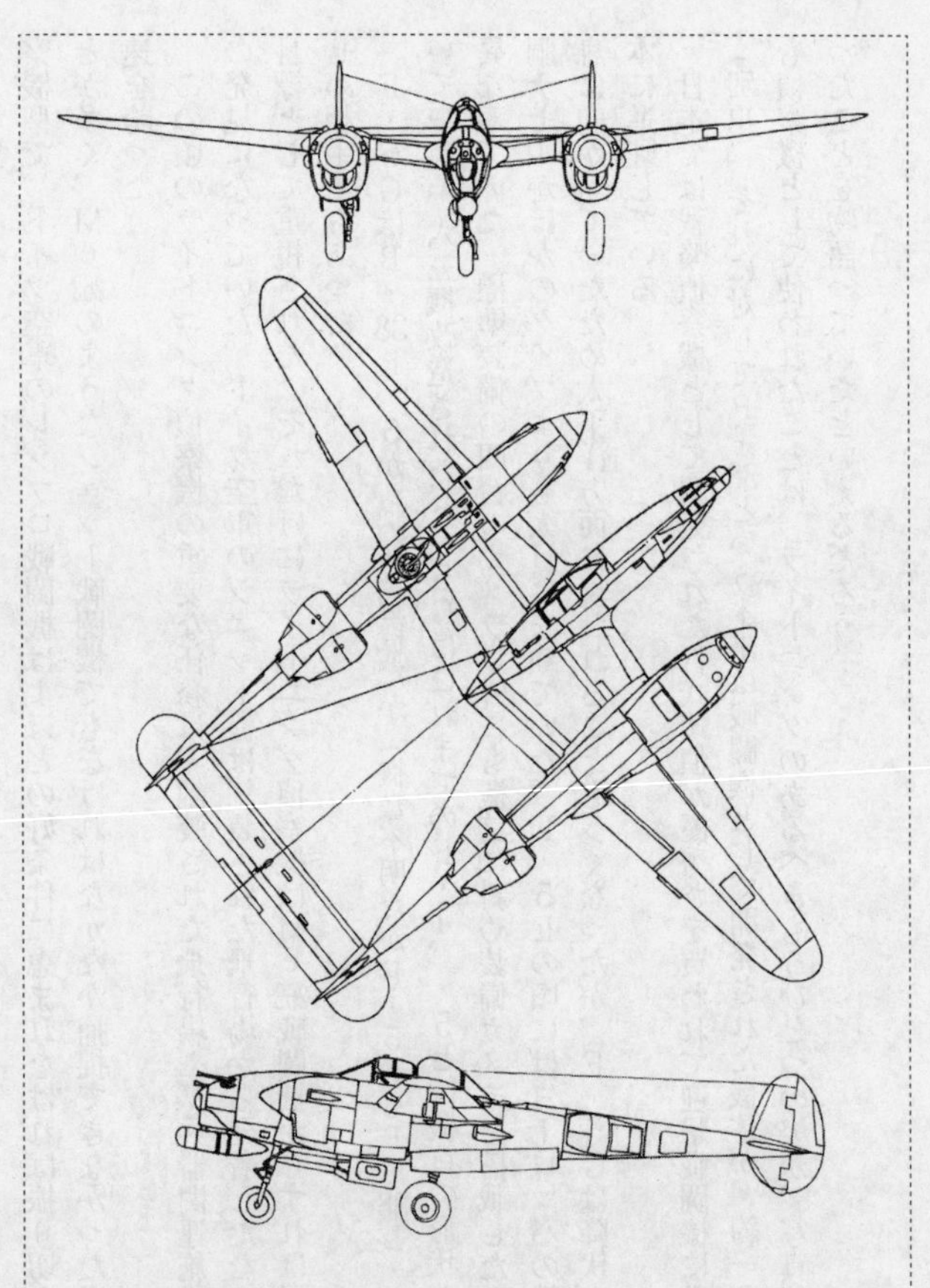

ロッキードP-38M ライトニング(夜間戦闘機) P-38Lの生産ラインで製作された夜間戦闘機型。操縦席直後のレーダー士が操作するAN/APS-4レーダーを機首下のポッド内に装備、ロケット弾装備可能。乗員2名

もうひとつの複座型＝夜間戦闘機

　P-38の系列では試験的な複座機、空力試験の実験機が試作されることもあったが、終戦が近づく頃にはP-38Lを基にした複座夜間戦闘機型が開発・生産され、実戦投入される直前の段階にあった。P-38Mである。

　機首下部にAN／APS-4レーダーのポッドを懸架し、操縦席の後ろに少し高い位置にレーダー要員席を設けたP-38L-5-LOを原型機としていたが、実用性が確認されたのでP-38L-5から七四機が複座夜戦型のP-38Mに改造された（塗装は全面マット・ブラック）。操縦士が射撃時に眼が眩むことのないように固定火器の銃口はブラスト・シールドで覆われ、外翼下にはクリスマスツリー型ロケットランチャーも装備可能だった。

　夜間戦闘機の本命と期待されたノースロップP-61ブラックウイドゥの配備がなかなか進まなかったために一九四四年後半に開発が指示されたP-38の夜戦型であったが、開発開始時期が遅かったこともあって試作機の初飛行は一九四五年二月となった。よって、審査、製造、配備が順調に進んでも慣熟訓練は終戦目前の時期になり、P-38Mの実戦投入はついに記録されることはなかった。だが終戦直後には、厚木基地にも展開したということである。

3 ノースアメリカンB-25ミッチェル

傑作双発爆撃機の出自

本邦においては、B-25は日本本土に初めて爆弾を投下した爆撃機として、これからも語り継がれるであろう双発爆撃機である。だがその生い立ちは、後の評価とは裏腹の、意外な不運に彩られていた。

B-25となる双発機のノースアメリカン社での社内称はNA-62。一九三九年三月に発行された五人乗りの爆撃機の開発要求仕様（三二〇〇ポンド＝一四五二キロの爆弾を搭載して最大速度は四八〇キロ／時以上、航続距離三二〇〇キロ以上）に基づいて開発された機体だが、実は一九三八年一月に米陸軍から発行された攻撃爆撃機の要求仕様に基づいて開発された三人乗りの双発攻撃機・NA-40を基にしていた。

双尾翼で肩翼形式の三車輪式双発機と、後のB-25の形状と一致する箇所が少なからずあったNA-40は、要求性能を上回って陸軍の審査には合格した。ところが審査後の飛行の際に、墜落事故に見舞われた。これにより、量産の指示は競作機としてダグラス社が開発したDB７に対して発せられ、これが大戦初期以来全期間にわたり連合国側の各国で使われる、A‐20ハボック軽爆撃機・攻撃機となるのだった。

墜落事故の原因はNA‐40に起因するものではなかったが、採用は見合わされて、ノースアメリカン社としては三月に要求されたばかりの五人乗り双発爆撃機で、再戦を挑むことになった。一九三九年八月に計画書の審査に応募した四社のうち、ノースアメリカンとマーチン社に初期生産型の生産まで込みで開発・生産契約が結ばれたが、これはヨーロッパの緊張が高まっていたことによる措置でもあった。ダグラスDB７にはすでにフランスからの引き合いも寄せられている状態だった。

NA‐62ではNA‐40の縦長だった胴体の高さが詰められた分、前輪と主車輪の支柱が長くなり、尾部と胴体中央部にも防御用の旋回機銃が置かれ、正副操縦士も並列されることになった。機首のガラス張りキャビンに着く爆撃手兼観測員が、前方機銃を受け持つところはNA‐40と同様だった。

書類の審査による量産発注（一八四機）であったが、製作された各機は早い段階で陸軍の試験を受け、初期生産型のB‐25は方向安定性不良が指摘された。これを受けて一〇号機からはエンジン・ナセルから外側の主翼の上半角がなくなったが、この変更によるガル型主翼は以降のB‐25シリーズの特徴となった。なお、往時の軍用航空の先覚者であるビリー・ミッチェルに因んで「B‐25ミッチェル」が通り名になった。

東京奇襲攻撃を敢行したB‐25B

燃料タンクの増設や防弾強化のため胴体がわずかに延長されたB‐25Aに続き、胴体の上下に動力銃塔を設けた武装強化型のB‐25Bが本格的に戦闘活動に参加したタイプとなった。下部の銃塔はペリスコープ操作だが、これらの銃塔搭載により尾部の銃座は撤去された。

このB‐25Bが航空母艦から発進して日本本土に対する爆撃作戦の使用機に選ばれた。作戦を練って実施部隊を率いたのは、大戦間の内外のエア・レースや高速飛行記録でその名が知れ渡ったジミー・ドゥーリトルであった。真珠湾攻撃から五ヵ月後の一九四二年四月十八日、一六機のB‐25Bが空母ホーネットから飛び立って、東京、横浜、名古屋、大阪を空爆した。なお、B‐25Bのうち二三機は英空軍に供与されて（ミッチェルMkⅠ）、審査および要員訓練用に使用されている。

だがB‐25Bまでの生産機数一八四機は、契約時の量産発注機数にとどまる数であった。イングルウッド工場での量産が本格的に始まって、実戦部隊での運用が拡大したのはB‐25C（一六二〇機生産）から。戦訓が反映されて爆弾倉内の爆弾架が一〇〇〇～二〇〇〇ポンドの各種の爆弾を搭載できるように改められ、二〇〇〇ポンド（＝九〇七キロ）航空魚雷も胴体下部に懸架できるようになった。

太平洋ではフィリピンの日本軍勢力圏への爆撃や、南方での対艦船攻撃に多用され、北アフリカでのドイツ・アフリカ軍団との戦いにも投入された。米海軍でもこのタイプからPB

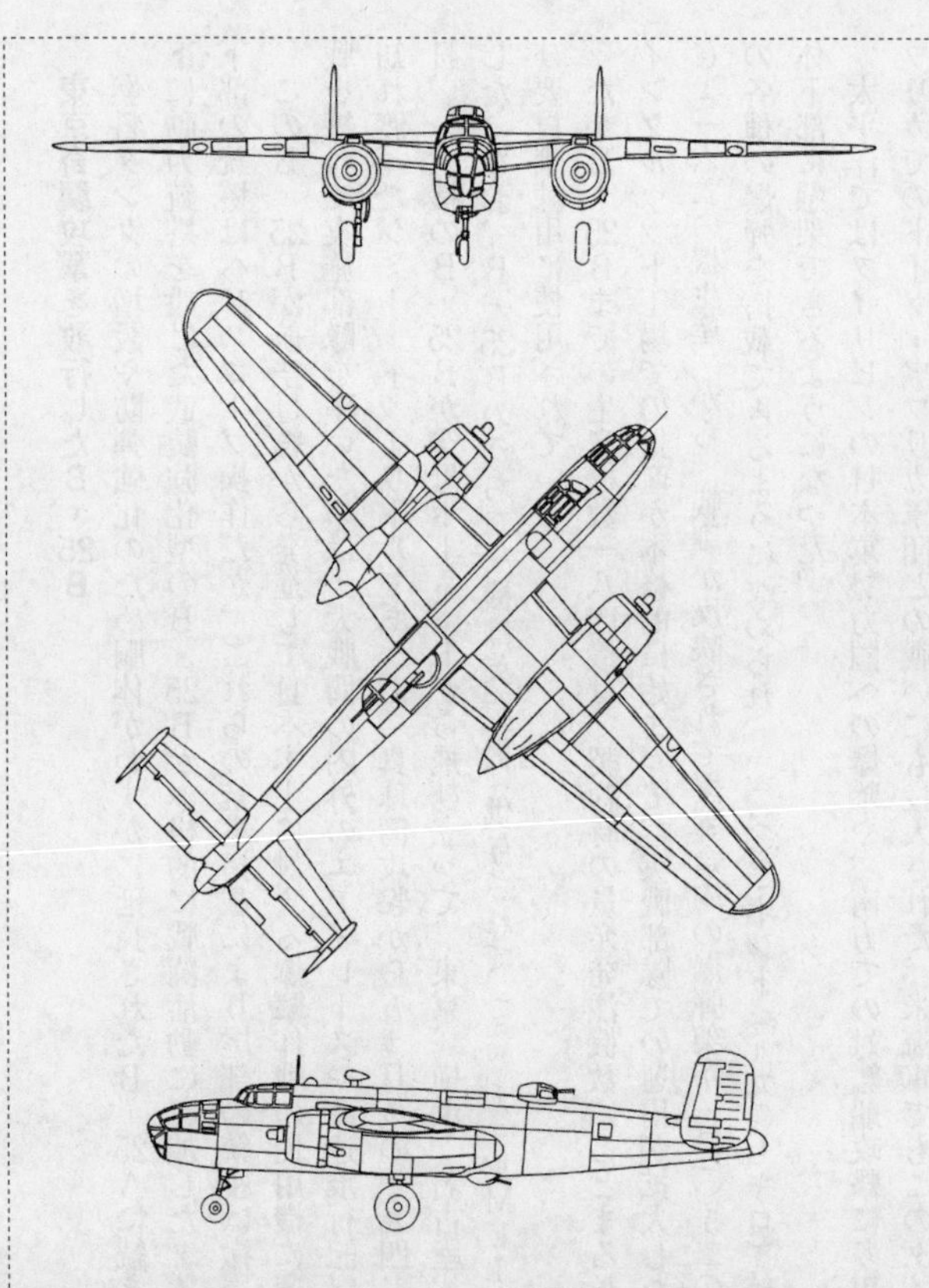

ノースアメリカンB-25B ミッチェル（爆撃機） 全幅：20.6m 全長：16.1m 全高：4.9m 全備重量：12909kg エンジン：ライト・サイクロンR-2600-9（1700hp）×2 最大速度：480km/h（高度4600m） 上昇限度：7050m 航続距離：2092km 武装：12.7mm機関銃×4、7.7mm機関銃×1、爆弾1361kg 乗員：5名

J-1C（訓練用途）として使用されている。さらにレンドリース協定により英空軍機（ミッチェルMkⅡ）、ソ連空軍機としてヨーロッパ戦に投入された。対日戦中の中国空軍にもB-25C×一三一機が供与されている。

生産単位による改造型も現われ、主翼下への爆弾外部搭載、機首への固定火器装備（C-1）、消焔排気管（C-15）、防弾強化・燃料タンク増設型（C-25）などが現われた。

B-25Dは需要の拡大を見越して設置されたもうひとつの生産ライン・カンザスシティ工場で作られたタイプだが、ごく初期に生産ラインを出はじめた機体はイングルウッド工場から部品を供給されたノック・ダウン生産機なので判別が困難である。けれども間もなく、尾部銃塔装備、寒冷地仕様、胴体左右の銃座設置など、オリジナルのB-25D派生型も現われはじめた（計二〇九〇機）。

また、このあたりから地上攻撃の際の固定火器による打撃力アップや洋上型の能力向上が図られていく。操縦席後方左右の計四基のブリスター・パック内に納めた一二・七ミリ機関銃への評価は高く、以降、すでに使用中のB-25も含め、前方射撃用固定火器の強化が工場整備中に、さらに実戦部隊においても実施されるようになる。

地上強襲に多用されたB-25J

B-25の爆撃機シリーズの最終型に位置づけられているのが七五ミリ砲搭載ソリッドノーズ型（別項）の機首をガラス張りの爆撃手席に戻したB-25Jである。胴体上部の銃塔は主翼付け根の直後から操縦士キャビンの後ろに移されており、胴体左右の銃座、尾部の銃塔とB‐25Hの防御火器の配置を受け継いでいた。B‐25Jは飛行性能の面ではそれまでのB‐25シリーズよりもかなり低下していたが、このタイプが配備される一九四四年頃は連合軍側が優勢で制空権もほぼ抑えていたため、むしろ打撃力や対空射撃に対する耐弾性の方が重視されていた。

B‐25の場合、四発重爆やマーチンB‐26には無い低空での機動性やAシリーズの攻撃機を上回る武器搭載能力や強度が重宝がられて、低高度からの艦船や交通の要衝に対する強襲攻撃に多用された。基地爆撃の際には落下傘爆弾が用いられたこともあった。このことが襲撃機的な使い方重視につながるのだが、基本的には搭載量三〇〇〇ポンド（一三六一キロ）級爆撃機としての資質が求められていた。

B‐25Jは一九四三年十二月から終戦までに四三九〇機製作されたとみられるが、うち三七六機がミッチェルMkⅢとして英空軍に送られ、ソ連空軍にも相当機数が供与された。ソ連ではレンドリースでかなり広範な米英機を入手し、送り主の国々とは異なる使い方をして驚かせたが、B‐25はベルP‐39と同様、最高の評価を受けた外国機となった。

B‐25H以後、主翼下面に五インチHVAR八発を搭載するZRLラックが装備可能になったが、海軍、海兵隊に納入されたPBJ‐1Jのうちの一〇機には胴体下部にタイニー・ティム空対地ロケット弾二発を搭載できるように改修されていた。最多最終量産型だっただけに終戦時の残存機も多く、輸送機（以下、別項）や練習機に改装、民間に払い下げられる

129　ノースアメリカンB-25ミッチェル

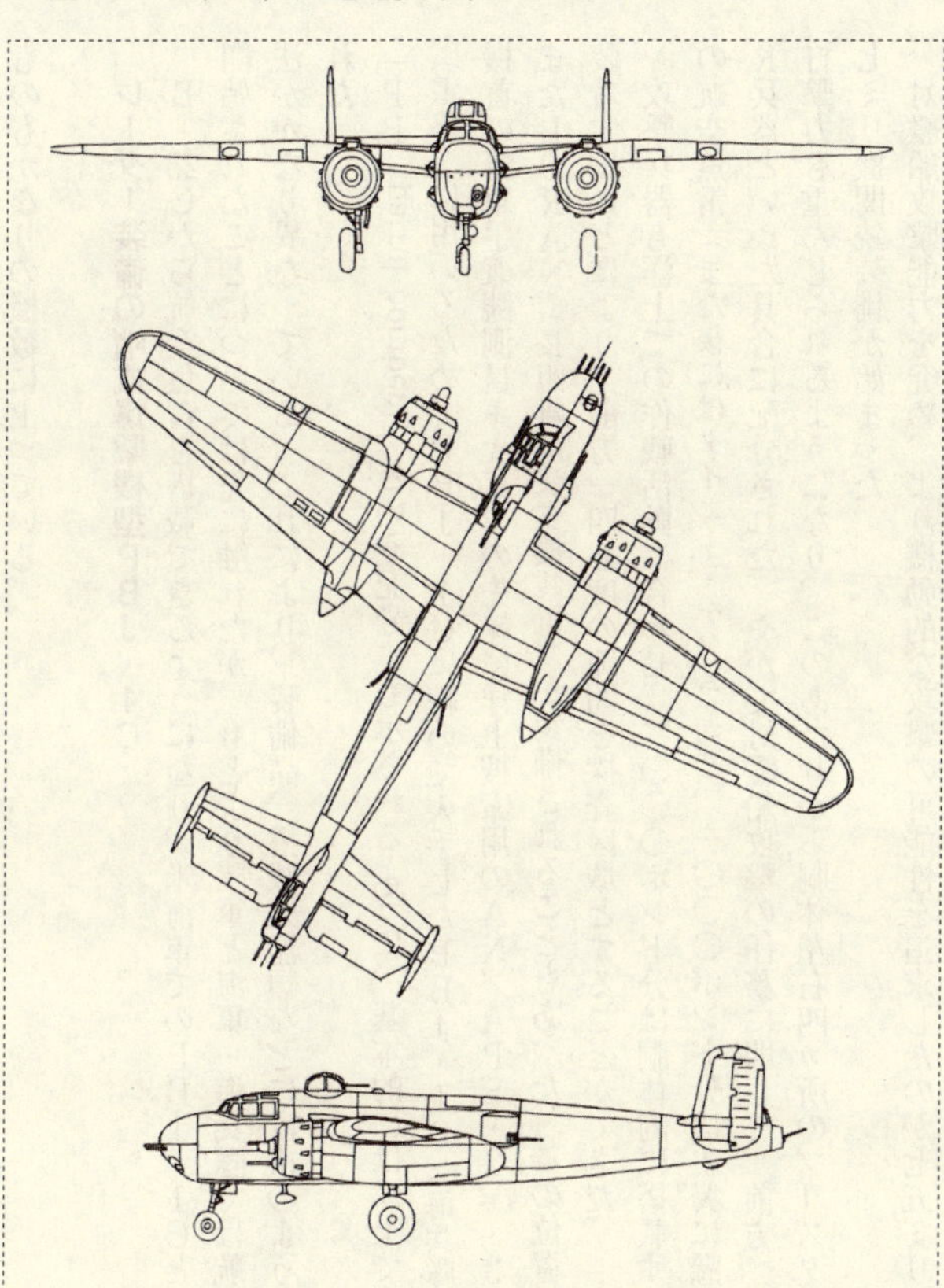

ノースアメリカンB-25H ミッチェル(洋上攻撃機)　全幅：20.6m　全長：15.54m　全高：4.8m　全備重量：16350kg　エンジン：ライト・サイクロンR-2600-13(1700hp)×2　最大速度：443km/h(高度3962m)　上昇限度：7250m　航続距離：2173km　武装：75mm砲×1、12.7mm機関銃×14、爆弾1361kg、HVAR×8　乗員：5名

ものもかなりの機数に上っている。

レーダー装備の哨戒爆撃機型PBJ‐1C

B‐25Cから航空魚雷を搭載できるようになり、米海軍でのPBJ‐1Cとしての運用が開始されたことについては先に触れたが、もとより陸軍と海軍・海兵隊では航空機の運用方法がかなり異なっている。これにより、装備品、搭載火器類などには次のような差異がみられた。

「PB（patrol bomber）」という記号にも示されるように、基本的には洋上での哨戒・爆撃（雷撃）に用いるため、PBJ‐1Cに続いて入手したPBJ‐1D（海兵隊に配備）には機首の爆撃手兼観測員キャビンの先端に洋上捜索用のAN／APS‐2、‐3レーダーが、またLORAN（長距離航法支援装置）が装備されることもあった。この位置にレーダーを装着することにより、前方一四五度の範囲を探査区域とすることができた。

攻撃兵器も洋上での作戦活動に合わせ、二〇〇〇ポンド分は胴体内に搭載する爆弾か機外の航空魚雷（また後にはタイニー・ティム二発）、一〇〇〇ポンド分は主翼に懸架するHVAR兵器といった具合に配分された。やがて対艦船攻撃の任務に即して、前方への固定火器の打撃力も重んじられるようになり、このあたりから胴体左右四ヵ所のブリスターへの一二・七ミリ機関銃装備が始まった。

対艦船攻撃能力を究め、より機動的な攻撃の可能性を追求したのが七五ミリ砲装備のB‐

ノースアメリカンPBJ-1D ミッチェル(哨戒爆撃機)　全幅：20.60m　全長：16.20m　全高：4.82m　エンジン：ライト・サイクロンR-2600-29(1700hp)×2　最大速度：457km/h(高度4572m)※　上昇限度：6460m※　航続距離：2415km※　武装：12.7mm機関銃×10、907kgまでの爆弾または航空魚雷またはタイニー・ティム・ロケット弾×2、APS3レーダー搭載　乗員：5名　※箇所は基となったB-25Dの諸元

25G、H（別項）の洋上型であるPBJ-1G、-1Hだった。だがこれらは、必ずしも望ましい兵器とはなり得なかった。なお機首には固定火器類が装備されたため、洋上捜索用レーダー（AN/APG-23）は右翼端にチップタンク状にセットされることになった。

戦争の進展にともない弱体化した日本軍の活動は夜間に行なわれるようになるが、これにともないPBJには夜間哨戒任務も付与された。最後期の哨戒型となったPBJ-1Jは再びガラス張りの機首に戻されたものの、レーダー搭載機の大部分は右翼端にレ・ドームを装備した模様である。

大口径七五ミリ砲搭載機

機体重量の軽減による機動性の確保が重視される航空機に、大打撃力の大口径砲を搭載するという、二律背反した軍用機の開発は武器開発担当者のもうひとつの願望だったのか、第二次大戦中も何機種か開発されていた。

本書においても別項でドイツのJu88P襲撃機、日本の三菱キ-109（飛龍）について言及しているが、それぞれ装甲車輌、大型爆撃機を仕留める攻撃能力の確保を狙ったのにもかかわらず、大口径砲という取り扱いの難しい兵器を搭載したため航空機としての機動性が損なわれて、必ずしも目的を達し得なかった。例外的に成功作として評価されているのは、襲撃専用機のヘンシェルHs129ぐらいだろうか。

これらにも見られるように大口径砲の搭載は、多任務に対応しやすい比較的大型の双発機において試みられてきたが、B-25においても相当機数の七五ミリ砲搭載型が製作されていた。主たる攻撃対象としては艦艇を想定していたという。

先に開発されたB-25GはB-25Cを基に、ガラス張りの機首を撤去して頭を丸めたようなソリッドノーズの短い機首に換えたメジャー・チェンジ型となった。機首先端左右には一二・七ミリ機関銃二梃が備えられ、そのすぐ下左寄りにM4・七五ミリ機関砲の砲口がわずかに見え、コクピット直前の左右や砲手、砲弾収納箱を守る位置には、防弾鋼板が張られた。B-25Gは四〇五機製作されたが、二〇〇機目からは胴体下部の遠隔操作の銃塔は撤去された。だが、三〇〇〇ポンド程度の爆弾搭載能力は残されていた。

実用試験ではM4・七五ミリ砲の精度に重きが置かれたが、試験においては良好と判断された。しかし実戦部隊においては一回の攻撃侵入で四発の射撃がやっと。攻撃機動に入ると低高度を真っすぐ飛ぶしかなく、その最中に対空射撃を受けやすいこと、機首の一二・七ミリ機関銃二梃では対空射撃に対して弱体ということもわかってきた。本機が配備された第五航空軍（南欧に展開）では、七五ミリ砲を取り外して、オプションで一二・七ミリ機関銃を追加したこともあったという。

続いて開発されたB-25Hにはやはり七五ミリ口径ながらもっと軽量のT13E1が搭載され、ほかの火器も大幅に見直された。機首の一二・七ミリ機関銃が四梃に、また胴体左右にブリスターに収納される計四梃の一二・七ミリ機関銃追加と固定火器が大幅に強化されただけでなく、胴体上面の銃塔が主翼の後ろからコクピットの直後に移動されて、胴体側面左右に旋回機銃が追加、尾部の銃塔も動力式に改められた。これらの措置により、乗員は一名増員された。爆弾類の搭載量も一四五二キロに達し、主翼下面にもHVAR八発が搭載可能になった。B-25Hの生産機数は一〇〇〇機に及んでいる。

これに続いたB-25Jのなかにもソリッドノーズ型があったが、やはり七五ミリ機関砲は航空機用の火器としては荷が重かった。B-25J-25では機首の寸を詰めずにソリッドノーズにして一二・七ミリ機関銃を二梃ずつ四段八梃装備して操縦席の防弾も強化されていた。

B-25から生まれた写真偵察機F-10

B-25Dの生産ラインからは非武装の写真偵察機型F-10が四五機ほど製作されていた。このタイプは機首に、カメラを左右下向きおよび直下に向けることができる地図作成用の三角測量撮影用マウントが設けられ、ここにT-5またはK-17六インチ同調カメラがセットされた。カメラのレンズが突起する箇所にはフェアリングが付き、これらとは別に胴体後部にも偵察用のカメラが装備された。F-10のうち四機はカナダ空軍に供与されている。動力にはB-25C以降ライトR-2600-13が搭載されていたが、F-10ではR-2600-29が用いられ、爆弾倉内に燃料タンクが増設されている。

米軍のF-10は一九四三年から第三、第一九写真撮影飛行隊に配備され、アラスカ、カナダ北東部など未踏の地の撮影を実施。対日本土空爆に備えてB-29の前進基地を中国・成都に展開するにあたって、アッサムからヒマラヤに至るハンプ越えルート、カルカッタから成

135　ノースアメリカンB-25ミッチェル

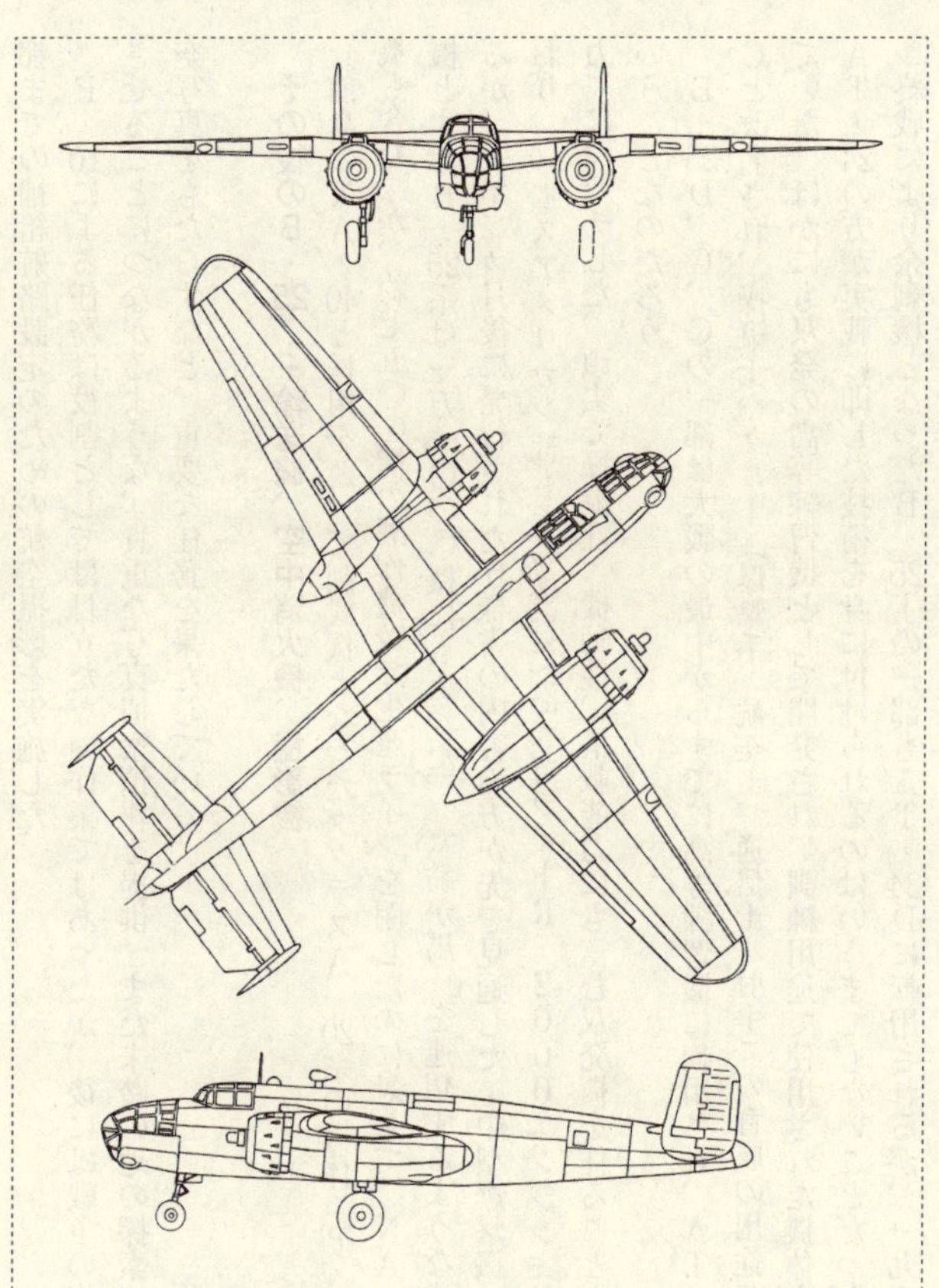

ノースアメリカンF-10 ミッチェル(写真偵察機)　全幅：20.6m　全長：15.82m　全高：4.82m　エンジン：ライト・サイクロンR-2600-29(1700hp)×2　武装：T-5またはK-17・6インチ同調カメラ等を装備　乗員：5名

都までの補給航路設定のための航空撮影を実施した。

F‐10による任務は役割としては目立たない作業ではあったが、後には戦争の趨勢を左右させることにつながるような、貴重な写真偵察情報を提供。また未踏の地の探索に供する航空写真をもたらすなど、重要な任務を果たしている。

その後のB‐25……輸送機、空中消火機、撮影機

前身のNA‐40と採用を競って制式機となったダグラスA‐20系の機体（P‐70ほか輸出機も含む）が、約七五〇〇機の製作機数で生産ラインを閉じたのに対して、NA‐62を原型機とするB‐25系は一万一〇〇〇機にも上った。〝塞翁が馬〟を連想するような違いでもあるが、一年二ヵ月後に発行された仕様書の内容の方が先を見通した「中型爆撃機」を求めており、ノースアメリカン社もその趣旨に沿ってライトR‐2600エンジン（一七〇〇馬力）にマッチした、頑丈で操縦性、機動性、搭載能力にも富む双発機を作ることができたということなのだろう。

B‐25D、G、Cの一部は大戦の最中からすでに高等練習機に転用され、AT‐24A、B、Cと改名され、操縦士やクルー（爆撃手、航空士、通信士、射手）の育成の用途で使用されていた。ほかにも双発の高等練習機として開発され、訓練用途で使用された機体もあったが、AT‐24の方が実戦に即した技術を身に付けられるのはいうまでもないことだった。

終戦により余剰機となったB‐25Jの一部もAT‐24Dに転用されるが、一九四八年の空

軍組織の独立にともない、AT・24A、B、C、Dは転用前の旧名にしたがいTB・25D、G、C、Jに変更された。ジェット機の時代に入っていた一九五〇年代になっても操縦士養成用のTB・25J、L、N、レーダー要員育成用のTB・25K、Mが使われていた。

B・25のごく少数機は大戦中からRB・25の名称で、アイゼンハワー元帥やハップ・アーノルド将軍らの搭乗機として使用されていたが、これらは武装が撤去されてソリッドノーズに改められ、高級幹部の長時間の移動用にベッドや会談用のソファが置かれるなど、内装も一変していた。軍用輸送機に転用されたB・25は武装を除き、胴体にも窓が開けられてCB・25となったが、高級幹部用の機体はVB・25と呼ばれた。

戦後は中南米などに輸出されたB・25も相当機数に上ったが、民間航空の分野に払い下げられたB・25も少なくなかった。一部はNAAで旅客機搭乗員の練習機として用いられた。またあるものは企業経営者の専用機として、さらに森林の防災用途でB・17、PBY、A・26からの転用機とともにファイアバマー（空中消火機）になったものもあった。

だが、戦後の民間機B・25として世界中の市民を楽しませたのはB・25カメラ・シップではないだろうか。大戦を生き残った軍用機は戦争映画にも「出演」したが、少数機は撮影機（カメラ・シップ）の役割も務めた。爆弾倉内に360度全周囲撮影用のカメラを搭載した撮影機は空撮を開始する直前にカメラを三メートルほど吊り下げた。名画として知られる「バトル・オブ・ブリテン」や「メンフィス・ベル」などの空戦、編隊飛行シーンは、B・25改造のカメラ・シップによって撮影されたものだった。

4　チャンスヴォートF4Uコルセア

傑作R－2800エンジン装備の艦上戦闘機

Ｆ４Ｕコルセアといえば、グラマンＦ４Ｆ、Ｆ６Ｆと並び称された、第二次大戦当時の米海軍のもうひとつの主力戦闘機だが、本機の誕生の経緯や、逆ガル翼という特殊な形式の採用に深く関わっているのは、やはりプラット＆ホイットニーＲ－２８００ダブルワスプ・エンジンであろう。

「高性能機には液冷エンジンを」という観念が強かった大戦直前の時期、代々ワスプ、ツインワスプといった空冷星型エンジンを手掛けてきたプラット＆ホイットニー社も、米陸軍から液冷エンジンの開発を求められていた。アメリカでは当時、実戦機用の液冷エンジンとしてはアリソンＶ－１７１０ぐらいしか使用可能なものがない状況にあった。

日本の零戦、またその先代に当たる九六式艦戦も空母からの運用を前提とした艦上戦闘機ではあったが、空母保有国では艦上戦闘機と陸上戦闘機の能力差をいかに縮めるかが問題になっていた。零戦の項でも触れたが、艦上機は運用上の制約に起因するハンデから、陸上機では不要な装備が求められ、また陸上機を上回る厳しい条件が課せられることが多かった。発着艦にも耐えられる機体強度（機体重量が重めになる）や飛行甲板へのアプローチの際に必要な低速飛行能力、空母格納庫に収容するための翼部の折りたたみ機構などである。このような陸上機では不要な仕組みや能力をも求めながら、陸上基地からのみ運用される戦闘機と渡り合おうというのだから、開発は難しくならざるを得ない。

ところがアメリカ海軍でも一九三八年二月には、ブリュスターF2AおよびグラマンG-36（後のF4F）の次世代の艦上戦闘機として、それまでの艦上戦闘機とは一線を画する、陸上戦闘機を凌駕できる高性能機が求められた。これに応えたのがヴォート・シコルスキー（のちにシコルスキーがヘリコプター・メーカーとなり、一九四三年には固定翼機担当はチャンスヴォートとなる）、グラマン、ベルだった。

グラマンでは艦上戦闘機としては最初の双発機となる、ライト・サイクロン二基を動力とするG-34（XF5Fスカイロケットとして試作）を、ベル社では陸軍からの要求に応じて開発されたミッド・シップ・エンジン搭載機＝P-39エアラコブラを三車輪式から尾輪式に改めたXFL-1エアラボニタを提案。いずれも艦上戦闘機の壁を破ろうとした異色の試作機ではあったが、一線を画するどころか実用性、能力的には在来機を上回るものには育たなかった。

これらに対してチャンスヴォートが提案したのは、当時開発段階にあった一八〇〇馬力クラス、やがては二〇〇〇馬力クラスになる一八気筒のR-2800ダブルワスプを動力とする単発機だった。

米海軍は艦載機として空冷エンジン機を採用する傾向にあり、その流れに沿って高出力エンジンを用いたヴォート機は、その年の六月にXF4U-1として原型機開発の契約が結ばれた。液冷エンジンの開発まで要求されて手一杯になったプラット&ホイットニー社に技術者を派遣してR-2800の開発を支援したヴォート社の努力が報われたかたちになったのである。

R-2800エンジンというと、F4Uを皮切りに後には同僚艦戦のF6F、陸軍のP-47、P-61ほか、PV-1、PV-2、B-26、A-26、C-46、後にはF7F、F8Fなどの動力としても使用される、戦争の趨勢にも関わるような傑作エンジンであり、二〇〇〇馬力級としては最初期のものでもあった。その先鞭をつけたのがF4Uだったのだが、その開発は順調とは言い難いものだった。

エンジンの能力を引き出すためにハミルトン・スタンダード社製の直径四・〇四メートルものプロペラ（Bf109は直径三メートル）を使用。大出力エンジンを装備するがゆえに機体の自重は三・三七トンにも及んで、サイズは複座以上の艦爆、艦攻クラスの大型戦闘機になった。

問題はやはり直径の大きなプロペラと、飛行甲板とのクリアランスを確保するための主車輪、主翼の組み合わせかたで、F4Uでは主翼を強めの逆ガル形式にして、下半角から上半角に切りかわる箇所（内翼と外翼の境い目）の下面に、主車輪を九〇度回転させて引き上げ、収納することとした。量産型では、この位置付近が主翼の折りたたみ位置となった。

逆ガルの主翼なので、ハード・ランディングの際にも胴体の損傷を大きくしないで済むとみられた。

低速性能を維持するため翼面積を大きくする必要があったが、外翼はわずかにテーパーし、内翼はテーパーせずほぼ直角に胴体に結合されたため干渉抵抗は小さくなり、余計なフィレットは必要とされなかった。

空母に乗せてもらえない艦上戦闘機

試作初号機のXF4U-1は一九四〇年五月二十九日に初飛行を実施。十月一日には六五二キロ／時で飛行して（追い風ではない）四〇〇マイル／時を突破した最初の米戦闘機となった。この成功が、プラット&ホイットニーのエンジン関連事業を空冷星型エンジンの開発、生産に集中させる契機となった。

だがこのXF4U-1は、量産型となるF4Uとはそれなりに異なっていた。胴体上部に機関銃を、外翼内には小型爆弾用の爆弾倉まで備えていたが、最も異なっていたところは操縦席がもっと前方に位置していた点であろう。ところが改修要求時に主翼への機関銃増強が求められて燃料タンクは胴体内に装備されることとされた。そこでコクピットを八一センチほど後方に移動させて操縦席の直前に八九七リットル燃料タンクが増設されることになったのである。

なお、逆ガル翼による失速特性対策のための補助翼の大型化、隙間付きフラップや自動防漏タンクの装備などもこの時点で行なわれた。内翼部の前縁には過給機およびオイル・クーラーのインテイクが開口することになった。尾輪カバー内にはアレスティング・フックも収納された。

実戦機化を急ぐ改修だったが、操縦席からの前方視界はかなり悪くなり、地上にあるときの前方視界は絶望的になった。逆ガル翼は操縦席からの下方視界に優れるのが利点でもあったが（Ｊｕ87など）、Ｆ４Ｕのコクピットの後方への移動に起因する着陸時の前方視界の悪さは、艦上機として大問題であった。

それでもヨーロッパが英国（および中立国）以外はドイツ・枢軸国に支配され、太平洋でも日本軍の南進により大戦突入が不可避という時期でもあったため、一九四一年六月末にはＦ４Ｕ-１の五八四機の量産が決まった。さらにブリュスター、グッドイヤーの両社でもＦ４Ｕの転換生産が実施されることになった（それぞれＦ３Ａ、ＦＧと称される）。これは、Ｆ６Ｆになる前のグラマンＧ-50の試作機製作が指示された頃でもあった。こちらはＦ４Ｕが失敗した際のリザーブ的な立場からの出発となった。

Ｆ４Ｕ-１の量産型初号機が納入されたのは一九四二年七月三十一日。だが前方視界以外にも、問題点がいくつも指摘された。着艦のために減速する際に陥ることがある危険な失速挙動（左翼が失速する傾向にある）、接地時の突然の片揺れ、飛行甲板での跳ね上がりなどである。結局、初期のＦ４Ｕ・１は空母で運用されることはなくなってしまった。

これに対して後から開発が着手されたＦ６Ｆヘルキャットの空母運用は一九四三年早々から始まり、Ｒ・２８００を動力とする艦上戦闘機の実用化は、艦載機の開発経験に富んでいたグラマンに追い抜かれることになる。頑丈な機体構造と手堅い設計に終始したＦ６Ｆに対して、様々な新機軸を盛り込んで飛行性能の向上に努め、さらには潜在的に余裕ある武器搭載能力を活かしたＦ４Ｕの巻き返しは実戦運用が始まってからだった。

太平洋戦線でデビューを果たす

一九四二年秋に海兵隊隷下の飛行隊に配備されたＦ４Ｕは、翌一九四三年二月から対日戦に投入された。最初に配備されたのはＶＭＦ・124で、同隊はガダルカナル島のヘンダーソン基地に移動後、日本軍機との激闘を繰り広げた。同年春夏からＦ４Ｕ運用飛行隊が拡大すると、日本の戦闘機をかなり上回る飛行性能によりソロモン海域での戦いを有利に進められるようになった。

Ｆ４Ｕ・１Ａは途中でバード・ケージと呼ばれた窓枠が多いキャノピーから半バブル・キャノピーに変更した、艦載機としての欠点の克服を目指したタイプである。前方視界を向上させるために操縦席を高くして尾輪の支柱を長くし、三点角を少し弱めた。右翼銃口の少し外側には失速対策の小さなくさび形スポイラーも設けられた。

Ｆ４Ｕを先に艦載機として運用したのは英海軍で、コルセアⅡと称されたＦ４Ｕ・１Ａ

（初期生産型）は英空母の格納庫の天井にぶつからないように翼端が八インチほど切り詰められて、そのほか英国仕様の装備品に変更、飛行甲板上での跳ね返り対策も講じられたという。一九四三年秋からコルセアの空母への搭載が始まった。終戦までにF４U‐１D相当に至るヴォート機、ブリュスター機、グッドイヤー機が、計一九〇〇機弱ほどが英海軍に納入された。

F４U‐１Aは生産途中で風防・キャノピー以外にもいくつかの点で改定され、一九四三年十一月二十五日引き渡し分から水噴射装置付きのR‐２８００‐８W（水噴射作動時二二三〇馬力）エンジン搭載機となり、また、胴体下には増槽タンクや一〇〇〇ポンド爆弾を搭載できるようになった。

F４Uでの最多撃墜機数（二八機）で知られる「パピー」ボイントン少佐を輩出した米海兵隊のVMF‐214も一九四三年秋にはF４U‐１Aを運用。海軍への配備も始まっていたF４Uとともにラバウル航空戦での多大な戦果達成に導いた。

戦闘爆撃機としての海賊コルセア

米海軍では大戦後期には戦闘機の武器搭載能力強化が進められ（SB２Cでは先代のSBDほどの働きが見込めなかったこともあるが）「急降下爆撃機不要論」も高まった。高出力のエンジンを動力としたため能力的に余裕があったF４Uの戦闘爆撃機化の声は上層部からも起こったが、実戦部隊での動きはさらに早かった。

F4U－1Aは初期段階では爆弾架を有していなかったが、VMF－222やVF－17では自発的に隊内で一〇〇〇ポンド爆弾搭載用の爆弾架を製作して作戦で使用。これを追いかけるようにブリュスター型の爆弾架が普及するようになった。ロケット弾の装備も部隊側から始まった。

このような流れに沿って本格的な戦闘爆撃機型として現われたのがF4U－1Dだった。増槽タンクの使用はすでに始まっていたが、F4U－1Dでは左右の内翼下に一〇〇〇ポンド爆弾を一発ずつ搭載できるようになり、外翼の下面にはHVARを四発ずつ装着可能なMk5・ZRLが装着された。低速性能を確保するための面積の大きな補助翼はF4Uの良好な運動性、機動性にも寄与したが、同時に七〇～八五度での急降下能力をも与えることとなった。

先行して二〇ミリ機関砲四門を固定火器とするF4U－1Cも開発、生産されていたが、対日戦が米軍優位に推移して地上攻撃任務が多くなると、需要が高まるのは戦闘爆撃機型の方だった。F4U－1Dでは主脚のオレオ部分が拡大したこともあって飛行甲板上での跳ね上がりの欠点も克服されて、このタイプから米海軍での空母運用も実現した。

またF4U－1Dの爆弾架には大型のロケット弾〝タイニー・ティム〟が搭載され、実戦で使用されたこともあった。

タイニー・ティムは大戦中では最大規模のロケット弾（太さ約三〇センチ×全長三メートル強）で、弾頭部はMk51五〇〇ポンド爆弾に準拠。弾体は油田の石油配管の廃材パイプを

147　チャンスヴォートF4Uコルセア

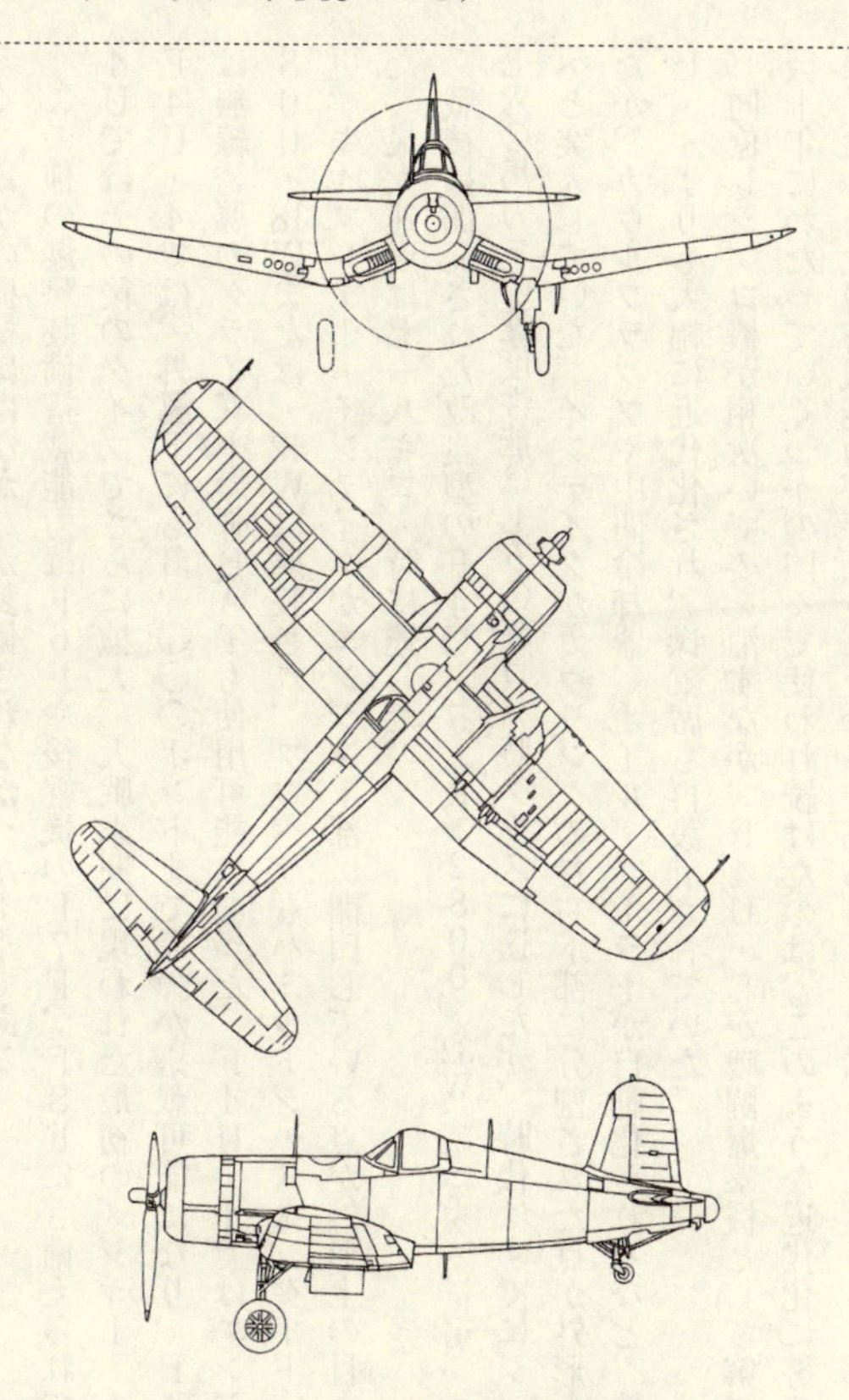

チャンスヴォートF4U-1D コルセア（艦上戦闘爆撃機）　全幅：12.49m　全長：10.16m　全高：4.60m　全備重量：5461kg　エンジン：プラット＆ホイットニーR-2800-8W（2000hp）×1　最大速度：671km/h（高度7010m）　上昇限度：11278m　航続距離：1633km　武装：12.7mm機関銃×6、453.6kg爆弾×2およびHVAR×8　乗員：1名

利用して作ったという。当たれば効果絶大な大型ロケット弾だが弾道性が悪いなど問題点も多く、ほかの機種にはなかなか装備されなかったようである。

この種の爆撃装備搭載能力はＦ６Ｆや後継機のＦ７Ｆ、Ｆ８Ｆにも備えられていたが、Ｆ４Ｕではその後のタイプでさらに拡大。大戦末期に現われた最初のメジャー・チェンジ型・Ｆ４Ｕ‐４では、外翼下にも計一〇〇〇ポンドまで爆弾が搭載可能になり、Ｆ４Ｕ‐４Ｂでは無線誘導のグライダー爆弾ＢＡＴも使用可能になった。Ｆ４Ｕ‐４ではエンジンがＲ‐２８００‐18Ｗまたは‐42Ｗに換装され、プロペラもハミルトン・スタンダード定速四枚に変更。キャブレター・インテイクがエンジン下部に開口している点が外形上の目立つ違いだった。最大速度は七一八キロ／時に達した。

戦後に開発された改良型のＦ４Ｕ‐５（Ｒ‐２８００‐32Ｗ、二三〇〇馬力、水噴射時に二七六〇馬力）の速度性能は七五〇キロ／時クラスに達したが、時代はすでにジェットエイジへと突入していた。インテイクがカウリングの左右下部に分割された点が外形上の違いだったが、カウルフラップや中間冷却器、オイル・クーラーが自動化されるなど、機械的にＦ４Ｕ‐４よりも大幅に近代化され、操縦席も再設計されていた。

同僚レシプロ機が相次いで姿を消すなか、Ｆ４Ｕ‐５が戦闘爆撃機として第二次大戦後も数十年にわたっていくつかの国々で使われ続けたのは、このような近代化に努めたほか、やはり大きな武器搭載能力が評価されたからであろう。

開発が遅れた写真偵察機

敵状を空撮したフィルムを持ち帰ることが主たる任務である写真偵察機型は、F4Uの高速性能が確認された一年後には持ち上がっていた。一九四一年十月末には米海軍航空局で、F4U-1を基とする写真偵察機転用の意見も出ていた。

ヴォート社でもK-18、-17カメラ、また測地用のF-56カメラ搭載型を提案したが、折悪しく艦載機としての実用性向上におおわらわの時期でもあったため、メーカー・サイドでの写真偵察機型開発は遅々として進まなかった。一九四三年二月以降に四機のみ試作されたというが、必要に迫られて前線の部隊でカメラ搭載が実施されていたのではないかともみられている。

F4U-4は一九四五年までに一九七八機が製作された、少数機が実戦に参加した最後期の大戦機型だったが、その派生型としてK-17、K-24カメラを搭載した戦闘偵察機型のF4U-4Pも現われた。胴体左側部にカメラの窓が開口した小バルジがあるが、武器類の装備は戦闘爆撃機型と同様だった。終戦に近い時期ということもあり、改装または生産されたのは一二機程度とみられている。

戦後に開発されたF4U-5の生産ラインからも写真偵察機型のF4U-5Pが三〇機ほど製作された。胴体下面と左右側面のカメラ・ドアからは機体の姿勢を変えずにパノラマ撮影が可能だったが、この内部の回転式マウントにはK-17、-18、S-7Sカメラを装着することができたという。

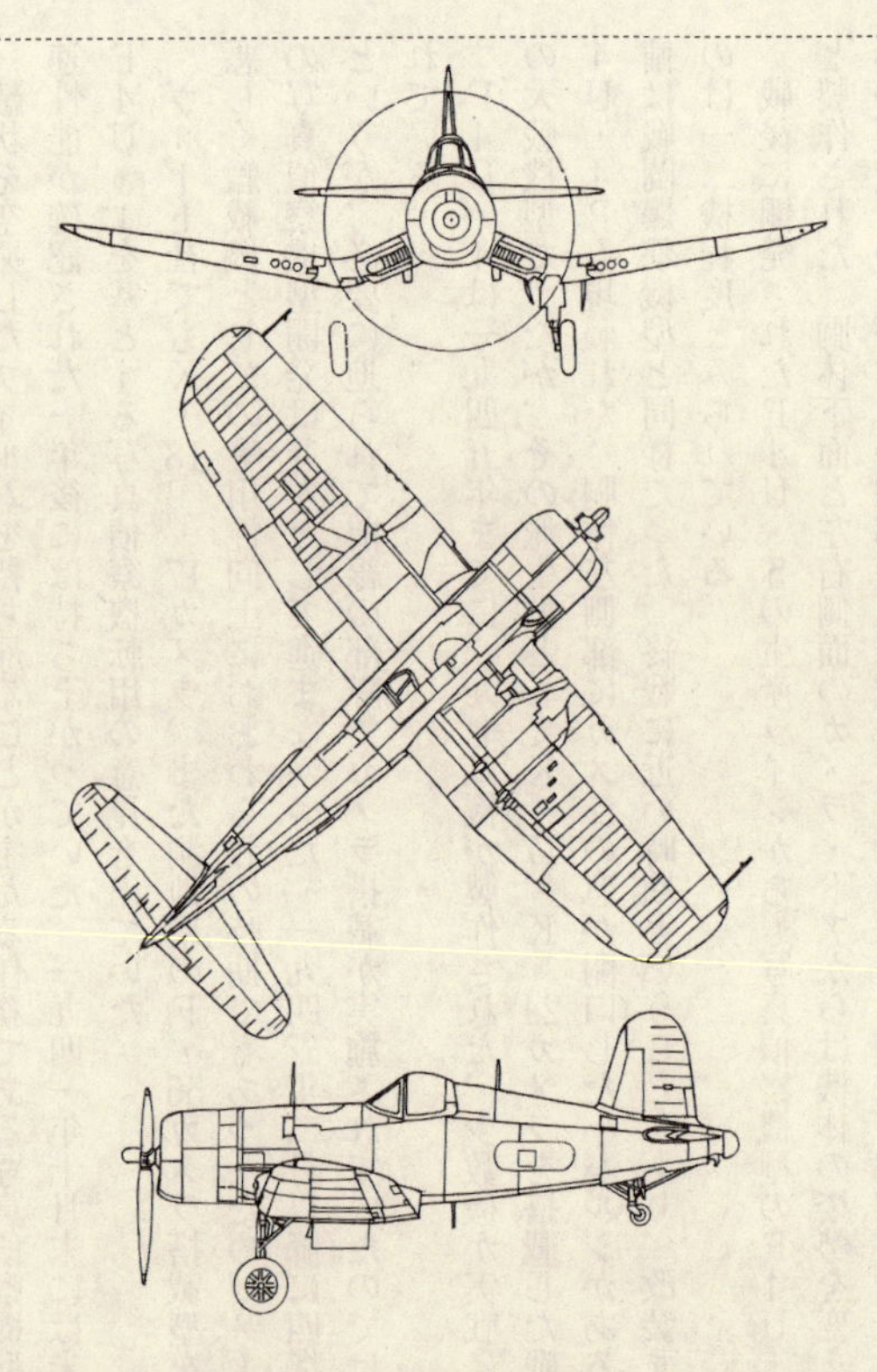

チャンスヴォートF4U-4P コルセア(戦闘偵察機) F4U-4をベースに、K-17またはK-24カメラを胴体内に装備した機体 ※以下はF4U-4の諸元
全幅:12.49m 全長:10.27m 全高:4.6m 全備重量:5634kg エンジン:プラット&ホイットニーR-2800-18Wまたは-42W(2100hp)×1 最大速度:718km/h(高度7986m) 上昇限度:12649m 航続距離:1609km 武装:12.7mm機関銃×6、453.6kg爆弾×2およびHVARまたは45kg爆弾×8 乗員:1名

最初期の艦上夜間戦闘機となったF4U-2

F4U-1の量産型が現われると、これの右翼前縁にAIAレーダーを収納するポッドを装備した夜間戦闘機型F4U-2が開発された。AIAレーダーは、すでに夜間戦闘機に搭載するための捜索用レーダーを実用化していた英空軍から技術供与を受けつつ、マサチューセッツ工科大学放射線研究所で開発された機載式レーダーである。ヴォート社の作業が手一杯だったため、海軍夜間戦闘機開発のアンガス計画（後にアンファーム計画と改称）に基づいて、米海軍航空工廠（NAF）が改造作業に当たった。

レーダー搭載にあたり右翼の機関銃は二梃とされ、このほか電波高度計やIFF（敵味方識別装置）、高性能発電機が装備されて、排気管も消焔式になった。パイロットがレーダー手を兼ねるので、計器板にはブラウン管型レーダー・スコープやレーダーの操作機器が備えられた。

F4U-1を基にNAFでは三一機をF4U-2に改装し、これらは海軍の二個飛行隊と海兵隊のVMF（N）-532に配備された。なお、VMF（N）-532では独自にF4U-1Aからも夜戦型改修を行なったということである。

もし単座の夜間戦闘機の実用性が認められなかったなら、F4U2以後のものは存在することもなかったろうが、F6Fでも夜戦型が作られ、戦後にはF4Uの夜戦型が勢力を拡大することになる。

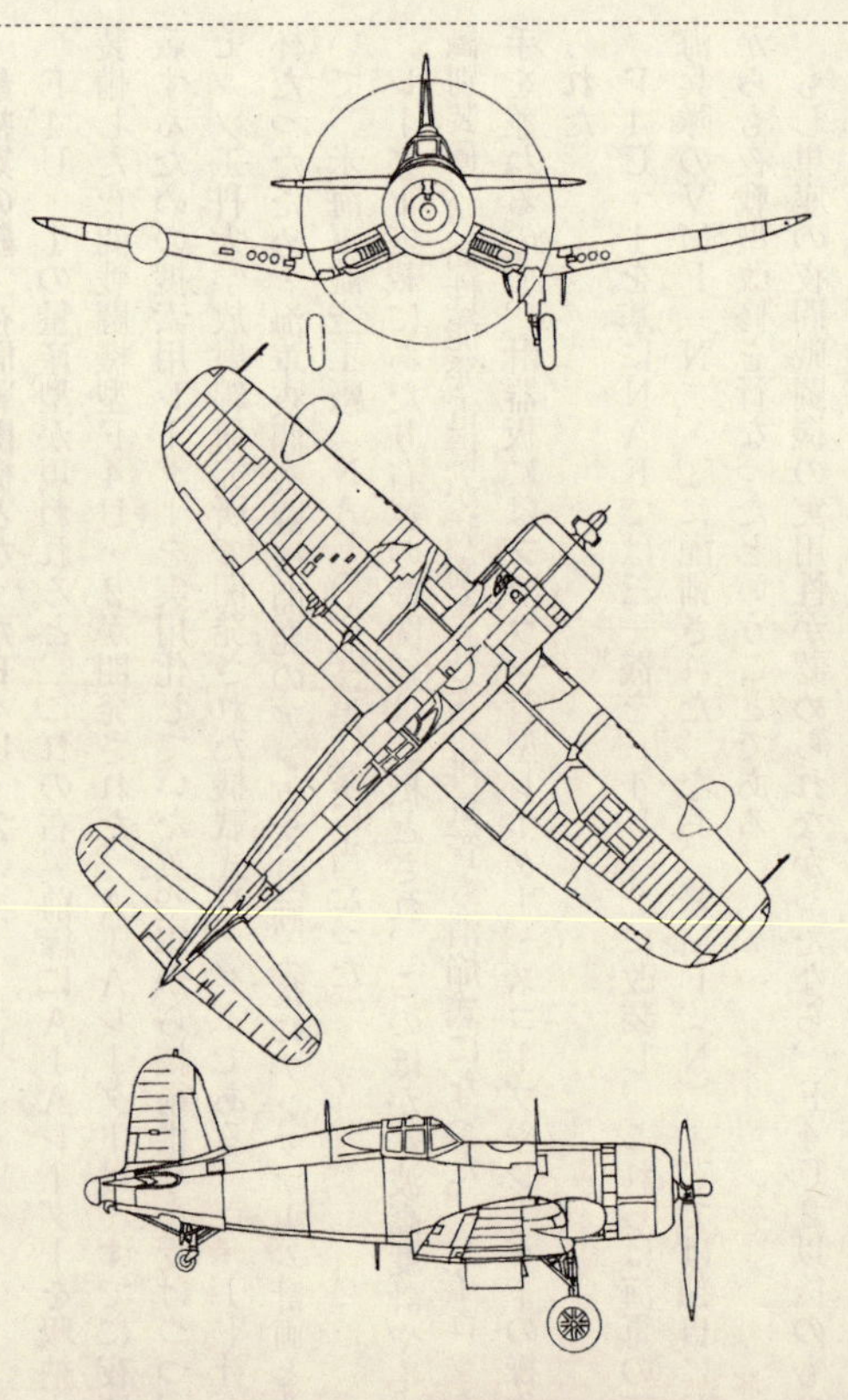

チャンスヴォートF4U-2 コルセア(夜間戦闘機)　全幅：12.49m　全長：10.16m　全高：4.6m　全備重量：5962kg　エンジン：プラット&ホイットニーR-2800-8(2000hp)×1　最大速度：639km/h(高度6900m)　上昇限度：10333m　航続距離：1537km　武装：12.7mm機関銃×5、爆弾搭載可能、AIAレーダー、AN/APN-1電波高度計装備　乗員：1名

その意味においてはF4U－2は米海軍の全天候戦闘機の起源ともいえる存在となるだろう。

戦後開発型のF4U－5Nはジェット夜戦が現われる直前の艦上夜間戦闘機となって、朝鮮戦争中の一九五一年までに二一四機が製作された。自動操縦装置が装備されたほか、レーダー（AN／APS－19、APS－19A）、通信電子機器が大幅に高度化していた。朝鮮戦争勃発にともない、寒冷地用夜戦のF4U－5NL（水メタノール防氷装置付き）も一〇一機製作された。

艦上攻撃機AU－1

F4U系の異種に当たるものはグッドイヤーで開発、生産されたF2Gが挙げられるだろう。グッドイヤーでFGと称して転換生産が行なわれていたことは先にも触れたが、日本機の体当たり攻撃や米軍の前進基地への強襲攻撃が問題になっていたため、米海軍航空局はツインワスプ二基を合わせた怪物エンジン＝R－4360ワスプメジャーを動力とする迎撃機F2Gの開発生産をグッドイヤーに要求した。

二八気筒のR－4360－4（三〇〇〇馬力、水噴射時三六五〇馬力）はR－2800よりも直径が小さかったので、細く長めのエンジン・カウリングに覆われ、レザーバックをそぎ落として全周囲視界のバブル・キャノピーに変わったことが外形上の特徴だった。陸上基地運用のF2G－1と艦載機型のF2G－2とがあったが、終戦によりそれぞれ五機程度の製作にとどめられた。R‐2800以外のエンジンのコルセアなど存在が許されなかったということでもなかろうが、F2Gはあえなく少数機で姿を消した。

米海軍はベトナム戦争の頃までピストン・エンジン動力の艦上攻撃機（ADスカイレーダー）を使用していたが、F4Uの系列から生まれた海兵隊支援用の地上攻撃機AU‐1は、各種の爆弾を組み合わせて爆弾搭載量二・二トンを超える、単発機としては最大の搭載能力に類する低空攻撃専用機となった。エンジンはR‐2800‐83W（二三〇〇馬力、水噴射時二八〇〇馬力）。左右内翼のパイロンには二〇〇〇ポンドまでの爆弾を搭載、外翼下にも計三〇〇〇ポンドまでの爆弾、ロケット弾が装着できた。作戦中には火器管制装置（Mk6 Mod・0）が使用された。

地上攻撃専用機なので対空射撃に対する防御も考慮されて、エンジンや操縦席、燃料タンクは防弾鋼板に覆われ、操縦系の補助回線や自動消火装置なども充実していた。AU‐1は一九五二年中に一一一機製作された。

大戦機としては異例の長期にわたって開発、生産が続けられてきたコルセア・シリーズの最終生産型となったのがフランス海軍の求め（軍事防衛援助計画）に応じて製作されたF4U‐7である。機体はAU‐1を範とし、エンジンにはR‐2800‐18W（C）を使用。フランス海軍流の艤装とされた。

一九五二〜五三年にかけて九四機が引き渡されて、F4Uコルセアの生産ラインは閉じられた。だがフランスほか、アルゼンチン、エルサルバドル、ホンジュラスでは一九六〇年代

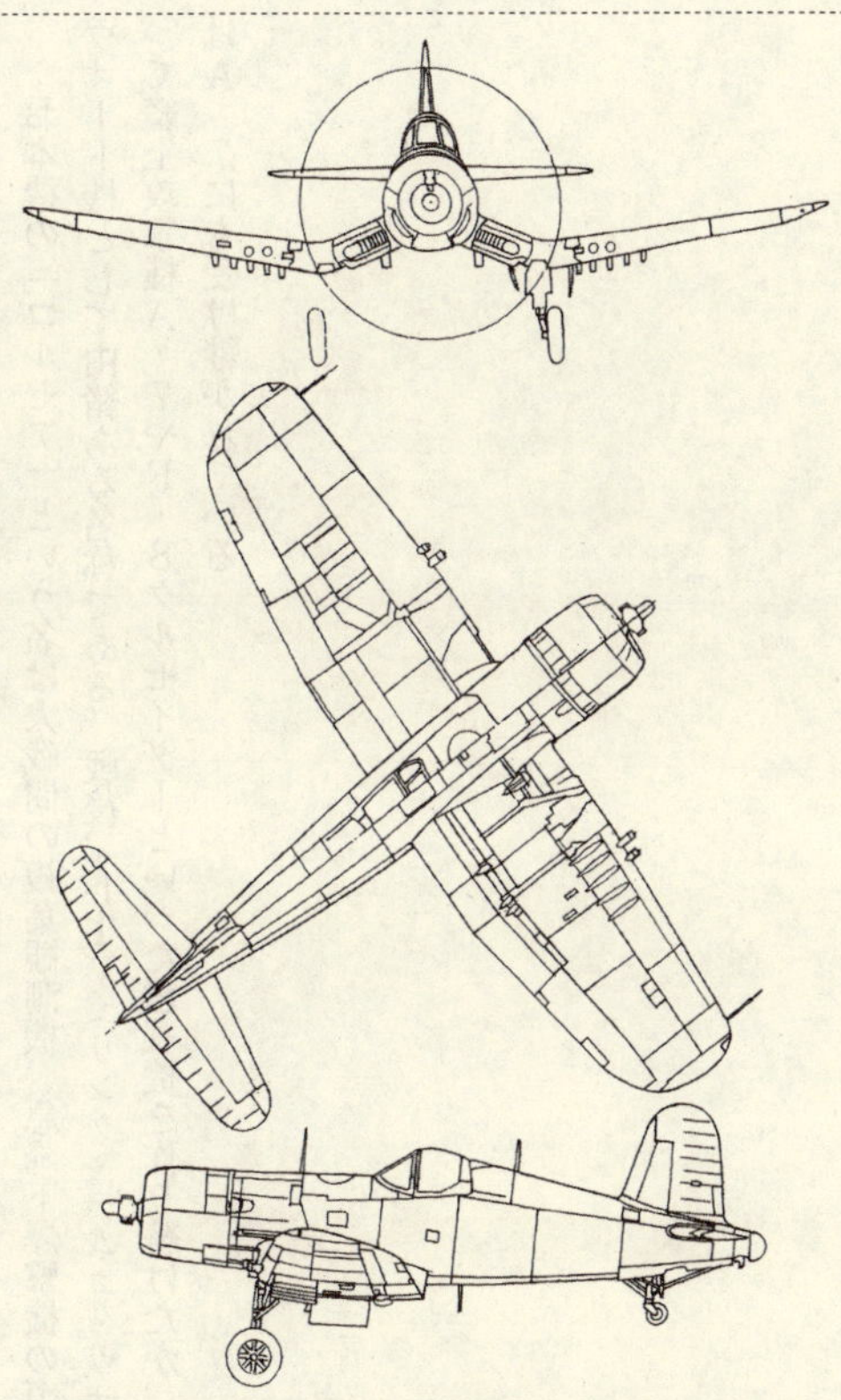

チャンスヴォートAU-1 コルセア(攻撃機)　全幅：12.49m　全長：10.52m　全高：4.5m　全備重量：5852kg　エンジン：プラット&ホイットニーR-2800-83W(2300hp)×1　最大速度：705km/h(高度2896m)　上昇限度：5944m　航続距離：779km　武装：20mm機関砲×4、907kg爆弾×2および114kg爆弾またはHVAR×8または227kg爆弾×6　乗員：1名

になってもコルセア系列の各機を使用。一九六九年夏の「サッカー戦争」に際してはホンジュラス、エルサルバドル軍所属のコルセア同士の空戦も生起した。

なお本機の「コルセア」という名は大戦間の複葉観測機、急降下爆撃機の頃から使われた、ヴォート機として由緒ある名称である。戦後、LTV（リング・テムコ・ヴォート）社となって艦上攻撃機A－7やF－8クルセイダーといった艦載機を作り続けたが、コルセアの名はA－7にも受け継がれている。

第3章　ドイツ空軍機

1 フォッケウルフFw190

出発点は補助戦闘機

スペイン市民戦争に派遣されたコンドル軍団の主力機として、大きな実績を挙げたメッサーシュミットＢｆ109が、ドイツ空軍主力戦闘機として揺るぎない存在になりつつあった一九三八年春。ドイツ航空省（ＲＬＭ）はクルト・タンク技師が率いるフォッケウルフ社に対して、Ｂｆ109を補助し得る新型戦闘機の開発可能性を打診した。

自信作のＨｅ112が競作審査に敗れたハインケル社がさらに高性能のＨｅ100の自主開発に血道を上げていた頃のことだが、もとよりＲＬＭはＢｆ109の主生産型の動力（この時点ではＢｆ109ＥのＤＢ601エンジン）と競合せず、能力的にも性格的にもＢｆ109を補完できるもうひとつの主力戦闘機を望んでおり、高性能機の開発競争を強いるものではなかった。

物理学書を愛読する歩兵として第一次大戦を過ごしたタンクは戦後に専門的な航空技術を身につけたが、この新型機開発の打診に際して自身の戦場での経験を反映させた「競走馬ではなくて軍馬を」の発想で応じた。エンジンにはやはりＤＢ601を使いたいところだったが、需要過剰による入手難が予想されたため、正面面積は大きくなるものの被弾に強く、高出力の空冷星型エンジンを用いることとした。その年の夏にはフォッケウルフ社に新型戦闘機Ｆｗ190の開発が指示された。

当初予定されたＢＭＷ139エンジン（一五五〇馬力）の直径は一・三八メートル。正面面積の大きさが懸念されたが、機首を絞り込むと冷却する空気の流量が不足し、エンジンの過熱が問題になった。また空力学を再検討すると、プロペラの回転面の直後の空気抵抗は、さほど問題にならないことも判明した。

さらにＢＭＷ社で直径が九センチ小さくなるが、五〇馬力増加するＢＭＷ801Ｃエンジンが開発された。

ＢＭＷ801Ｃは出力向上に有利な燃料直接噴射方式で、かつ飛行中の状態によってプロペラの回転数やピッチ、燃料流量、混合気濃度などを自動制御で変更するコマンドゲレート（統制装置）付きの、タンク技師をして「賢いエンジン」と呼ぶほど革新的なエンジンである。動力をこの新型エンジンに変更することにより多少の改設計は必要になったものの、ＦＷ190の開発に弾みがついた。一九四〇年の暮れには実用試験型が作られはじめ、翌夏秋には西部戦線の上空に姿を現わした。

固定火器に関しては、空冷エンジンだったのでモーター・カノン（プロペラ軸内機関砲）は装備できなかったが、機関砲を左右主翼の付け根と外翼に計四門搭載できた。またＢＭＷ

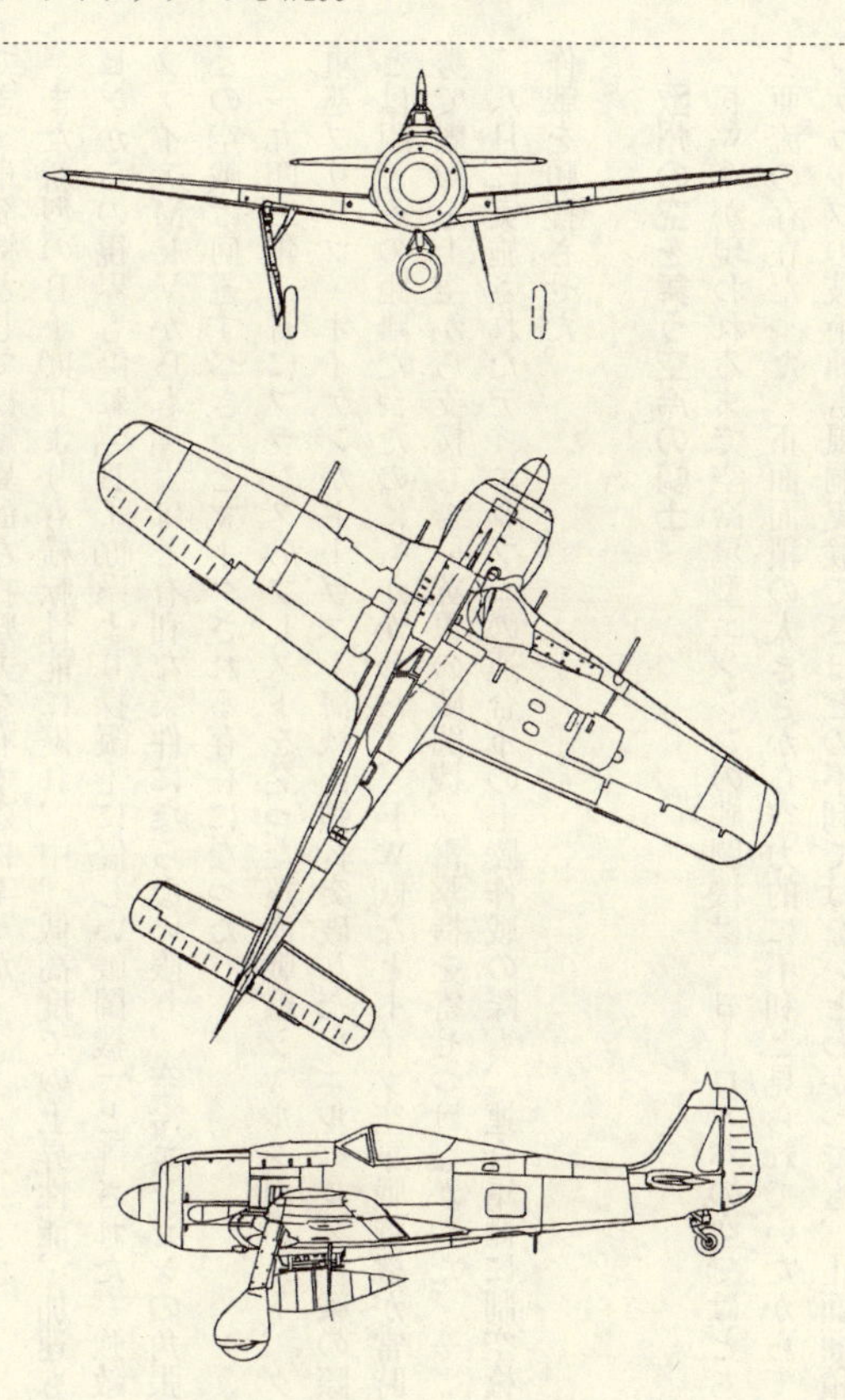

フォッケウルフFw190A-8（戦闘機）　全幅：10.51m　全長：8.95m　全高：3.95m　全備重量：4750kg　エンジン：BMW801D-2（1700hp）×1　最大速度：640km/h（高度6200m）　上昇限度：10400m　航続距離：1450km　武装：20mm機関砲×4、13mm機関銃×2　乗員：1名

801への変更にともない操縦席も後方に移動したため、操縦席の前にも同調機関銃二梃を装備でき、単発機としては驚異的な打撃力を有するに至った。

また新型のBf109Fよりも横転性能に優れ、中、低高度での上昇性能、加速も勝り、キャビンからの視界も優れ「Bf109系より操縦士に優しい戦闘機」と評された。強敵のスピットファイアMkVからも「よほど有利な条件にならない限り、空冷エンジンの角張った戦闘機との空戦は回避すべき」とマークされる存在になった。

一九四二年二月にフランスのブレストを発った巡洋戦艦シャルンホルスト、グナイゼナウ、重巡プリンツ・オイゲンがドーヴァー海峡を強行突破したツェルベルス作戦の際も、英本土とは眼と鼻の距離だったのにもかかわらず、Fw190などドイツ空軍戦闘機が常時数十機の態勢で艦隊を上空から支援して、英軍の戦闘機、雷撃機を寄せつけなかった。

八月に実施されたディエップへの連合軍の上陸作戦の際も、連合軍側に制空権を与えずに作戦を頓挫させた。

欧州の空を舞う空冷の騎士

Fw190が現われるまで空冷星型エンジンの戦闘機は、ヨーロッパの空ではどちらかというと亜流の存在だった。正面面積の大きさから空力的に不利と見られていたからである。フォッケウルフの技術陣も風洞実験でさほどの不利ではないとわかっても、正面面積の縮減を怠らなかった。

よって二重星型エンジンに過給機から供給される空気はエンジン・カウリング左右のバルジ状のダクト内を流れることになり、オイル・タンクやオイル・クーラーも強制冷却ファン直後の、エンジン前面の角を整形するように置かれることになった。エンジン周りの余裕の無さは、空冷エンジン機大国の米国機、日本機のレベルではなかった。加えて、エンジンからの排気ガスをも推力として活用するロケット（推力）式排気管にしたのは、世界に先駆ける工夫であった。

このような空冷星型エンジンを使用する上での様々な配慮、工夫を高く評価したのは、むしろ交戦国の英国の方だった。英国でも戦闘機は液冷エンジンが主流だったのだが、捕獲できたＦｗ190Ａを審査すると設計上、行き届いた工夫や例のコマンドゲレートに仰天したという。そして、分析後に獲得された技術はその後のホーカー・テンペスト空冷エンジン型やフューリー戦闘機などの開発の際に反映された。

需要が一気に拡大したＦｗ190Ａはフォッケウルフ社以外に、アラド、フィーゼラー、ＡＧＯ社でも量産されることになった。ドイツ空軍においては、Ｆｗ190の武器搭載能力の大きさや、空冷エンジンを使用したことによる被弾に対する強靭さに着目した。これこそタンク技師が目指した「優れた軍馬」たる所以だったが、間もなく様々な用途のＦｗ190が戦場に登場するのだった。

なおＦｗ190Ａは、動力のＢＭＷ801が必ずしも高高度飛行に向いているエンジンではなかったものの、米英戦略爆撃機の迎撃にも使用された。米戦略爆撃機に対しては、爆撃機群の防御火器の射程外からR6仕様の装備火器・Wfr・Gr21空対空ロケット弾を発射して編隊を崩してからの迎撃、また正面の装甲を強化した突撃戦闘機型（A-8/R7）を擁する「突撃飛行隊（Sturmgruppe）」による向こう見ずの突入など、苦肉の策に近い迎撃戦が行なわれることもあった。

英夜間爆撃機に対してもサーチライトに照らされた爆撃機に対する「体当たりも辞さず」という肉薄攻撃（ヴィルデ・ザウ＝野猪）や、爆撃機の航程の途中でビーコンにしたがって上空待機して、視認後攻撃に移るツァーメ・ザウ（飼い猪）攻撃などが実施された。

Ju87の後釜を務めた襲撃機タイプ

対異機種戦闘以外の役割が試されたのは一九四二年春頃に生産ラインから出てきたFw190A-3あたりからだった。仕様にしたがってETC爆弾架が装備され、また空撮用のカメラが胴体内に搭載されるタイプも現われるようになったのである。A-3/の後ろの「U～」は工場で改修を受けた派生型を意味する（なお、U～の記号と仕様の内容については資料によってかなり説が分かれている）。

U仕様の各種装備は工場整備の場合など改造の機会が限定されるため、後には戦場となる現場の部隊レベルでも改修が可能なR仕様のキットも出回るようになった。ドイツ工場地帯への爆撃が厳しくなる頃の主力機となったFw190A-8などには、もっぱらR仕様の改修が施された。

空冷エンジン搭載型戦闘機の主力となったAシリーズの中にも、五〇〇キロ爆弾ほか各種爆弾を搭載可能な派生型が現われた。戦闘爆撃機への転用はバトル・オブ・ブリテンの当時もＢｆ109ＥやＢｆ110Ｃなどに関して実施されていたが、一九四二年三月には戦闘第二六、第二戦隊のなかにＦｗ190Ａ-４／Ｕ１などによる戦闘爆撃を任務とする第一〇中隊が編成されて、英沿岸部や連合国側艦艇に対する攻撃作戦が実施されていた。

八月のディエップ上陸作戦迎撃の際には、Ｆｗ190Ａ-４／Ｕ１が英加連合軍の上陸部隊や艦艇に対して大打撃を与え、作戦中止に追い込んでいる。その後、このようなＦｗ190の戦域は地中海、北アフリカ、イタリア半島へと拡大し、この年の暮れには東部戦線の地上攻撃機部隊にも配備が始まった。

Ｆｗ190ではさらにＪｕ87の任務をどのあたりまで代替可能なのか審査を受けていた。敵機との戦闘能力を犠牲にしてまで急降下爆撃能力を獲得したＪｕ87は英本土航空戦で惨敗を喫したが、Ｆｗ190は出発点が戦闘機である。緩降下爆撃実施時の命中精度や爆弾搭載能力が確認され、またどのような攻撃目標に対して作戦が可能か、Ｆｗ190Ａ-０／Ｕ４以後、しばしばこの種の実験が行なわれた。Ａ-３やＡ-４系などの戦闘爆撃機型の運用実績も、本格的な襲撃機型の開発に反映された。

東部戦線でも大活躍する襲撃機型Ｆｗ190

軍馬として働ける戦闘機の開発を目指したクルト・タンクにとって、戦闘爆撃機型、対地支援型のＦｗ190はもうひとつの目標でもあった。初期の襲撃機型のあり方は一九四二年の秋が深まる頃にほぼ決まっていった。固定火器を三分の一以上も削減するが、機体の強度や装甲を強化。胴体下部の爆弾架や両翼下部の強化点の爆弾搭載位置に、合わせて一トンもの各種爆弾を搭載するＦｗ190Ｆである。

戦地は機甲戦が多発する東部戦線、近距離に存在する小型の動目標を狙うこととしたため主たる搭載物は攻撃兵器で、場合によっては落下式の外部燃料タンクも懸架することとされた。

多数の装甲車輌を擁する精強なソ連軍に対抗するのだから、やはり相応の装甲も施さなければならない。対空射撃に備えてエンジンやコクピット、燃料タンクの周りは鋼板で覆われることとした。また、前進基地で手を加えながら運用するため、夏季対策の防塵フィルターの着脱にも容易さが求められた。

最初の量産型となったＦ‐１は、アラド社で生産中のＡ‐４系のＥＴＣ爆弾架を有する胴体と強化翼を組み合わせて三十数機製作。これを皮切りに、Ａ‐５を基とするＦ‐２が二七〇機あまり、Ａ‐６の主翼を用い、五〇キロ爆弾を二発ずつ懸架可能にしたＦ‐３が約二五〇機（一部は三〇ミリＭＫ103三機関砲のゴンドラを懸架したとも言われる）、Ａ‐８と同様に一三ミリＭＧ131機関銃を同調機関銃としたＦ‐８が三八〇余機製作されたとみられている。Ｆ‐８でも様々な爆弾が搭載され、対戦車兵器搭載型も現われたが、ロケット弾や空対地誘導弾など各種地上攻撃用の武器類のテスト・ベッド用途で使用されている。

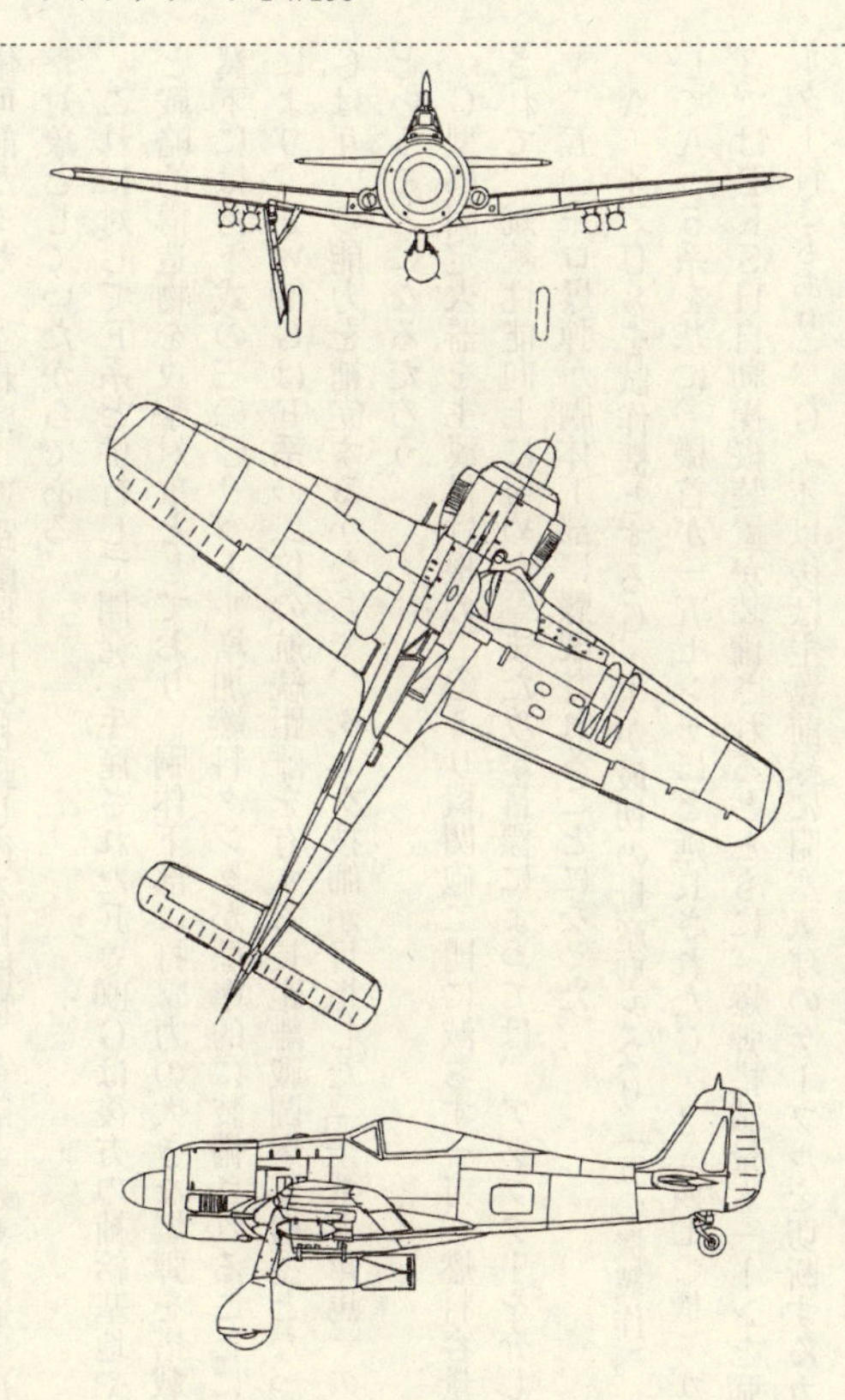

フォッケウルフFw190F-2 Trop（襲撃機）　以下はFw190F-3の諸元　全幅：10.5m　全長：9.1m　全高：3.95m　全備重量：4700kg　エンジン：BMW801D-2（1700hp）×1　最大速度：585km/h（高度6400m）　上昇限度：8500m　航続距離：455km　武装：20mm機関砲×2、13mm機関銃×2、爆弾類　乗員：1名

備可能だった。これは、近距離域内の移動し得る目標物（装甲車輌や鉄道、舟艇など）を攻撃対象としていたからである。

これに対してF系と併行して開発、生産されたFw190Gは後方の補給基地や交通の要衝など戦略的構造物を攻撃対象としており、胴体下部に打撃力の大きな爆弾を搭載する一方、両翼下には落下式の三〇〇リットル増加燃料タンクが標準的に装備されることになった。これにより、Fw190GはF系の二倍の航続距離を有する長距離戦闘爆撃機型となった。Fw190F、Gは互いの能力を補完するかたちで、タンク技師が目指した「空飛ぶ軍馬」の役割を務めたということになるだろう。

G型は固定火器を主翼付け根の二〇ミリ機関砲二門に減らす一方、燃料容量の確保が重視されて、航続性能向上に努めた。また攻撃目標によっては、アダプターを介して複数の五〇〜二五〇キロ爆弾が胴体下部に懸架されることになった。

A‐4/U8を試作機とするG‐1が最初の量産型となり（五〇機製作）、主力生産型としてA‐5系を基に、機首が一五センチほど延長されたG‐2（四七〇機）が続いた。G‐3ではPKS11自動操縦装置が装備されるとともに、爆弾搭載量も一トンと強化（防塵フィルター付きもあり）、G‐4以後は主翼前縁に阻塞気球のケーブルを切断するカッター（クトーナーゼ）が仕組まれた。G‐8はA‐8からの改造機（爆撃装備、燃料タンク増設など）として始まり、防弾装備付き一一五リットルタンクを翼内に装備、また翼下にETC50爆弾架を備えたG－8／R5は一四八機製作された。

Gシリーズにおいても様々な爆弾の搭載が試みられ、Bv246グライダー爆弾の母機として審査されたこともあった。特筆すべきは一・八トンのSC1800爆弾搭載機で、当時の単発実戦機の能力としては限界に達したとも言えるこのFw190Gは、離陸滑走に一二〇〇メートルも要したということである。

なお、Fw190F－8など空冷エンジン型のFw190も最後期の用途では、Bf109と同様、飛行爆弾に改装されたJu88と組み合わされたミステル・システムの親機として活用されている。

U4仕様の戦闘偵察機型

偵察機に関しては、観測・連絡や大型艦から運用される水上機、また地上軍の近接支援を意図したタイプ以外は、偵察目的の専用機が開発されることがなかったのが欧米の軍用機の特徴でもあった。

ドイツ国内にもやはり先輩格のBf109、Bf110にカメラを装備した戦闘偵察機型があったが、Fw190においてこれに類するのがFw190A－3以下のU4仕様の写真偵察機であろう。

Fw190A－3／U4は、通常の戦闘機型で装備される翼内の機関砲を減らして、カール・ツァイスRb12・5自動操作カメラ二台を胴体後部・下向きに搭載した戦闘偵察機型である。

この種の戦闘偵察機型はA－4／U4およびA－5／U4としても現われたが、A－5／U

4では大型カメラ一台(Rb75/30、Rb50/30、Rb20/30のいずれか)と交換することも可能だったという。

これらの戦闘偵察機は、英本土内の基地など、侵入の際に機動性、高速飛行が求められる目標に対する強行偵察の際に使用されたが、Fw190系の写真偵察機型の生産機数は概して少数にとどめられた。

世界でも類稀な戦闘雷撃機Fw190

敵方艦艇の船腹に航空魚雷を命中させることを目的とした雷撃機は、爆撃機、偵察機との兼用機となることが多かったが、戦闘機との兼用機になることはもうひとつの夢でもあった。アメリカではF6FやP-38、イタリアでもフィアットG55などで試みられたが、シーモスキート(別項)やファイアブランド、F7Fなど、いくつかの戦闘雷撃機が採用されるようになるのは終戦前後のことだった。

Fw190に関しても戦闘雷撃機型が「浮かんでは消える」泡沫のように何度も試みられていた。それだけにとどまらず、他国には例がない、爆弾としても魚雷としても機能する魚雷式爆弾(BT)という攻撃兵器も開発されていた。

Fw190の最も初期の戦闘雷撃機型というとA-5/U14、U15(計三機試作)で、固定火器を減らして(二〇ミリ機関砲二門)、大型のETC502ラックを装備していた。また、地上でのクリアランスを確保するために、尾輪の支柱が高くなって垂直尾翼の面積が大きくなった。試作機だったのにもかかわらずA-5/U14は、第一〇高速爆撃航空団で使用されたとも言われている。

襲撃機型のF-8/U2、U3（資料によってはF-8/R15、R16と記述）にもETC502（またはETC504）ラックがセットされたが、U2は魚雷式爆弾のBT700を、U3はBT1400を搭載する対地、対艦攻撃機型だった。

BT兵器は前半の弾体が弾頭部を丸めた長円錐状の魚雷に近い形状だが、着水後、自ら水中を推進することはない。いったん潜ってから攻撃目標の船底に達して爆発し、浸水させるというほかの国には見られないような対艦兵器だった。BT兵器運用部隊も編成されて、実戦化に向けて要員育成まで行なわれたというが、戦闘活動については不明確である（バルチック艦隊を攻撃したという説もある）。また、液冷エンジン型のD-9でもR14キット装備型によりBT兵器の搭載が試みられたようである。

ネプツーン・レーダーを積んだ夜戦型

操縦士がレーダー要員をも兼ねる、単座の夜間戦闘機というのも実用化が難しい機種で、Bf109では試作段階にとどまったが、Fw190ではA-5のU2仕様が夜戦型で、A-6にもレーダー搭載型があった。U2仕様で排気管に消焔装置が付いたほか、炎がコクピットの視界を遮らないように遮視板がマフラーの上部に付加された。

A-5/U2が夜間戦闘爆撃機として使用される際には五〇〇キロまでの爆弾を懸架でき

るETC501ラックが装備されて、両翼下にも三〇〇リットル落下式増加燃料タンクが懸架された。

英空軍夜間爆撃機を迎撃するための夜間戦闘機として使用される際には、ネプツーンFuG216〜218レーダーが搭載されて、胴体・コクピットの前後に三本のレーダー・アンテナが突き出るかたちになった。昼夜の別なく使用されたので全天候戦闘機のはしりと言える存在だったが、これらのタイプに装備されたネプツーン・レーダーやFuG125無線航法／着陸誘導装置、PKS12自動操縦装置はR11キットとしてFw190A-8や後のTa152Hにも装備可能になる。

Fw190A-8／R11はFuG218レーダーを装備した全天候戦闘機で、小型機にレーダー・アンテナを立てる工夫が施され、右主翼では上下面に、左主翼では下面に二組の八木アンテナが突き出る形状になった。A-8／R11の生産機数はごく少数機だったという。

このような単発のレーダー搭載夜間戦闘機が実用化されたのは、小型のネプツーン・レーダーが開発されたからだったが、その探知範囲には限界があったうえ、標準的な技量のパイロットではなかなか乗りこなせない機体でもあった。

なかにはF・K・ミューラー中尉（五二回の出撃で四発重爆二九機とモスキート一機撃墜）やクルト・ヴェルター少尉（一五回の出撃で重爆一七機撃墜）のような猛者もいたが、昼間戦闘機とともにヴィルデ・ザウ攻撃に加わったR11仕様機もあったという。

173　フォッケウルフFw190

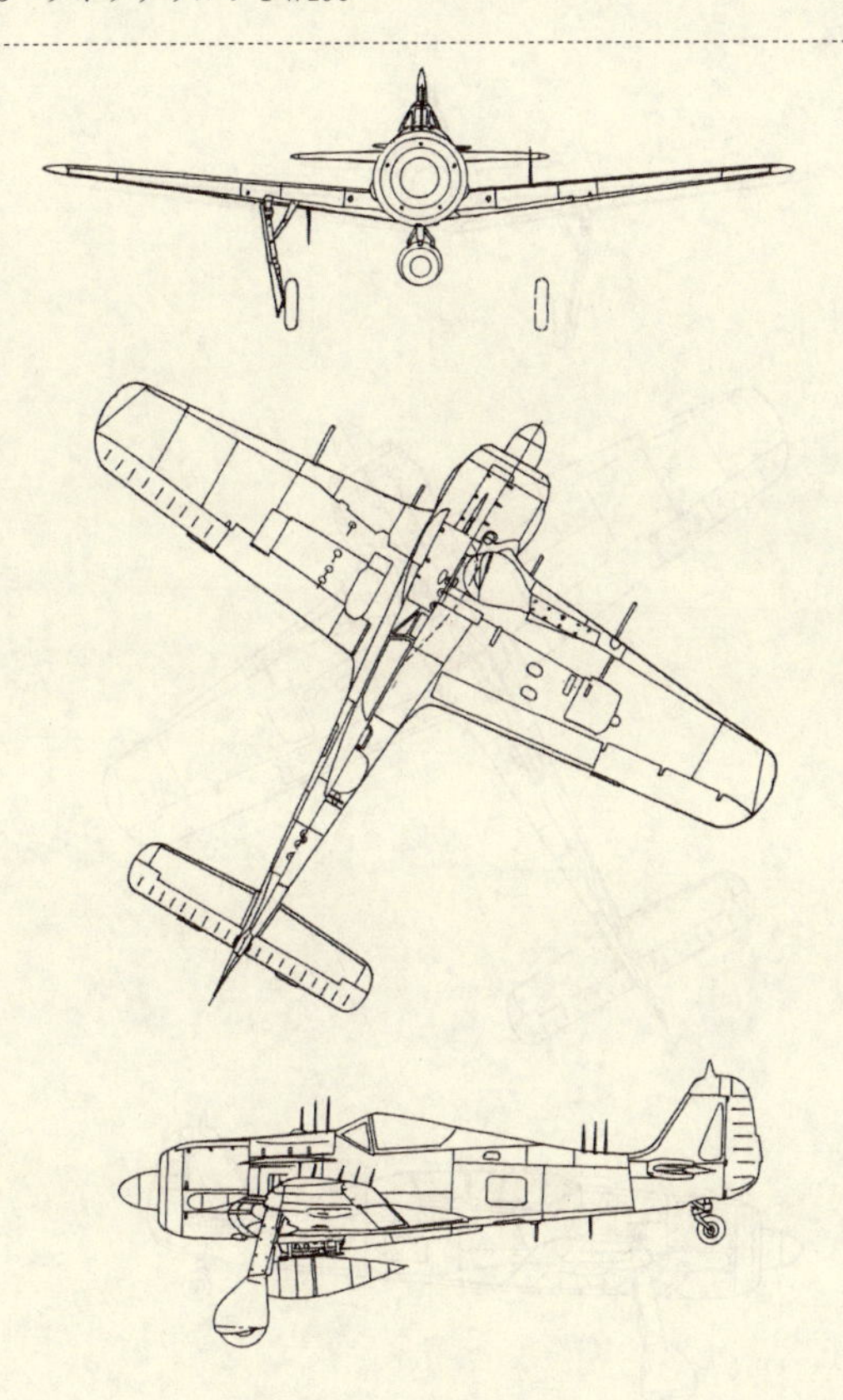

フォッケウルフFw190A-6／R-11（夜戦型）　全幅：10.5m　全長：8.95m　全高：3.95m　エンジン：BMW801D-2（1700hp）×1　武装：20mm機関砲×4、7.92mm機関銃×2　FuG217ネプツーン・レーダーを装備　乗員：1名

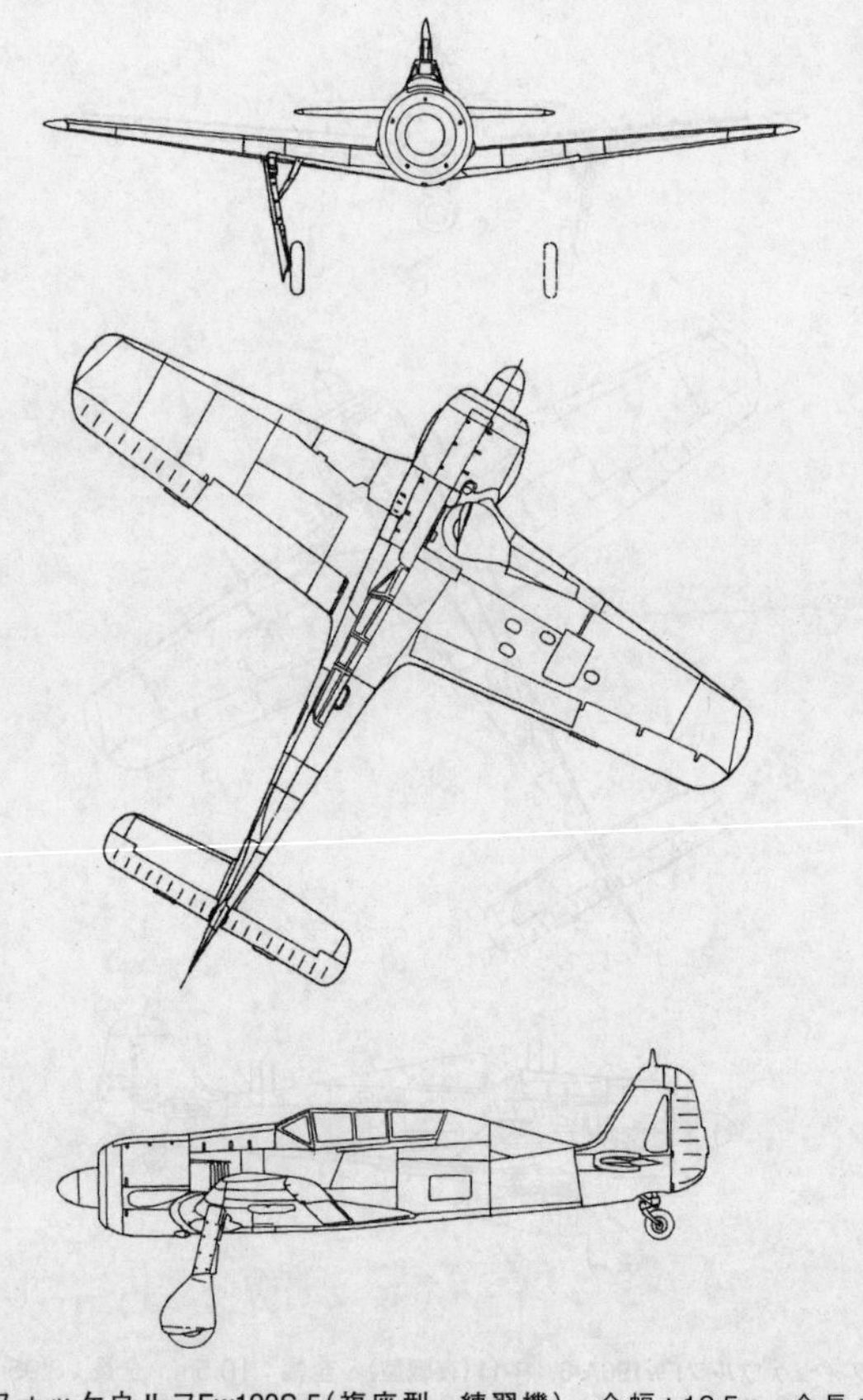

フォッケウルフFw190S-5（複座型・練習機）　全幅：10.5m　全長：8.95m　全高：3.95m　全備重量：3900kg　エンジン：BMW801D-2（1700hp）×1　最大速度：580km/h　武装：なし　乗員：2名（複操縦式）

転換訓練の練習機、連絡機にも転用される

Ｆｗ190Ｆ、ＧはＪｕ87の後継機種でもあったので、要員確保のための転換訓練が必要視されたことがあった。その用途でＦｗ190Ａ-８／Ｕ１を原型とする複座型のＦｗ190が試作された。

採用になるとこの複座型は、Ｆｗ190Ａ-５、Ａ-８をベースにコクピットの後ろに教官席を設けたタンデム複座形式に改めたＳ-５、Ｓ-８へと改修される。改造にあたって固定火器は撤去されて、キャノピーは一体化されたままファーストバック形式に、教官席には簡易操縦装置が設置された。ＦｕＧ16ＺＹ、ＦｕＧ25無線機は残されていた。

しかしながら「操縦士に優しい」がモットーのＦｗ190では、転換訓練用の練習機は必ずしも必要な存在ではなかった。せっかく二〇〇機以上も作られた複座型のＦｗ190は高官空輸用の連絡機として使用されたということである。

液冷エンジンに換装した高高度型Ｆｗ190Ｄ-９

現われた当時は連合軍側を驚かせたＦｗ190だったが、戦闘機としての能力を見た場合、その能力的限界は、フォッケウルフの社内ではかなり早い段階から問題になっていた。Ｆｗ190開発の決め手となり、また主力機に押し上げる原動力となったＢＭＷ801エンジンは、高度七〇〇〇メートルにも達すると出力が上がらなくなり、八〇〇〇メートルになるとスピットファイアＭｋⅤと立場が逆転するとみられたのである。

アメリカ軍の参戦が現実のこととなり、高高度での作戦活動を可能にする排気タービン過給機付きのエンジンを動力とする米・戦略爆撃機の襲来を想定すると、高高度型の開発が急務となった。

そこで高高度型が三案提案されて検討された結果、液冷のＪｕｍｏ213エンジンを搭載したタイプが開発されることになった。ラジエターの配置処理による開発の遅れや生産体制への影響なども考慮されて、前面に冷却機構を集めた環状冷却方式（Ｊｕ88Ａのエンジンと同様）にしたほか、改造は機首の大型化に合わせた胴体後部の延長、垂直尾翼の拡大にとどめられた。

この量産型のＦｗ190Ｄ－９が戦場に到着するのは一九四四年夏頃となり、すでに西ヨーロッパの空を我が物顔で飛んでいた、ノースアメリカンＰ－51Ｂ～Ｄムスタングほかの連合軍機を慌てさせる高高度迎撃機となった。なお、Ｄ－９にはＥＴＣ504ラックが装備され、爆弾搭載能力も残されていた。

技師チームを率いたタンク博士にしてみれば「高高度迎撃機の本命」と公言したほどの新型機Ｔａ152も控えていた。Ｔａ152Ｈは新設計したアスペクト比が高い主翼とＭＷ50出力増強装置および二段三速過給機付きエンジンＪｕｍｏ213Ｅにより、高度一万二〇〇〇メートル以上で七五〇キロ／時という飛行速度を実現、また三〇ミリモーター・カノンも装備した期待の高高度迎撃機だった。

だが連合軍とソ連軍の侵攻により、末期状態を呈したドイツ空軍のピストン・エンジン戦

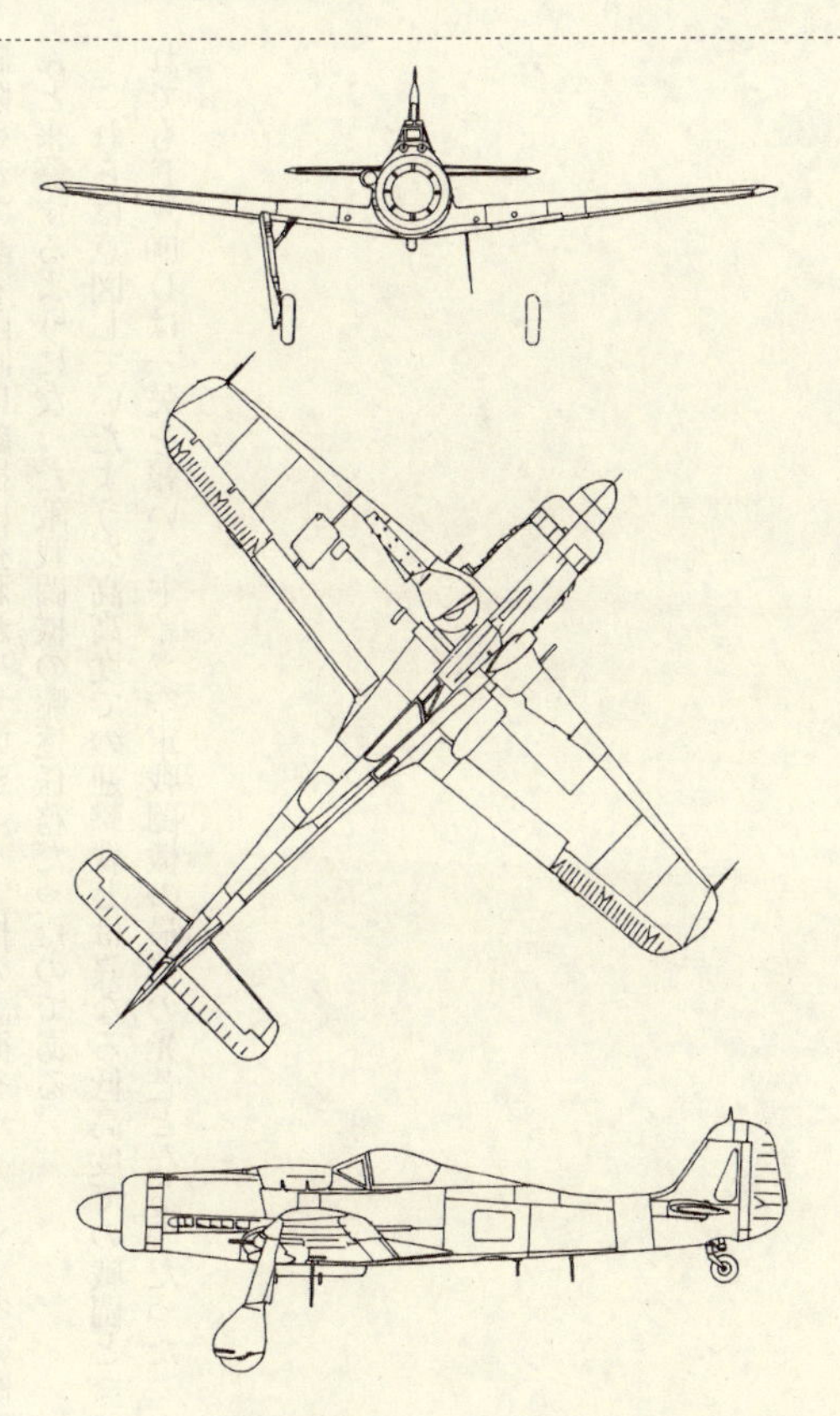

フォッケウルフFw190D-9(戦闘機)　全幅：10.5m　全長：10.192m　全高：3.36m　全備重量：4270kg　エンジン：ユンカースJumo213A-1(1770hp)×1　最大速度：686km/h(高度6600m)　上昇限度：11100m　航続距離：810km　武装：20mm機関砲×2、13mm機関銃×2　乗員：1名

闘機に求められた任務は本来のものではなかった。革新的な推進機関ながら、機動の自由が制限されて離着陸時に敵機に狙われやすいジェット機の護衛や、ドイツ上空の制空権を握らんと来襲するようになった敵戦闘機の駆逐任務だったのである。

これらは意図していたような高高度での迎撃戦とは異なる低高度での戦闘となったが、それでもＦｗ190Ｄは一矢を報い、ドイツ空軍戦闘機の最後の光芒となるのだった。

2　メッサーシュミットBf110／Me210／Me410

エリート要員が割り当てられた重戦闘機Bf110

一九三〇年代、世界的に双発の多目的戦闘機の開発が行なわれていたことはすでに様々なところで指摘されてきた。別項に挙げたフランスのポテ63系はそのはしりにもなった存在であろう。実戦機用のエンジンの出力は一〇〇〇馬力が目前に迫り、このクラスのエンジン二基を備え、近代的な洗練された重武装の軍用機が単発の戦闘機をなぎ払い、制空権を我が物にして地上攻撃までしてみせる、という幻想が想い描かれたのだろう。

そのことを示すのが一九三四年秋にドイツ航空省（RLM）が発行した「①長距離侵攻、②爆撃機の護衛、③敵爆撃機の迎撃、④襲撃および地上攻撃……といった任務を前提とする新型双発戦闘機」の要求である。

この種の双発戦闘機は駆逐機（Zerstörer（ツェルシュテーラー））と呼ばれるようになるが、口径の大きな機関砲の装備、爆弾倉の設置も求められていた。

ところが、要求のとおりに作ったものが採用されるとは限らないのがドイツ空軍でもあった。メッサーシュミット社（当時はBFW社＝バイエルン航空機会社）で開発を指揮した社主のヴィリー・メッサーシュミットのポリシーは「できるだけ出力が大きなエンジンと極力小型の機体を組み合わせる」ことであった。

この双発戦闘機に先立って設計されたのが、後にヨーロッパの空を席捲することになるBf109戦闘機である。そこで双発戦闘機には大型化が避けられない爆弾倉など装備せずに、Bf109を双発、重武装化、スケール・アップさせる方向で開発された。

要求どおりではなかったため当局から試作の指示が下りるのは遅れたが、注文を受けて試作されたBf110は、競作相手の各機よりも能力的に抜きん出ていた。直線テーパーの主翼の前縁には広い速度域で飛行するためのハンドレページ式スラットが設けられ、爆弾倉を持たない胴体はDB600エンジンのナセルほどのスマートさだった。

要求にしたがって正直に爆弾倉を設けたフォッケウルフFw57やヘンシェルHs124よりも、空力的にはずっと洗練された姿に仕上がり、RLMの高官はBf110に心を奪われた。ちなみに、要求どおりに作らず傑作機になった例としては、ほかにフォッケウルフFw189偵察機があった（全周囲視界の単発近距離偵察機を、低出力エンジンの双発機として開発）。

Bf110の動力源として期待されたDB601エンジンの開発の遅れから、しばらく出力が低いJumo210Gを動力として、その後のタイプの雛形（二〇ミリ機関砲を二門胴体下部に備えた戦闘機型や偵察機型）が試作され、また搭乗員の育成が行なわれた。

一九三八年の終わりに実用段階に達したＤＢ601Ａ（一一〇〇馬力）を装備したＢｆ110は、単発戦闘機を上回る飛行性能を示し、空軍元帥のヘルマン・ゲーリングは過度の期待を寄せて「我が鋼鉄の横っ腹」と意味不明に近い持ち上げ方をした。Ｂｆ109を評して「武装が少ない、か弱い単発戦闘機に何ができようか」と公言し、要員養成の際に高得点をマークした候補生らを、Ｂｆ110に割り当てるほどの熱の入れようだったという。

実戦配備前から後継機の開発を開始

だがこの時点では、双発戦闘機の危うさを見抜いていたのは模擬空戦を経験した技術士官のヴァルター・ホルテン（＊）ら、ごく一部の関係者だけだった。

（＊）後に無尾翼ジェット戦闘機Ｈｏ229を試作するホルテン兄弟の兄。双発戦闘機を評して「高高度戦闘か、よほど性能差の大きな単発機相手でなければ空戦での勝利は難しかろう」と述べた。

だが早手回しというか、尋常でない熱意というか、一九三七年中にはＢｆ110の後継機種となる双発重戦闘機兼爆撃機の試作が着手されていた。前年にＢＦＷ社からメッサーシュミット社に名称変更されたため「Ｍｅ」が冠され、後にＭｅ210と呼ばれるようになる双発駆逐機である。試作機の初飛行前に一〇〇〇機もの量産指示が発せられていたことにも浮き足立った雰囲気が感じられた。

試作初号機のＭｅ210Ｖ１はドイツ軍がポーランド侵攻を開始した翌日、一九三九年九月二日に初飛行を実施した。ということは、DB601を動力とするBf110Cを実戦機とするための努力が注がれている最中の時期に、次の駆逐機の開発が佳境を迎えていたということになる。

DB601エンジン二基を動力として、細身の胴体に強めにテーパーした主翼のコンパクトな双発機という特徴はBf110を踏襲していたが、Me210は全くの別機に仕上がった。原型機のMe210V1は双尾翼機だったが、テスト・パイロットを務めたヘルマン・ヴルスター博士は縦方向の安定不良と方向舵の効きの悪さを指摘した。

特に安定不良の問題は「水平きりもみに陥る傾向にある」という致命的なもので、一〇〇〇機量産の準備まで進めてきたメッサーシュミット社には衝撃が走った。Me210V2では早速、面積を大きくした単尾翼に改められ、エンジンも変更されたが、安定不良の問題は容易には改善されなかった。

けれども第二次世界大戦への突入の契機となったポーランド侵攻作戦におけるBf110の活躍は、空軍幹部を喜ばせた。しかし相手のポーランド空軍機は一九三〇年代初頭に開発された、飛行速度が二〇〇キロ／時は遅かろうという肩翼ガル型翼のPZL・P11が主力機である。これらを相手に敗れるようなら、むしろ飛行機乗りとしての資質が疑われるというものだった。

この間、Me210の改良が急がれ、また、実用試験や戦術開発を担当する「210実験隊」という特殊部隊も編成されたが、Me210の開発状況ははかばかしくなかった。すでに大量生産用の資材まで確保していたメッサーシュミット社関係者の顔色も怪しくなっていった。

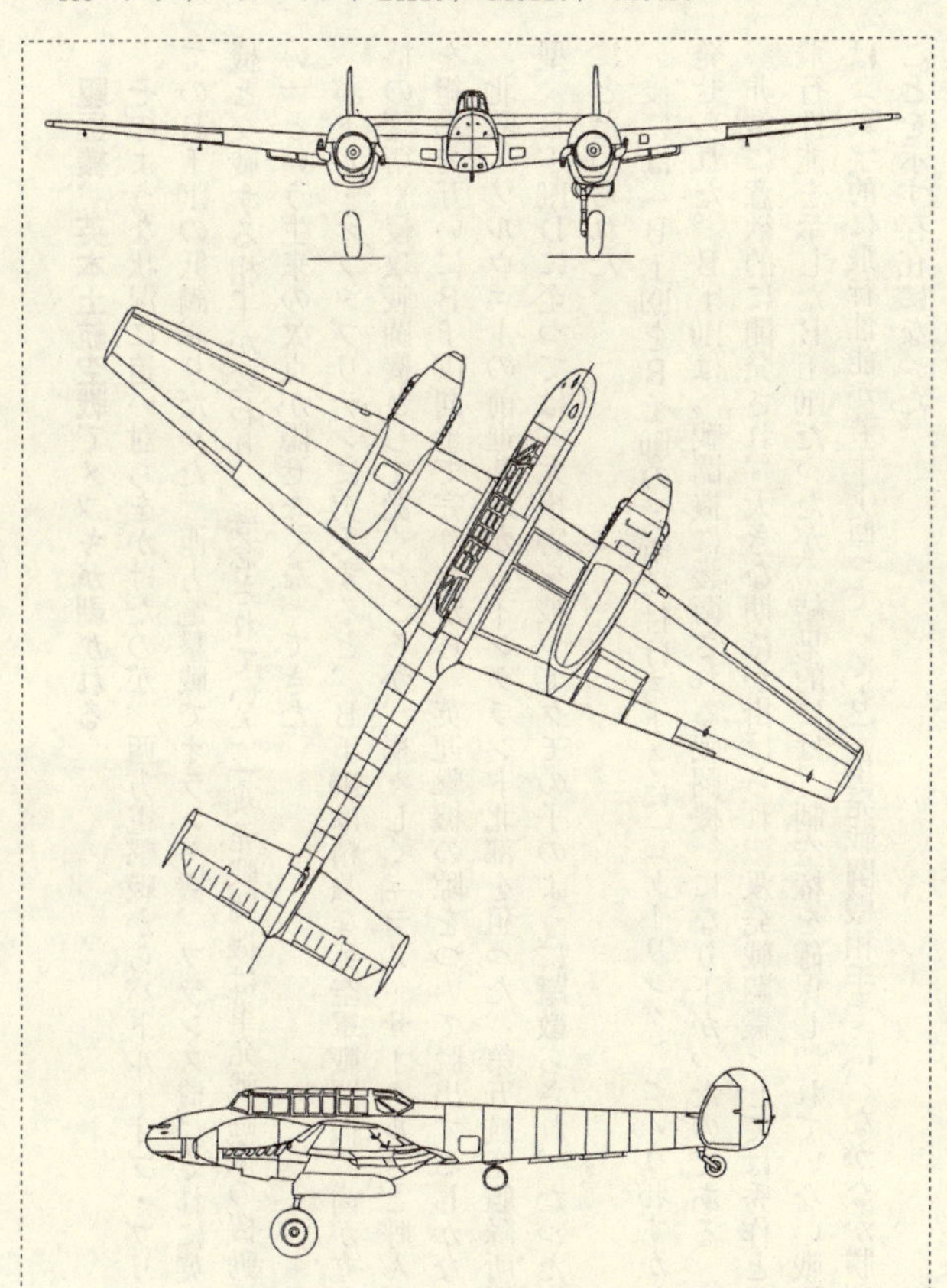

メッサーシュミットBf110C-4（戦闘機）　全幅：16.2m　全長：12.1m　全高：3.5m　全備重量：6750kg　エンジン：DB601A（1100hp）×2　最大速度：560km/h（高度7000m）　実用上昇限度：10000m　航続距離：909km　武装：20mm機関砲×2、7.9mm機関銃×5　乗員：2名

駆逐機、英本土航空戦でメッキが剥がれる

そのような状況に追い討ちをかけたのが、西方電撃戦からバトル・オブ・ブリテンにかけてのＢｆ110の低調ぶりだった。西方電撃戦でオランダ機、フランス機、それに英大陸派遣軍機と交戦する相手が変わり、懸念されていた「双発戦闘機は単発戦闘機の機動性に及ばない」という生来の欠点が隠せなくなってきた。

バトル・オブ・ブリテンに突入すると、Ｂｆ110は精強な英空軍戦闘機に歯が立たず、爆撃機の護衛や侵攻戦闘機として働くどころか、禍々しく「デス・サークル」と呼んだ防御円陣を組んで互いにＢｆ110同士で守りながら、英迎撃機の隙をついて脱出するしかなかった。

北欧・ノルウェーの前進基地からイングランド北部を狙った、第五航空艦隊所属の長距離型・Ｂｆ110Ｄに至っては、大損害を被ってクモの子のように蹴散らされ、たった一回の出撃にとどめられた。

後には「Ｂｆ109をＢｆ110の護衛に付けるように」（ゲーリング）という恥ずかしい命令が発せられた。Ｂｆ110は〝戦闘機に護衛される戦闘機〟になり下がったのである。

非常に意欲的に開発され、大きな期待が掛けられ、双発戦闘機としては秀作と言えそうな飛行性能を示したＢｆ110だったが、結果的には、制空権を確保し切れていない戦場においては（数字的に飛行性能が若干下回っていても）単発戦闘機相手では、なかなか勝利できないことを示す存在になった。

だがこの敗戦は、Ｂｆ110にとってまだ緒戦の領域であり、双発機の性格を見極めないで使用した、機体そのものには帰せられない運用上のミステイクでもあった。枢軸国陣営が制空権を抑えたバルカン戦役などでは、侵攻用の重戦闘機として所期の力を発揮することができたし、また何よりも、対戦闘機戦闘の役割以外のＢｆ110が、すでに着実にポイントを挙げつつあったからである。

脅威の戦闘爆撃機Ｂｆ110と失敗後継機Ｍｅ210

Ｍｅ210の開発が順調に進まなかったため、210実験隊はＢｆ109やＢｆ110に爆弾を搭載した「戦闘爆撃機型」の能力開発に勤しんだ。もとはユンカースＪｕ87の搭乗員だったスイス人・ヴァルター・ルーベンスデルファーは210実験隊を任されると、爆撃精度の向上や反復出撃能力の育成に努めた。

その結果、胴体下部に二五〇～五〇〇キロ爆弾二発を懸架した戦闘爆撃機型のＢｆ110Ｃ・４／Ｂは、双発爆撃機では命中させにくく、Ｊｕ87では迎撃されかねない攻撃目標に対する作戦を得意とする高速爆撃機に仕上がっていった。英空軍の感覚器の役割を務めたチェイン・ホーム・レーダーのサイト要員にとっては、210実験隊の戦闘爆撃機陣が最も警戒すべき強敵となった。レーダーの監視覆域から免れるように、低空、高速度で侵入してくるからであった。「ボギー（＊）、接近」と警戒を発したときには基地が破壊されていたということもあった。

（＊）ボギー＝敵味方未確認機のこと。

以後、Ｂｆ110Ｃ‐４／Ｂはバルカン半島や東部戦線で、洋上飛行を得意とするＢｆ110Ｅ、Ｆ（ＤＢ601Ｆエンジン）も北アフリカや地中海で、戦闘爆撃機として威力を発揮した。ＤＢ605系のエンジンに換えたＢｆ110Ｇも、初期型では五〇〇キロ爆弾二発を搭載できるＥＴＣ500ラックが胴体下部に装備されていたが、やがてここには三〇ミリ口径のＭＫ108などの機関砲が装備されることになる。

一方、Ｍｅ210はＢｆ110よりも対地攻撃能力が重視された機体である。翼面積が小さめになった両翼のエンジンが前進するのに反して、コクピットが置かれた胴体先端は後退し、操縦士搭乗位置の床の裏が五〇〇キロ爆弾二発を収納する爆弾倉となり、主翼付け根にも五〇キロ爆弾を二発ずつ懸架するラックを付加。固定火器（機関砲および機関銃）は操縦席の下部、爆弾倉の上に装備された。

キャビン直後左右には後席の観測員兼通信士が操作する回転式のＭＧ131機関銃がセットされていた。急降下爆撃機としての機能も求められ、主翼内にエア・ブレーキが仕組まれた。キャビンからの視界を確保するために、風防・キャノピーは左右側面が膨らむ形状に改められた。

野心的なコンセプトを持ち、大きな期待をかけられたＭｅ210だったが、安定性不良という致命的な欠点が露呈してしまう。またＢｆ110が対戦闘機戦で機能し得ないと判明したことも焦りを招いた。一九四一年六月には独ソ戦に突入していたため、その年の暮れには、安定性

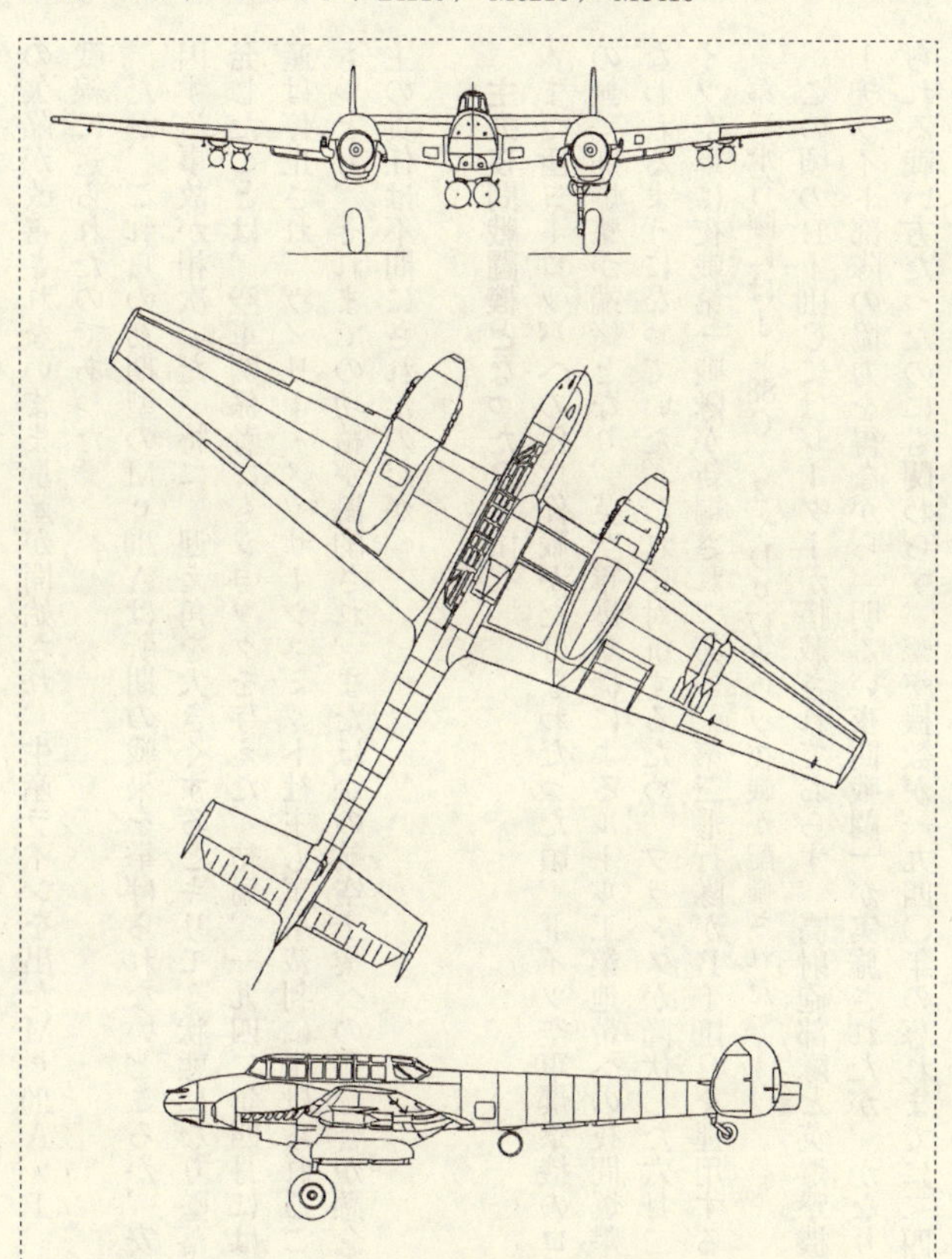

メッサーシュミットBf110E-4/B（戦闘爆撃機）　以下はメッサーシュミットBf110E-1の諸元　全幅：16.2m　全長：12.07m　全高：4.12m　全備重量：6925kg　エンジン：ダイムラーベンツDB601N（1200hp）×2　最大速度：548km/h　航続距離：1400km　武装：7.92mm機関銃×5、爆弾1200kg（Bf110E-2では20mm機関砲×2を装備）　乗員：2名

の欠陥が改善されないまま量産が開始され、生産ラインを出たMe210A-1、A-2は東部戦線に送られたのであった。

だが、これらの初期型のMe210Aは所期の戦果を挙げられないどころか、安定性不良に起因する事故が相次いだ。特に、迎え角を大きくするとキリモミ状態になり墜落する事故が多発したことは、空軍関係者にもショックを与えた。結局、一九四二年四月にはMe210Aの生産は停止され、ヴィリー・メッサーシュミット社主も軍事裁判に掛けられることになった。もっとも、それまでの功績が斟酌され、またほかの航空工業への悪影響が懸念されたため社主の責任は不問にされたのだが。

主力夜間戦闘機となったBf110

まだ西ヨーロッパへの侵攻作戦がたけなわだった頃、ドイツ空軍爆撃機のロッテルダムへの無差別爆撃が端緒となり、英空軍爆撃機によるルール工業地帯への夜間爆撃が継続的に行なわれるようになっていた。これに対抗するため、フランスが降伏した六月二十二日にはドイツ空軍に夜戦第一戦隊が新編され、第一、第三飛行隊がBf110Cを運用することになった(第二飛行隊にはJu88C-2やDo17カウツ夜戦が配備された)。

この頃のBf110Cにはレーダーが搭載されておらず、高射砲部隊と英爆撃機を照射するサーチライト部隊の協力を得ながら「明るい夜間戦闘」が実施されたが、かなりの素質が求められる戦い方だったのにも関わらず、撃墜機数が一九四〇年の暮れまでに二四機と次第に伸

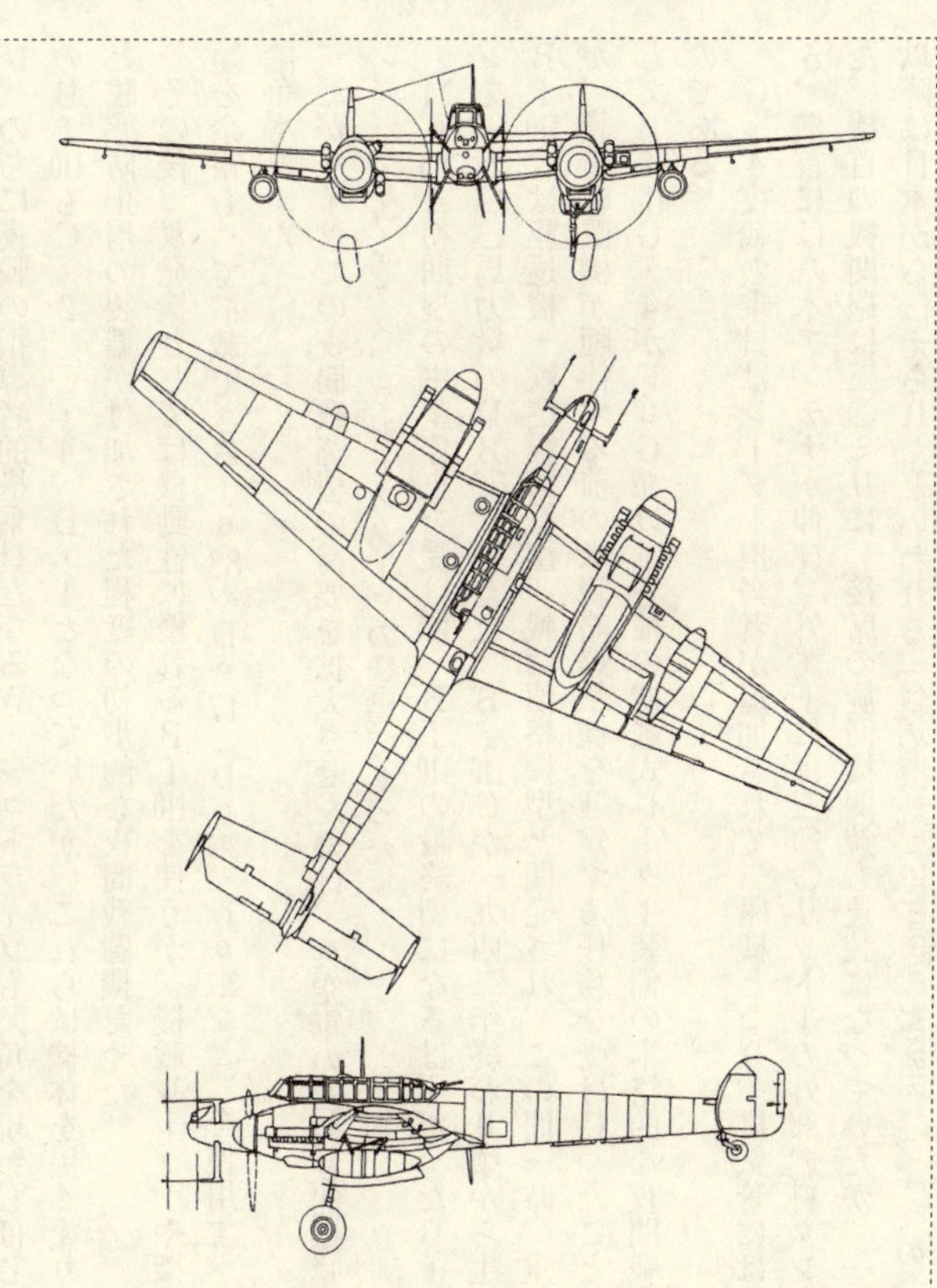

メッサーシュミットBf110G-4（夜間戦闘機）　全幅：16.20m　全長：12.65m　全高：4.00m　全備重量：9400kg　エンジン：ダイムラーベンツDB605（1475hp）×2　最大速度：550km／h（高度7000m）　上昇限度：8000m　航続距離：2100km（最大）　武装：30mm機関砲×2、20mm機関砲×2、7.92mm機関銃×2、FuG202レーダー装備　乗員：3名

び、のちに夜戦の指導者的搭乗員となるW・シュトライプも頭角を現わしはじめた。運用機のBf110もC-2、C-4、D-1となっていたが、これらは機体を黒く塗り、消焔排気管と眩惑防止用の装備が付加された程度の初歩的な夜間戦闘機だった。

その後、双発機としては機動性に優れるBf110を使うか、機載レーダーや探索機器、武器類を余裕もって搭載できるJu88やDo17（Do215、Do217など）を使用すべきか、という論争もあった。

だがドイツでの夜間戦闘機の需要を拡大させたのは、英空軍の四発夜間爆撃機（スターリング、ハリファックス、ランカスター）の登場であった。

Me210A初期型の生産停止を受けて、Bf110の最終型になるはずだったBf110Fのエンジンを一五〇〇馬力級のDB605に換えた、Bf110Gが一九四二年終わり頃から生産に入った。Bf110Gは駆逐機・戦闘爆撃機型、戦闘偵察機型と開発され、この間一時、重武装のG-2が、護衛戦闘機が随伴する前の米戦略爆撃機を迎撃する任務を受け持ったことがあった。そしてBf110G-4がFuG202以下各種の機載式レーダー装備の本格的な夜間戦闘機となったのである。

G-4夜戦の乗員はレーダー担当者が追加されて三座機となり、排気管には消焔装置が付き、機首には八木アンテナが伸び、外翼下には三〇〇リットルの外部燃料タンクが懸架された。機首の機関砲は三〇ミリに、後席の旋回機関銃も連装になっていたが、一九四三年後半以降は日本から伝えられたといわれる「斜め機銃（Schrege Musik（シュレーゲ・ムジーク）：ジャズのこと）」が装備された。

Ｂｆ110Ｇ‐４の生産機数は一八〇〇機を越え、Ｊｕ88夜戦とともに英夜間爆撃機迎撃の主力になったが、一九四四年も暮れが近づくとデ・ハヴィランド・モスキートの長距離夜間戦闘機型が護衛を務めるようになり、戦果は急速に尻すぼみになった。その年の夏のルーマニア休戦によって燃料供給難になると、迎撃任務さえも満足に実施できなくなったのは、僚機のＪｕ88と同様だった。

Ｍｅ210の復権と新型機Ｍｅ410

滅多にない「生産停止」という悲惨な事態に陥ったＭｅ210Ａだったが、停止命令前に胴体を一メートル延長し、さらに主翼のテーパー角が見直されて外翼部前縁の自動スラットを付加するなど改善が続けられた。

これにより安定不良や操縦難の問題も、一九四二年夏頃にはどうにか解決の目途が立った。八月には生産が再開されて、一九四四年まで改良型のＭｅ210が細々と計三七〇機ほど製作された。

けれどもメッサーシュミット社ではこの地道な改善作業とは別に、エンジンを一七五〇馬力のＤＢ603Ａに改めた別系列の与圧室付き高高度戦闘機型のＭｅ310と、少ない改造で多用途駆逐機型とするＭｅ410をＲＬＭに提案。まだ駆逐機を重視していたからか、小改造での早期戦力化を望んだからか、開発を指示されたのはＭｅ410の方だった。

メッサーシュミットMe210Ca-1（戦闘爆撃機）　全幅：16.3m　全長：12.0m　全高：4.2m　全備重量：9705kg　エンジン：ダイムラーベンツDB605B（1475hp）×2　最大速度：578km/h（高度6500m）　上昇限度：8900m　航続距離：1730km　武装：20mm機関砲×2、13mm機関銃×2、7.92mm機関銃×2、爆弾1000kg　乗員：2名

Ｍｅ210Ａを基としてＭｅ410の試作機が一九四二年中に製作されたが、これは大きなＤＢ603Ａに合わせてエンジン・ナセルが前進し、主翼平面形も途中でテーパー角が変わらないシンプルな形状になった。三七〇機作られたＭｅ210はＭｅ410仕様に改められ、さらに七〇〇機以上作られて大戦末期の多用途駆逐機になるわけだが、ここに至るまでの紆余曲折がいささか度を越えていた。

なおＭｅ210はこれで姿を消すというわけでもなく、改善されたＭｅ210Ａ・1、Ａ・2相当がハンガリーのドナウ航空機製造でＭｅ210Ｃ・1、Ｃａ・1の名で二七〇機ほどライセンス生産され、ドイツ空軍とハンガリー空軍に納入された。

ハンガリー空軍のＭｅ210Ｃは東欧に来襲した米英軍機を迎撃したほか、反攻に出たソ連軍に対する阻止攻撃でも出撃。英ソ領内の航空基地を拠点に、枢軸国域内に対してシャトル爆撃を実施する米戦略爆撃機の編隊を追尾し、ソ連領内での集結基地を見出して奇襲攻撃を行なった作戦（ポルタヴァ作戦）が最後の大戦果となった。

偵察、夜戦、雷撃などのバージョンが生まれたＭｅ410駆逐機

一九四三年初頭から生産ラインから出てきたＭｅ410には、ＤＢ603Ａを動力とするＭｅ410Ａと、一九〇〇馬力のＤＢ603Ｇを装備するＭｅ410Ｂとがあった。

Ｍｅ410Ａ・1はエンジンのパワー・アップにより、基本的に爆弾搭載量が一〇〇〇キロ爆弾二発に拡大しており、機首の固定火器を七・九二ミリ機関銃二梃に減らしてＲｂ75／30、

Rb50／30、Rb20／30カメラのうちのどれか二台ずつ爆弾倉内に納めた写真偵察機型のA-1／U1、BK5五〇ミリ機関砲を爆弾倉内に装備して機首から長い砲身を突き出したA-1／U4が主だったタイプとなった。

メッサーシュミット駆逐機の写真偵察機型の始祖は、バトル・オブ・ブリテンの際に、ほかの爆撃機改造写真偵察機よりも高い生還率を誇ったBf110C-5にさかのぼる。五〇ミリ砲搭載型のA-1／U4は、戦闘機の護衛を受けられるようになる前の米爆撃機に対して力を発揮して、かなりの戦果を挙げた。

爆弾倉内に三〇ミリ機関砲を装備したMe410A-2系には少数機ながら夜戦型（A-2／U2）があり、A-2／U4も五〇ミリ砲を搭載。Me410A-3は胴体左右の銃塔のみを火器とする写真偵察専用機となった。

Me410Bシリーズが生産に入ったのは一九四四年になってからだったが、Me410B-2では「R仕様」の現地改造キットが使用できるようになった。Me410B-2／U4はBK5五〇ミリ砲を装備、B-3は大型カメラ二台を爆弾倉内に装備する写真偵察機型で、ほかにも機首にFuG200洋上捜索レーダーのアンテナが付いた洋上攻撃機型には、Me410B-2／U3（航空魚雷搭載可能）、B-5（BT＝魚雷型爆弾、SB＝ローリング爆弾搭載型）、B-6（MK108三〇ミリ砲装備型）などがあった。

Me410A、Bとも大戦末期のドイツ軍の窮状を物語る存在だったが、一九四四年になると大陸の制空権は連合軍の空軍力が支配しており、これら双発駆逐機群が出撃しても無事の生

メッサーシュミットMe410A-3 ホルニッセ（写真偵察機）　全幅：16.38m　全長：12.4m　全備重量：10959kg　エンジン：ダイムラーベンツDB603A（1750hp）×2　最大速度：624km/h　上昇限度：9997m　航続距離：2333km　武装：13mm機関銃×2、Rb20/30、Rb50/30、Rb75/30のいずれかのカメラ×2　乗員：2名

還は期し難くなっていた。「潜在的にはモスキート並みの多用途性」とも評されるメッサーシュミット駆逐機群だったが、Ｂｆ110に対する見当外れの期待感と、第二次大戦突入時に起こったＭｅ210の安定性不良による開発のつまずきが、運命を暗転させたということになるのだろうか。

3　ユンカースJu88

Ju88――〝万能機〟の筆頭

本書でも何機種かがあてはまるが、来る大戦争を控え主力機扱いでの働きを期待されて「高速爆撃機」として開発されたもののうちいくつかは、初期の機能よりもさらに広い範囲での用途で活躍している。Ju88にモスキート、Pe-2、B-25や飛龍などもこれにあてはまるだろうか。

第二次世界大戦中の万能機として必ず挙げるべき機体を、ユンカースJu88およびデ・ハヴィランド・モスキートとするのは異論がないであろう。ともに元はヨーロッパの空の雌雄を競ったドイツ空軍、英空軍の高速爆撃機として開発された機体である。ただしJu88が一九三五年春に発行された高速爆撃機（Schnellbomber）の要求仕様に応えて開発されたのに対して、バトル・オブ・ブリテンの時期（一九四〇年七月～十月）には、モスキートはまだ試作初号機が組み立て段階にあった。

早ければ偉いというものではないが、この時期のＪｕ88にはA系の爆撃機型（急降下爆撃能力もあり）だけでなく、早くもD系の写真偵察機型やC系の夜間戦闘機型も生産され、実戦任務についていた。

Ｊｕ88の試作が指示される一年前に試作機が初飛行を行なっていた、同僚の先輩機種ドルニエＤｏ17においても、やはり爆撃機、写真偵察機、夜間戦闘機型（およびパスファインダー型）が現われてこちらも運用されていたが、Ｊｕ88にとって各種任務への適用はまだほんの端緒に過ぎず、ここからさらに幅広く拡大するというところが本機の万能機たる所以だった。

だがユンカース社には、高速爆撃機としての開発が指示される一年前に「爆撃、偵察、雷撃、近接支援任務で使用可能な戦術多用途機」の開発が求められていた。その一年後に要求内容が見直されて、多用途性重視から飛行性能重視の戦術爆撃機に変更、Ｊｕ88の開発に移ったようなものであった。

なお、高速爆撃機の開発要求が発せられる前にユンカース社で設計に入った多用途機は双尾翼型のＪｕ85と単尾翼型のＪｕ88である。高速爆撃機の要求内容は「搭乗員三名で防御用の火器は後上方射撃用の七・九二ミリ機関銃一梃のみ。標準五〇〇キロ、最大八〇〇キロの爆弾を搭載、五〇〇キロ／時の速度で三〇分飛行可能」といった、当時の爆撃機の常識を打ち破った、戦闘機よりも高性能の爆撃機というものだった。

爆撃機として開発されたが、その前は……

困難ともみられる高速戦術爆撃機には、一九三〇年代の新技術である（セミ）モノコック構造が欠かせないとみられた。それまでの金属製の航空機は、鋼管製の構造材（骨組み）で強度を保ち、飛行中のスムーズな気流の流れを作り出せるように機体表面が金属外板で覆われたものが多かった。これに対してモノコック構造は基本的には〝卵の殻〟と同じ考え方で、機体表面に張り詰めた外板が機体の強度を保つ仕組みで、機体の強度の向上と重量増加の回避を両立できる画期的な構造だった。

第一次大戦中には早くもアルバトロス社の軍用機に木製モノコック構造が取り入れられていた。また大戦間の時期にも、飛行艇、輸送機メーカーだったロールバッハ社で、骨組み桁に張り詰めた羽布の強度で機体構造を保つ（考え方としては日本の障子に似ている）ワグナー桁が考え出された。

しかしながら、第一次大戦で敗れたドイツの航空産業は、航空事業活動の制限という戦勝国側の制裁のあおりを受けて、育成が遅れた。ワグナー桁もその後アメリカに渡って発展したので、ユンカース社はこの方面を専門とする二人の技術者（H・エヴァースというドイツ系アメリカ人とオーストリア出身のA・ガスナー）を米・フェアチャイルド社から引き抜いて金属製セミ・モノコック構造の技術を逆輸入することとしたのである。

金属製セミ・モノコック構造を取り入れたユンカースJu88は、爆弾を搭載してたくさんの機関銃で防御しながら目標まで飛ぶことを目的とした一般的な爆撃機よりも、はるかに洗練された、画期的な双発爆撃機に仕上げられていった。胴体内には小型爆弾を計一トンほど搭載できる二槽の爆弾倉を備えたが、やや大きな爆弾は内翼下面に爆弾架を装着して、ここに懸架することになった。大戦間のユンカース機に多用されたドッペルフリューゲル式の補助翼もJu88では用いられず、近代的なフラップ、エルロンになった。

一九三〇年代は航空技術の発展も、空力学の解明も顕著な伸びが見られた時代である。Ju88にはこれらの新技術（エンジン・ナセルを小さくさせる主車輪の収納方法）や新たな原理（プロペラ回転面直後の正面面積はさほど大きな空気抵抗にはならない＝環状冷却式液冷エンジン）が積極的に取り入れられた。

この方式だとエンジンとラジエターが一体化しているので、エンジン取り付け部の変更だけで空冷エンジンなど別種のエンジンへの換装も可能で、大改造を経ずに改造型を開発することができた。こうしてJu88は高性能爆撃機としての途を歩みはじめたのだった。

ドイツ空軍の「急降下爆撃機」病

一九三〇年代に入ろうかという時期にアメリカで開発された、「ヘルダイヴァー」こと急降下爆撃機は、当時の軍用航空関係者の関心を集め、また琴線に触れた。それはナチスが政権を獲り、空軍力の再建に着手したドイツも同様だった。

アメリカ視察で急降下爆撃機の派手な機動に心を奪われたE・ウーデット（第一次大戦中の撃墜王で名パイロット）は、帰国後にドイツ空軍入りすると急降下爆撃機の開発を積極的に推進したのである。

スペイン市民戦争（一九三六年夏〜三九年春）でJu87やヘンシェルHs123などの急降下爆撃機が大戦果を挙げると、「ハインケルHe111より後に開発される爆撃機はすべて急降下爆撃能力を求める」と言い出す始末だった。したがって、Ju88にも急降下爆撃能力が求められ、主翼の下面にはJu87にも見られたスノコ状のエア・ブレーキがセットされた。爆撃照準器や後下方防御用機関銃を収納する乗降口兼用のゴンドラも機首下部右寄りに設けられた。

もともと多発機は多めの爆弾を搭載して長距離飛行、水平爆撃を行なうための機材で、急降下爆撃のような機体に負担をかける急激な機動には向いていない。ところがそのような難しい飛び方も、後付けながらダイブ・ブレーキをセットすることにより、さほど困難もなくこなしてしまうところがJu88の優秀さだった。一九四〇年夏のバトル・オブ・ブリテンにおいても、He111やDo17（それにJu87も）が、英空軍の激しい抵抗に遭って大損害を被ったのにもかかわらず、最も戦果が見込まれ、かつ被害も少ない爆撃機としてJu88の昼間爆撃作戦が継続されたのは、そんなところからだった。

なお、この戦いでは、最初期の量産型のJu88A-1、および翼面積が拡大されキャビン内の防御火器も増設されたA-5が投入され、間もなくさらに高出力のJumo211J（一四〇〇馬力級）を動力とするJu88A-4が主力生産型となった。（A-2は過荷重での離陸を可能にするためRATOが装着できるタイプ。A-3は転換訓練用の複操縦装置装備型で、A

・9は熱帯地仕様。いずれも基本型はA・1)。
Aの後ろの番号が5と4と前後しているのは待望されたJumo211Jエンジンの実用化が遅れてしまったからだが、これはやはり画期的なエンジンだった。Ju88A・4はバトル・オブ・ブリテンの最盛期には間に合わなかったが、秋冬の戦い、また地中海・北アフリカやソビエト侵攻などドイツ軍の戦域が拡大する際の主力爆撃機の地位にあった。

Ju88A・5、A・4系をベースにしてそれぞれ、次のような派生型が現われた。
◎A・6&A・8：英国名物とも言える「フライング・エレファント」こと阻塞気球（＊）の係留ロープを切断するバルーン・カッティング型。A・6では空気抵抗が避けられない巨大なカッターを機体、主翼前方に装備したのに対して、A・8では外翼前縁にカッターを仕組む装備方法（クトーナーゼ）に改められた。◎A・7&A・12：複操縦装置装備型。◎A・10&A・11：サンドフィルターを装備した熱帯地仕様。
（＊）阻塞気球＝バラージ・バルーン。精密爆撃の進路を阻むため低空域に敷設された飛行妨害用の気球。

Jumo211J装備によりJu88A・4の機体重量はそれ以前のタイプよりも格段に全備重量が増加し、一四トンにも達した。A・5までに防御用の機関銃も増設されたが、A・1（Jumo211Bエンジン、一二〇〇馬力）で全備重量一〇・三トン、最大速度は四五〇キロ／時、A・5（Jumo211GまたはH、一二〇〇馬力）で一二・五トン、四七〇キロ／時。これらに対してA・4の最大速度は四四〇キロ／時だから、エンジンの出力アップが飛行性

ユンカース Ju 88

ユンカースJu88A-4(爆撃機)　全幅：20.08m　全長：14.45m　全高：5.07m　全備重量：14000kg　エンジン：Jumo211J-1またはJ-2(1410hp)×2　最大速度：440km/h　実用上昇限度：8500m　航続距離：2500km　武装：7.92mm機関銃×5、爆弾3600kg　乗員：4名

能の向上には結びついていない。もっとも、爆弾搭載量は一トン以上も増加したが。

けれども、Ｊｕ88が開発指示を受けた頃の「戦闘機より速い爆撃機」というのは、第二次大戦突入時にはすでに幻想とみなされていた（これに再挑戦するのが英空軍のモスキート）。よって攻撃用の軍用機の場合、肝心な点は武器拡大の可能性と搭載量を増加しても損なわれない機動性が重視された。Ｊｕｍｏ211Ｊに換装されたＪｕ88Ａ‐４の意義はまさにこの点にあった。

Ａ‐４を基にする張り出し式の巨大な木製爆弾倉内に爆弾を収納するＡ‐17は、空力的に利点が見出せず成功しなかったが、間もなくＪｕ88Ａ‐４に軸足を置いた様々な攻撃用のＪｕ88が、ドイツ軍が戦っている各地の空に現われることになる。

燃料容量確保が決め手となった偵察機

Ｊｕ88はそれまでのユンカース機とは一変して胴体、主翼とも非常に洗練されていたが、最初の量産型となったＪｕ88Ａ系以降、その機首は平面ガラスを組み合わせただけの、空力的工夫も見た目の鋭さも損なわれた形状になっていた。

一九四〇年早々に試作機が初飛行を行なったＪｕ88Ｂは、最初から爆撃機型、偵察機型、駆逐機型が予定されていたが、メジャー・チェンジ型でもあった。機首の形状が全面的に改設計されて、曲面ガラスで温室状の乗員キャビンを覆うかたちになり、動力もさらに出力が大きな空冷星型のＢＭＷ801Ｍ（一六〇〇馬力）に換装された。

ユンカースJu88H-1（洋上偵察機〉　全幅：20.08m　全長：17.65m　全高：5.07m　エンジン：BMW801D-2（1700hp）×2　最大速度：445km/h　上昇限度：8500m　航続距離：5150km　武装：13mm機関銃×2、7.92mm機関銃×2　乗員：3名

Ｊｕ88Ｂの製作は試作機、増加試作機までにとどめられて、後に強化発展型となるＪｕ188の原型とされ（うち二機のみ東部戦線で偵察機として試験運用）、Ｊｕ88系の生産型になることはなかった。だがＢとは別に、Ｊｕ88Ａの胴体内への搭載能力を活かした長距離写真偵察型・Ｊｕ88Ｄの開発も進められていた。

Ｊｕ88Ｄは遠目にはＪｕ88Ａに似ていたが（ダイブ・ブレーキは撤去されていた）、二槽の爆弾倉のうち前の一つには増加燃料タンクが収納され、後ろのもう一つには二台ないし三台のカメラが搭載された（Ｄ－０、熱帯型のＤ－２、－４）。カメラには高高度用のＲｂ70／30もしくはＲｂ50／30、中高度用のＲｂ20／30が用いられた。

Ｊｕ88Ｄの試験的運用はバトル・オブ・ブリテンにおいて実施され、重要な時期となった秋口にかけて配備機数が増加する。内翼下面のラックには、外部燃料タンクが懸架されていた。

この戦いにおいては、目まぐるしく変わる英国の天候を予報するため、また、英本土に接近する英連邦の艦船の動きをキャッチするため、大西洋上に進出できる長距離偵察機が必要とされた。

さらにまた、盛んに爆撃を繰り返しても一向に迎撃機の勢力が弱まらない英軍に対し、正確な成果確認が可能な写真偵察機も求められた。大ブリテン島沿岸のレーダー警戒網に感知されて迎撃を受けると、低性能の爆撃機改造偵察機では偵察情報を持って生還することが困難になったからでもある。

Ｊｕ88Ａ‐４と同じＪｕｍｏ211Ｊを動力とするＤ‐１、熱帯型のＤ‐３などでは後部爆弾倉を従来の用途に戻し、後部胴体内にカメラを搭載した偵察爆撃機型となった。これらＪｕ88Ｄの後期型が多用されたのは地中海方面や東部戦線。広大な戦場での戦略偵察が任務になったため、実際には後部爆弾倉にも燃料タンクが装備されることが多かったという。

洋上偵察機としてはさらなる航続能力が求められて、Ｄ‐１の胴体を主翼の前で一メートル、後ろで二・三メートル延長して胴体内に五〇〇〇リットルにも及ぶ燃料を確保、航続性能も五〇〇〇キロ超に達するＪｕ88Ｈ‐１が開発された（この場合、外部燃料タンクも装備）。エンジンもＢＭＷ801Ｄに換装されたほか、機首下のゴンドラも撤去、水上艦艇探索用のHohentwielレーダーが装備された。

ここにおいてＪｕ88は、四発大型哨戒機に匹敵する探索範囲を誇る双発長距離偵察機となったわけだが、Ｊｕ88Ｈ‐１がフランス西部を活動拠点に置いたのは一九四四年春のこと。ノルマンディー上陸作戦が実施されると主戦場は大陸内になったので、本来の力を発揮できた時間はほんの数ヵ月に過ぎなかった。

夜間戦闘機の歴史も築く

ドイツ空軍においては、重武装で地上攻撃、制空戦闘能力とも有する双発機を「駆逐機（Zerstörer）」と呼んで重点機種としていた。その概念はＪｕ88にも適用され、第二次大戦突入の前年、一九三八年には、胴体下部のゴンドラやダイブ・ブレーキを撤去、ガラス張りの機首を金属製ソリッドノーズに換え、ここに二〇ミリMGFF機関砲と七・九二ミリ機関銃を各二梃装備したJu88V7が試作された。

審査により五〇〇キロ／時超の速度性能と二九〇〇キロという航続性能が確認され、駆逐機型のJu88Cというシリーズも設けられることになった。動力に予定していたBMW801の供給優先権は新型のフォッケウルフFw190に移されたので、一九三九年の夏、当時生産中のJu88A－1の生産ラインで一部がJu88C－2仕様に従って完成させることにして量産が始まった。

C－2はゴンドラが残されたうえ、動力はJumo211Bと、Ju88A－1との共通部分が多かった。武装も二〇ミリMGFF一門と七・九二ミリ機関銃三梃が攻撃用の固定火器となり（ほかに防御用の旋回機関銃もキャビン内に装備）、二槽の爆弾倉も前方が燃料タンク収納用、後方が五〇キロ爆弾を一〇発搭載することとされた。

Ju88A－1の生産を乱さずに製作されたため、一九四〇年中の生産機数は六二機と少数だったが、英本土航空戦直前の時期に実戦配備が始まると、当初予定されていた艦船攻撃ではなく、夜間爆撃で来襲する英爆撃機の迎撃戦に投入された。西方電撃戦が始まると低地諸国への空爆に反応した英爆撃軍団が、ルール工業地帯ほか戦略的要衝への夜間爆撃を行なうようになったからである。

友軍のBf110ほどの機動性はなかったが、サーチライトで侵入機を捕捉して撃墜する「明るい夜間戦闘」（当時のJu88Cには機載式探索用レーダーはおろか赤外線暗視装置も未装備だ

ユンカースJu88G-6（夜間戦闘機）　全幅：20.08m　全長：15.5m　全高：5.07m　全備重量：12400kg　エンジン：Jumo213A（1750hp）×2　最大速度：580km/h　実用上昇限度：9550m　航続距離：2200km　武装：20mm機関砲×6、13mm機関銃×1　乗員：3名

った）や任務を終えて帰還する英爆撃機を尾行して、着陸態勢に入ったところで奇襲攻撃を行なう基地襲撃にも用いられた。

A－5を基準とするC－4やBMW801Aを動力としたC－5が少数機生産された後、A－4をベースにしたC－6が一九四二年から生産された。夜間戦闘に特化されたため爆弾倉も別用途で使われることになるが、C－6はFuG202、FuG220Gといった探索用の機載式レーダーを搭載したほか、後期に生産された機体には胴体内に機関砲を斜め上向きに固定した「斜め機銃（Schräge Musik）」が装備された。

一九四二年中は夜間戦闘機の主力はBf110で、Ju88Cは爆撃戦隊（KG）隷下の駆逐機飛行隊に配備されることの方が多く、東部戦線のJu88Cも概して地上攻撃任務で使用された。だが、ボルドー、メリニャックに展開した爆撃四〇戦隊第五飛行隊所属のJu88C－6が、ビスケー湾でPB4Yやサンダーランドなど大型の哨戒機を相手に戦果を挙げてゆくと、Ju88の大型機相手の戦闘能力が再認識された。一九四二年半ばからは英空軍が一〇〇〇機以上の爆撃機で行なう飽和爆撃を実施するようになったからでもある。

ドイツ軍側では地上の早期警戒管制システムの向上を図る一方、BMW801系を動力とする専用夜戦のJu88Rも投入した。英爆撃機軍団も妨害電波の発信など、一九四二年暮れ頃から夜間の電子戦は一気に高度化した。さらにそのなかで英国内に誤って着陸したJu88R－1の搭載レーダーが英側に解明され、ウインドウと呼ばれる電子妨害が行なわれるようになるという大事件も起こっている。

切り札となった夜戦型はＪｕ88Ｇで、この系列は一八〇〇馬力に近づくＪｕｍｏ213を動力としていた。機首のゴンドラも撤去されて、前方発射用の機関砲を詰めた武器パックを爆弾倉位置に装備するようになっていた。連合軍優勢の戦況において、ドイツ爆撃機の需要激減、末期状態の航空機生産体制に陥る状況にありながら、Ｊｕ88Ｇ‐６は二〇〇〇機以上も生産された。電子機器や大型火器を搭載できる武器プラットホームとして、Ｊｕ88系はＢｆ110より重視される存在になったのである。

だが、英空軍のモスキート長距離夜戦型はドイツ夜間戦闘機陣にとって大変な強敵になり、一九四四年後半には如何ともしがたい事態に見舞われた。枢軸国側の燃料の半分以上を供給したプロエシュテ油田を有するルーマニアがソ連軍の攻勢にあって降伏したのである。これにより燃料消費率の高い大型機の出撃は差し控えられるようになり、Ｊｕ88の多くも地上に置かれたまま連合軍機の航空攻撃で失われるしかなくなるのだった。

攻撃機としてのＪｕ88

Ｊｕｍｏ211Ｊを動力とするＪｕ88Ａ‐４が現われた時点で、Ｊｕ88には様々な攻撃機としての途も開けていた。Ｊｕ88Ａ‐４／Ｔｒｏｐは外部爆弾架を爆弾搭載用のＥＴＣラックから大型のＰＶＣに変更して、ＬＴＦ５ｂ航空魚雷を搭載可能（内翼下左右に計二本）にした雷撃機型。七六五キロの魚雷を二本搭載したので、離陸の際にはヴァルターＨＷＫ109ロケット・ブースターが用いられることが多かった。

より本格的な雷撃機型はゴンドラを撤去したA-17で、A-4/Tropが改造型だったのに対してA-17は製造工程で雷撃機として生産された。Ju88A-4/Tropは援ソ軍需物資を運搬するPQ16、17船団に大損害を与えたが、A-17が配備された頃には護衛空母が随伴するようになったため、Ju88の方が大損害を被った。なお、洋上で作戦行動を行なうJu88には洋上探査用のFuG200 Hohentwiel レーダーがしばしば搭載された。

ソ連領内侵攻から二年目に入った一九四二年夏には、Ju88A-4の一機の胴体下部に設けた大きなバルジ内にKwK79七五ミリ対戦車砲を搭載した、襲撃機型Ju88P・V1が試作された。これを基にソリッドノーズの機首に変更、またKwK80八〇ミリ対戦車砲に換えたJu88P-1が襲撃機量産型となって東部戦線での対戦車戦に投入された。

しかしながら、最初から襲撃機として開発されたヘンシェルHs129と比べて機動性、装甲とも難点が多く、このあたりが万能機Ju88の限界になった。それでも三七ミリ砲二門を装備したP-2や小型化したバルジ内に五〇ミリ砲一門を装備したP-4といった発展型も作られている。

Ju88としての最終的な発展型にあたるのは、整形された曲面ガラスの機首に換えてエンジンもBMW801に改めたJu88Sシリーズであろう。GM1出力向上装置付きのBMW801G(一七三〇馬力)を動力とするS-1は一九四四年春から、高高度用のBMW801TJエンジンのS-2は同年夏から、少数機生産ながら実戦任務につき、最後の対英爆撃シュタインボック作戦に参加するなど独爆撃機の掉尾を飾った。Ju88TはJu88Sの偵察機型で、これ

213　ユンカース Ju 88

ユンカースJu88A-17(雷撃機)　全幅：20.08m　全長：14.45m　全高：5.07m　全備重量：11476kg　エンジン：Jumo211J(1410hp)×2　武装：7.92mm機関銃×3、LTF5b航空魚雷×2　乗員：3名

ユンカースJu88P-1(襲撃機型)　全幅：20.08m　全高：5.07m　エンジン：Jumo211J(1410hp)×2　最大速度：395km/h　武装：Pak40 75mm対戦車砲×1、7.92mm機関銃×5　乗員：3名

ミステル1(Bf109F-4 & Ju88A-4飛行爆弾)　Bf109F-4(標準型)　全幅：9.92m　全長：9.02m　全高：2.6m　全備重量：2750kg　エンジン：DB601E(1350hp)×1　最大速度：635km/h(高度6000m)　上昇限度：11500m　航続距離：650km　武装：7.92mm機関銃×2、15mm機関銃×1　乗員：1名　Ju88A-4飛行爆弾　全幅：20.08m　全長：15.3m　エンジン：Jumo211J-1(1400hp)×2　武装：機首に3500kgホローチャージ型弾頭部を装備　乗員：なし

らのタイプに至ってＪｕ88の最大速度も六〇〇キロ／時超に達した。

大戦の最終局面で燃料にも事欠いたＪｕ88だが、この頃には乗員キャビンを撤去して無人機とし、三・五トンの爆薬を積むホローチャージ（成型炸薬）弾頭部に換えて飛行爆弾となったものもあった。

これらは乗員が搭乗して攻撃目標近くまで誘導する単発戦闘機（Ｂｆ109やＦｗ190）と連結されて「ミステル」（宿り木）と呼ばれる親子機となり、連合軍地上軍に対する阻止攻撃に使用された。

運命の皮肉さを示したＪｕ88というと、フィンランドなど枢軸国に供給された数機や、占領中の仏・ＳＮＣＡＳＯで製作されたＪｕ88があてはまるだろう。Ｊｕ88は枢軸国の空軍力としても需要が多く、イタリア、ハンガリー、ルーマニア、フィンランド（そのほか中立国のスペインにも）などに供給されたが、これらの国々が反攻に出たソ連軍の軍門に下ると、今度はフィンランドでのラップランド戦争などドイツ軍討伐戦に投入された。

またユンカース社の業務が後継機種のＪｕ88、388の開発、生産で多忙を極めると、Ｊｕ88の生産の一部は仏・トゥールーズのＳＮＣＡＳＯで行なわれた。これらの機体も大陸反攻作戦で自由フランス軍に接収され、ラウンデルのインシグニアに改められて撤退中のドイツ軍を追撃する戦いに使用されている。また、ＳＮＣＡＳＯ製のＦｗ190ＡもＮＣ900として、戦後のフランス空軍で使用された。

4 メッサーシュミットMe262

ジェット機の能力を引き出す工夫

「流体のエネルギーを別の力に転換させる機械的な仕組み」を「タービン」という。大戦間はエンジンの排気ガスで過給機（エンジン内に密度を高めた空気を送り込む機械）を作動させる排気タービン技術の開発が各国で行なわれていた。

これに関わった技術者たちはガスのエネルギーそのものを、航空機を動かすエネルギーに用いる方が効率的と分かってはいた。ところが、航空機を動かすことができるだけの強力なエネルギーを生み出すことが可能な内燃機関を作れるだけの金属加工技術にまで発達していなかったので、ピストン・エンジンから脱却できず、排気タービン技術の開発に勤しんでいたのである。

だが一九三〇年代は、それまで夢に近かった強力なガスの噴流を生み出せる内燃機関が実現する、技術的なブレイク・スルーの時代でもあった。フォン・オーハイン博士やF・ホイットルらが作り出したガスタービン・ジェット・エンジンは、ピストン・エンジン動力機よりもはるかに高性能の航空機を実現できると、航空関係者から多大な期待や関心を寄せられた。けれども過度な期待はやがて失望へと落ち込んでいく。

世界初の実用ジェット戦闘機と位置づけられているメッサーシュミットMe262が、二一世紀になった今日でも、世界中で最も魅力ある航空機のひとつとしてあり続けているのは、最初の一機でありながら期待を裏切らず、第二次大戦機としては時代を飛び越えたような高性能機だったからではないだろうか。そのような高性能機を作り上げた技術者こそ、機体開発主任を務めたヴォルディマー・フォイクト技師であった。

フォイクト技師は、プロペラ機とジェット機との空力学上の違いを把握すると、極力、ジェット機に適した機体に仕上げていった。「空気抵抗を小さくできるようコクピットを後退させた胴体に」「翼厚が極力薄い高速飛行に適した主翼に」「胴体と主翼の気流が干渉しにくい三角形断面の胴体に……」と。素性がピストン・エンジンである機体にジェット・エンジンを付けたような、その他大勢の草創期のジェット機とは違っていたのである。なお、主翼が後退翼になったのは、エンジンが大型化したことによる重心移動への対策だったのだが、結果的に高速飛行能力実現に寄与した。

飛行機乗りは本質的に高速飛行を好み、なかんずく戦闘機乗りはその傾向が強かったという。試験飛行段階に達したMe262に試乗したドイツ空軍のベテラン戦闘機パイロットたちはたちまち新型のジェット戦闘機に魅了された。

219　メッサーシュミット Me262

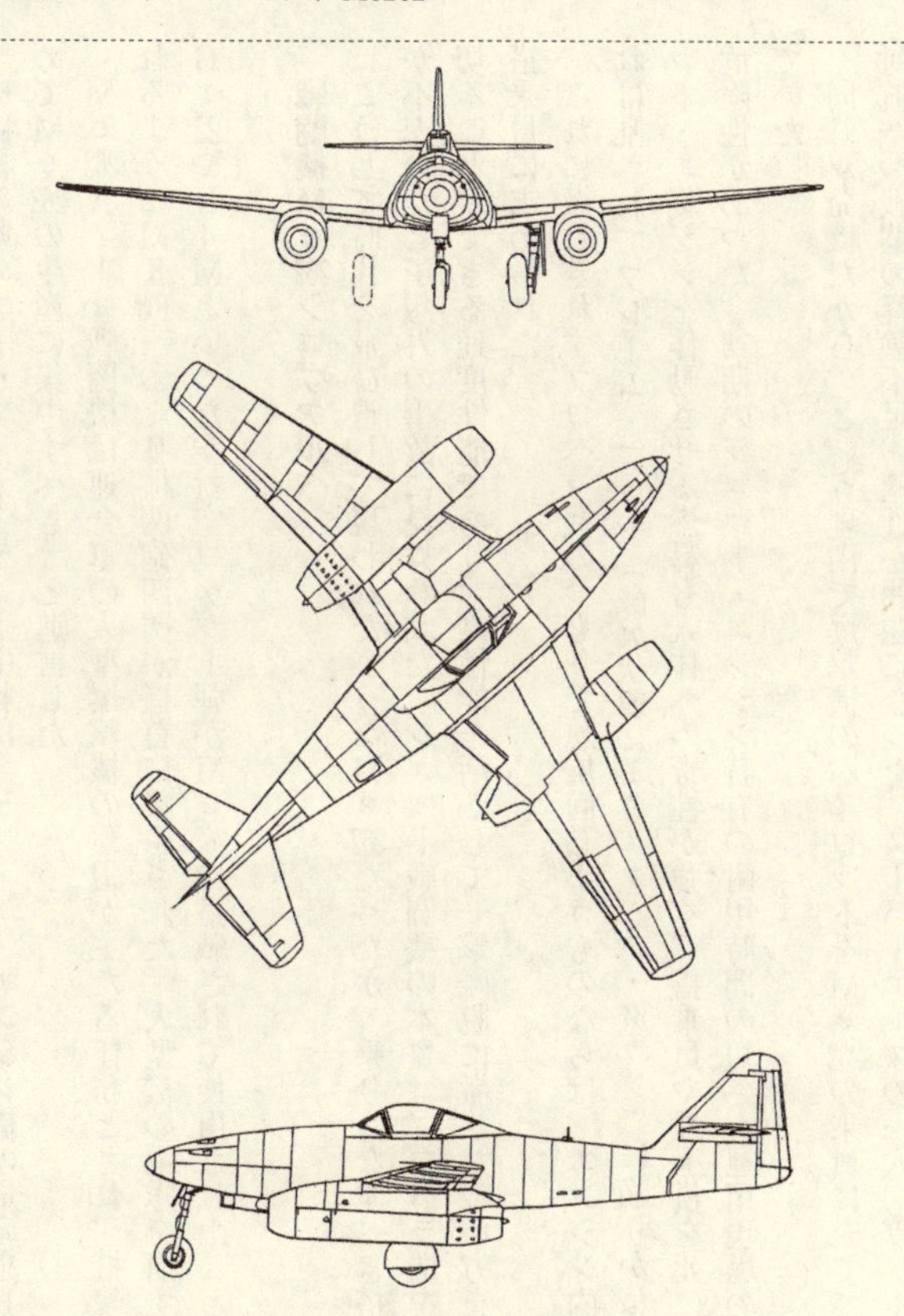

メッサーシュミットMe262A-1a（戦闘機）　全幅：12.65m　全長：10.6m　全高：3.8m　全備重量：6396kg　エンジン：Jumo004B（推力900kg）×2　最大速度：870km/h（高度6000m）　上昇限度：11400m　航続距離：1050km　武装：30mm機関砲×4　乗員：1名

戦闘機総監のアドルフ・ガーランド中将は「ピストン・エンジン機の量産をFw190にとどめてMe262の生産に集中すべき」と進言した。

Me262A-1a戦闘機は連合軍の大型爆撃機の撃退が主たる任務とされ、打撃力を高めれるようにMK108三〇ミリ機関砲四門が機首に集中された。大型機の編隊を崩すためにW・Gr21やR4Mといった空対空ロケット弾がMe262に搭載されて使用されたこともあった。

戦闘機Me262シュヴァルベ

こうして時代を飛び越して現われたようなMe262だったが、乗りこなすべき搭乗員の慣熟が不充分だと予想外の事故に見舞われた。ジェット戦闘機の本質はプロペラ機を容易に振り切ることができる速度性能であり、高性能を活かして一撃離脱に徹した戦い方をすることが搭乗員に求められた。

これに徹しきれずプロペラ機のつもりで急旋回しようものならば、エンジン内の空気の流れは乱されてフレーム・アウト（酸欠状態によるエンジン・ダウン）に陥りかねない。ジェット・エンジンを作動させる燃料も人体への毒性が強く、搭乗員や地上員を死に至らしめる危険性があった。初期のジェット・エンジン特有の耐用時間の短さも運用現場の負担になっていた。

同じ双発機だから、という理由で爆撃機のパイロットをMe262の乗員に充ててみたところ、対航空機戦闘の経験不足、適性が問題になった。スーパーエースの一人、ヴァルター・ノヴォトニーはそのような状況のなかで、ジェット戦闘機部隊の育成に苦労する日々から抜け出せないまま、米英軍機と交戦して命を落としたのである。

Me262を駆って戦ったコマンドー・ノヴォトニーを継いだ戦闘第七航空団（JG7）と、戦闘機総監の任を解かれたガーランド中将のもとに集まったベテラン搭乗員たちで編成された第四四戦闘団（JV44）が絶望的な戦況のなかで、終戦直前に最後の戦いを挑んだ。

Me262による撃墜総数は七三五機に上ったという（夜間戦闘機分も含んで）。けれども万難を排して一四〇〇機以上も生産しながら、実戦部隊に届けられたのは二〇〇〜三〇〇機程度、というほどにまで破壊された整備補給態勢においては、これが精一杯というところだったのではないだろうか。

混乱のもとになった「電撃爆撃機」

Me262がガーランドやシュペーテといった空軍の幹部戦闘機パイロットによって試乗されたのは一九四三年春夏のことであった。このあたりから実用試験用の機体が揃いはじめ、空軍は同年一杯での実用試験終了と翌年初頭からのMe262の実戦配備を望んだ。一九四三年中に米戦略爆撃機の工場爆撃が激しくなってきたが、Me262の迎撃作戦初参加が一九四四年夏というのはいささか遅過ぎたということになろう。

そのような遅れの元凶は、ヒトラーが同機を「爆撃機」として使用しろと命令したことに帰せられることが多い。実用化が近づきつつある画期的なジェット戦闘機を謁見した総統ヒトラーは、空軍元帥のゲーリングを介してヴィリー・メッサーシュミットに爆弾搭載能力について訊ねた。

爆弾搭載用の装備を備えれば、どんな飛行機でも爆弾を搭載できる……くらいのつもりの「Ja(ヤー)(イエス)」だったのだろうか。メッサーシュミット社主の返答が伝わると、ヒトラーが「これこそ待ち望んでいた電撃爆撃機である」と叫び、爆撃装備の付加を命じた。

確かにMe262は画期的な出力の動力を装備した機体であり、自軍が制空権を握っている状態でならば高速爆撃機が敵の侵攻を頓挫させるための阻止爆撃にも適しているであろう(ディエップ上陸作戦を失敗に終わらせたFw190戦闘爆撃機のように)。ところが一九四三年半ばも過ぎると、米英戦略爆撃機が昼夜の大規模爆撃を繰り返す日々になりつつあった。軍需工場の生産態勢を維持しようとするのなら、戦略爆撃機を撃退しなければならなかった。

ドイツ空軍の首脳たちも「総統の思いつき」「いずれは取り組むべき問題」程度に受け止めて本来的な役割である迎撃機としての実用化を目指していた。

初期のジェット機の場合、機体よりもジェット・エンジンの開発の方が困難という事実は英国でも認められていたことだが、連日の空襲下でのJumo004Bエンジンの開発、生産の遅れから(工場疎開も避けられなかった)、部隊単位での実用試験、戦術開発、指導者的搭乗員の育成ができるようになるのは一九四四年春のことだった。四月末にはようやく262実験隊が編成された。

ジェット爆撃機Ｍｅ262Ａ‐２ａシュツルムフォーゲル

連合軍の大陸反攻作戦（ヨーロッパ大陸上陸作戦）の実施が近いとみられた五月下旬、爆弾搭載可能なＭｅ262が作られていないことがヒトラーの知るところとなった。激怒止まないヒトラーにへつらったゲーリングが「超高速爆撃機」と呼ぶよう提案すると、呆れ果てたガーランドが「『馬』を『牛』と呼べというのか」と応じた話は有名である。

メッサーシュミット社では将来の派生型のつもりで爆弾架の開発も進めていたが、Ｍｅ262Ｖ10をテスト・ベッドに爆弾搭載試験が始められた。爆弾架としてもヴィーキンゲルシッフ（バイキングの船）、ＥＴＣ503の二種が用意され、二五〇キロもしくは五〇〇キロ爆弾なら二発、一トン爆弾ならば一発搭載されることとなった。離陸時にはラインメタルボルジク社製の離陸補助ブースターが使われた。

けれどもＭｅ262の爆撃装備付加は、フォイクト技師が懸命になって取り組んだ高速性能の追求努力に反するものだった。ヒトラーは戦闘機型の量産を許可せず、戦闘爆撃機としての生産を厳命したが、これらの措置が生産体制を混乱させたが、Ｍｅ262Ａ‐２ａシュツルムフォーゲルこと戦闘爆撃機型も数が揃わなかった。遂にヒトラーが望んだＭｅ262電撃爆撃機でのノルマンディー上陸作戦阻止は叶わなかった。

上陸作戦には間に合わなかったもののＭｅ262Ａ‐２ａは実戦投入された。それも双発爆撃機のパイロットを搭乗員として、である。ところが、緩降下の爆撃機動に入ると時速九〇〇キロ／時に達そうかというシュツルムフォーゲルに適した爆撃照準器は当時存在しなかった。

メッサーシュミットMe262A-2a（戦闘爆撃機）　全幅：12.65m　全長：10.6m　全高：3.8m　全備重量：7100kg　エンジン：Jumo004B（900kg）×2　最大速度：730km/h（高度6000m・爆装時）　上昇限度：10300m　武装：30mm機関砲×4、爆弾500kg　乗員：1名

当然とても目標への命中はおぼつかず、爆弾投下だけが目的という出撃にならざるを得なかった。爆弾投下後は戦闘機と使用できるというもくろみも破れた。なぜなら第五四爆撃航空団（戦闘機）という変則的なジェット機部隊に所属した爆撃機乗り出身のパイロットたちは、対異機種戦闘の技術を身につけていなかったからである。

ジェット爆撃機での戦果を期待するなら、ジェット偵察機から発達したアラドAr234Bブリッツを待つしかなかった。

レシプロ→ジェット転換訓練用の複座練習機

ドイツ空軍の戦闘機搭乗員たちの間で革新的なジェット戦闘機の実用化の噂が広まる中、困った問題も起こりはじめていた。「ジェット機はピストン・エンジン機よりも操縦が容易で快適」という話がひとり歩きしていたのである。

振動や騒音は少なく、さほどのベテランでなくても高機動での飛行が実現できるので必ずしも的外れとは言えなかったが、不慣れ、不充分な転換訓練に起因する事故（ピストン・エンジン機並みの急旋回によるフレーム・アウトなど）が多発し、要員候補や貴重なジェット戦闘機が次々と失われるのは困った事態だった。戦況の悪化により、訓練時間が削減されたこともこの問題を深刻化させた。

この種の問題の解消、また転換訓練の効率化のために提案されたのが複座練習機型のMe262B-1aだった。通常型のコクピットの後ろに置かれる燃料タンク（九〇〇リットル、六

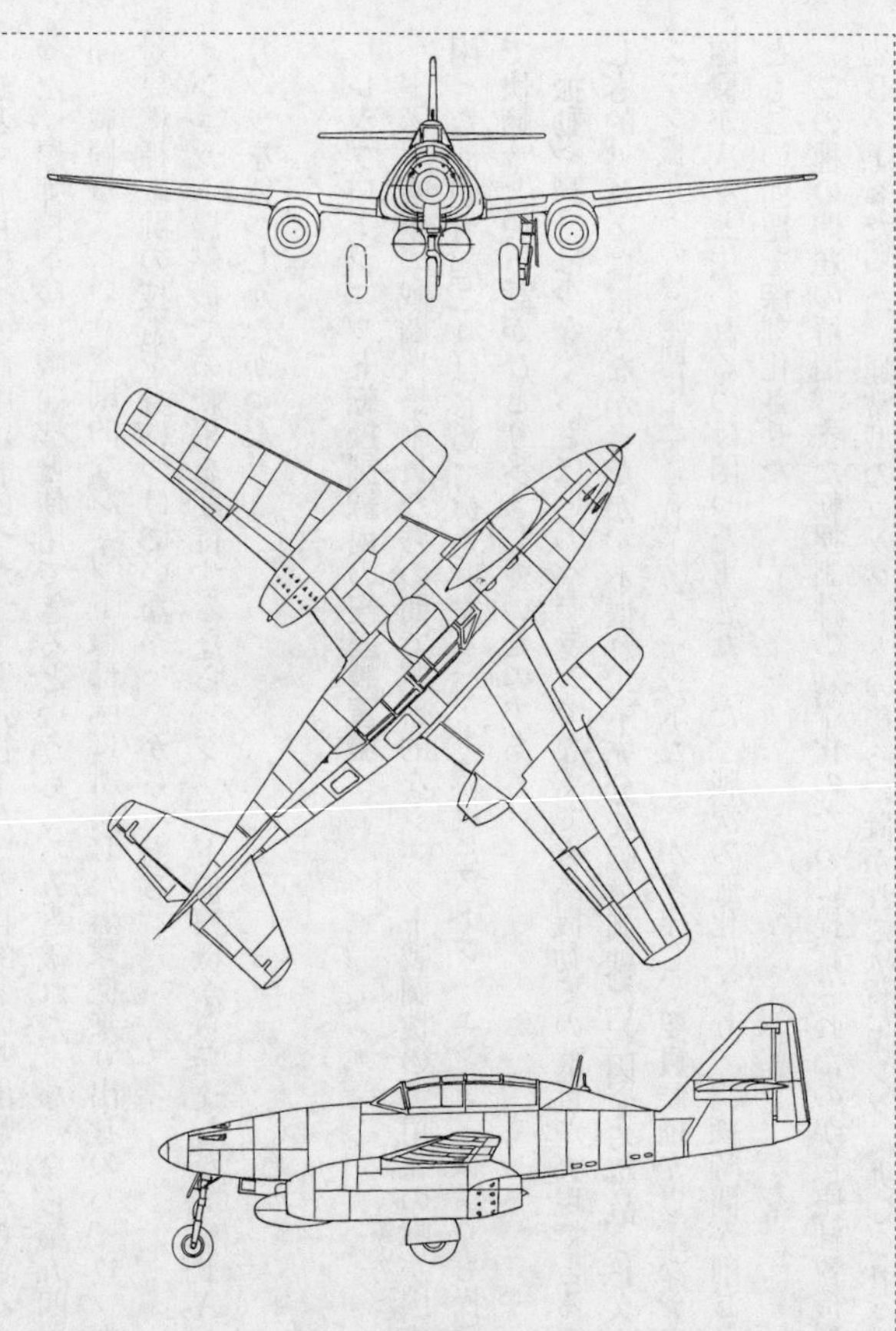

メッサーシュミットMe262B-1a（練習機）　全幅：12.65m　全長：10.6m
全高：3.8m　エンジン：Jumo004B（900kg）×2　最大速度：840km/h
武装：30mm機関砲×4　乗員：2名（複操縦式）

〇〇リットル入り）を撤去してここに教官席を設置。後席の背後はレザーバックに整形されて、ふたりの乗員のコクピットには長いキャノピーが被せられた。

このままでは燃料不足なので（初期のジェット・エンジンの燃費の悪さは相当なものだった）教官席の後ろに四〇〇リットル、二六〇リットル入りタンク、さらにヴィーキンゲルシップ型ラックに三〇〇リットル外部燃料タンクを二個懸架した。機首の機関砲は射撃訓練や戦闘機としての使用も考えてそのまま残された。

複座化にともなう胴体の大型化や機体重量の増加により最大速度は三〇キロ／時ほど低下したが、ジェット機としての優位性は保持されていた。すでにMe262の生産態勢の維持は厳しくなっており、この複座練習機型はわずか一五～二〇機程度作られただけだったようである。それでも不充分な転換訓練の問題は少しでも解消されただろう。だがMe262B-1aのそれ以上の貢献は、複座夜間戦闘機型のMe262B-1a／U1の早期開発を可能にしたことだった。

世界最強の夜間戦闘機Me262

Me262への夜間戦闘用のネプツーン・レーダーの搭載は、単座型のMe262・五六号機（A-1a）においても試みられていた。FuG218ネプツーンV、同Ⅳが順次搭載され、クルト・ヴェルター中尉がこの暫定的な夜間戦闘機の試験運用に携わった。一九四四年十二月十三日にかけての夜にはランカスター重爆の撃墜を記録したが、これはジェット夜戦の初戦果となる。ヴェルター中尉のこの機での夜間撃墜機数は、強敵のモスキート夜戦を含む五機（四機という説もある）に上ったという。

その後、ヴェルター中尉の実験隊は第一一夜間戦闘航空団第一〇中隊となるが、年明け後早々にFuG218G／Rネプツーン・レーダーを装備した複座夜戦型のMe262B-1a／U1を受領しはじめた。操縦席の後ろには英爆撃機が搭載するH2S地形表示レーダーの電波に反応するFuG350ナクソスZcレーダーも装備された。パイロットは後席のレーダー員の指示に従って操縦することになった。

機首の四門の三〇ミリ機関砲の直前には複雑なかたちのレーダー・アンテナ（通称、鹿の角）が突き出した。このアンテナによる空気抵抗拡大やレーダー搭載などによる重量増加により最大速度は複座練習機型よりもさらに三〇キロ／時低下したが、それでも最大速度は八一〇キロ／時とモスキート夜戦を大きく上回った。

第一〇中隊のヴェルター中尉とカール・ハインツ・ベッカー軍曹、レンチェンバッハ軍曹といった実力者らはモスキート夜戦迎撃の任務を継続する。夜間撃墜の戦果の大部分はモスキートで、F-5写真偵察機（P-38の非武装偵察機型）撃墜も記録し、撃墜記録は四八機（公認されたのは半数）に達した。

この戦果を挙げるまでに第一〇中隊も八機を失っていた（単座機型を含む）。しかし航空用燃料が供給難に陥り、かつて主力夜戦の地位にあったJu88GやBf110Gの作戦活動が著しく制限される終盤の戦況のなかで、Me262B-1a／U1が挙げたこの戦果は、世界最強

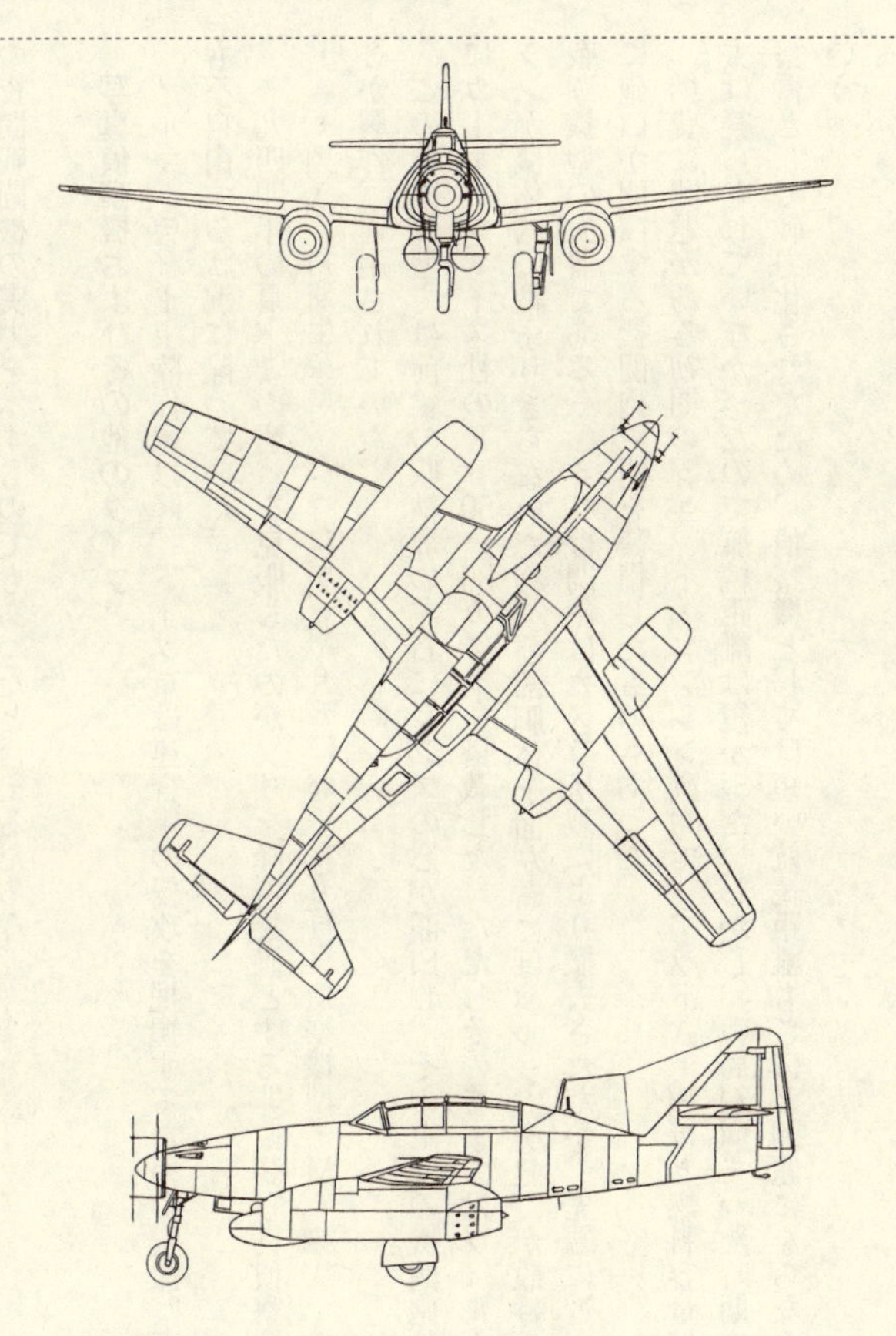

メッサーシュミットMe262B-1a/U1（夜間戦闘機）　全幅：12.65m　全長：10.6m　全高：3.8m　エンジン：Jumo004B（900kg）×2　全備重量：7700kg　最大速度：810km/h　武装：30mm機関砲×4　乗員：2名

の夜間戦闘機の実力を示すものでもあったと言えるだろう。

写真偵察機およびその他のタイプ

ノルマンディー上陸作戦以降、ドイツ軍は連合軍の侵攻を把握するための空撮写真情報にも不自由する状況に陥っていた。

一九四四年の夏、この窮状を克服したのがソリを降着装置とする非武装写真偵察機のアラドＡｒ234Ａ（初期生産型）だったが、Ｍｅ262においても写真偵察機型・Ｍｅ262Ａ‐１ａ／Ｕ３が製作、運用されていた。

この偵察機型では前輪の収納扉の左右にレンズの窓が開口し、その上部の機関砲装備位置にカール・ツァイス社のＲｂ50／30カメラを搭載した。ただしそのままではフィルム・マガジンが機体内に納まりきらないため、前部胴体上面左右にはバルジ（突起）が設けられた。戦闘機型の火器である三〇ミリ機関砲はカメラ搭載により撤去されたが、先端に近いところに砲口が開口する機関砲一門を装備したものもあった。

燃費に問題がある初期のジェット・エンジン動力で、アラドＡｒ234ほど燃料容量確保の工夫は凝らされていなかったので航続距離は短かった。しかし、戦局が窮まった時期の高速偵察機として戦力化されたため、偵察機としては短い航続距離もさほど問題にならなかったという。

231　メッサーシュミット Me262

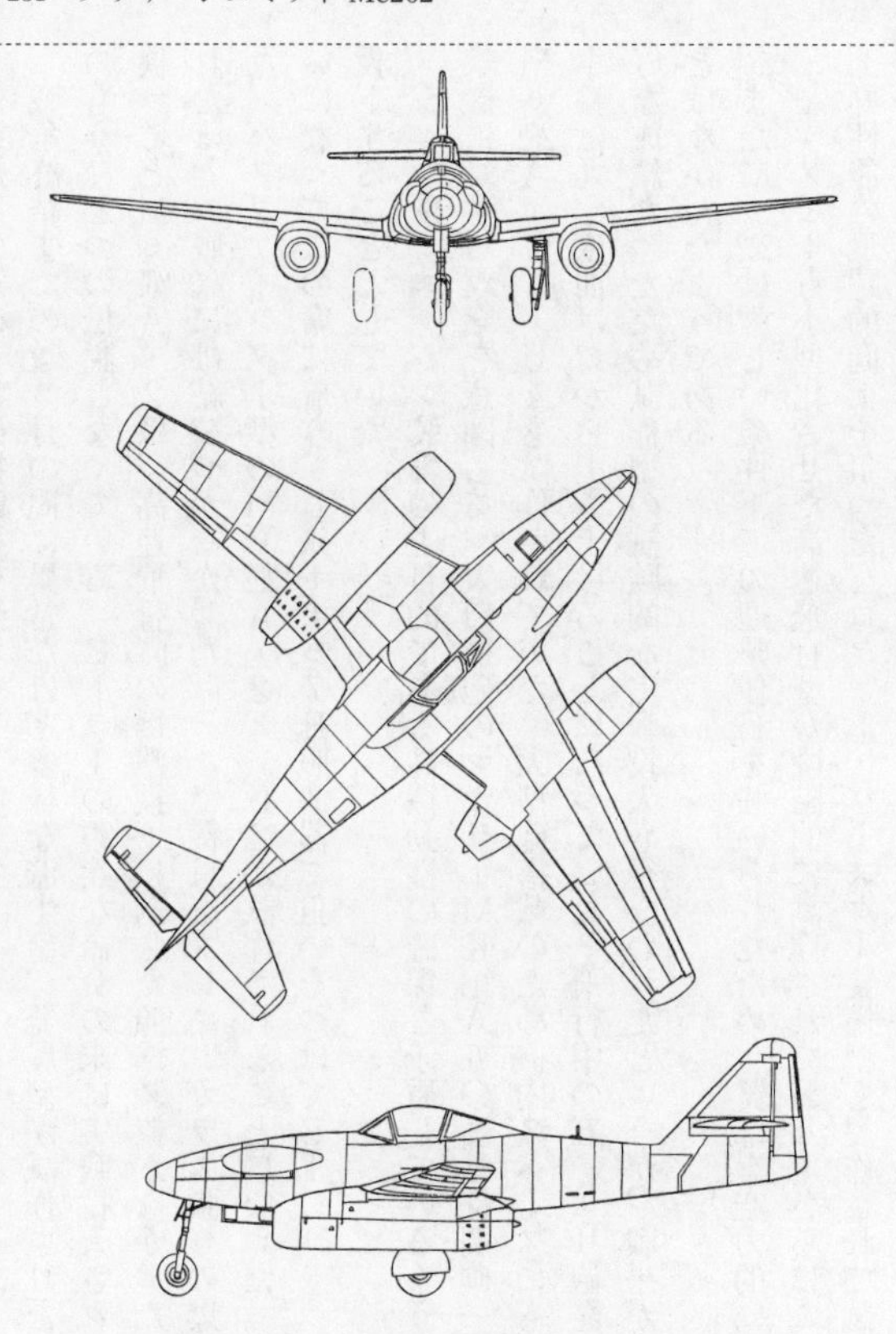

メッサーシュミットMe262A-1a/U3（写真偵察機）　全幅：12.65m　全長：10.6m　全高：3.8m　エンジン：Jumo004B（900kg）×2　最大速度：870km/h（高度6000m）※　上昇限度：11400m※　航続距離：1050km※　武装：なし、または30mm機関砲×1、Rb50/30カメラ×2　乗員：1名　※印はMe262A-1a戦闘機のもの

対重爆用の五〇ミリ砲搭載型も登場

戦争終結までの数ヵ月の間に異常なほど多様な派生型、発展型が試作されたことがMe262のもうひとつの伝説となっている。ヒトラーの頑迷な命令の末に実戦投入された「電撃爆撃機」ことMe262A-2は、高速飛行時の爆撃投下に適した照準装置がなかったため、期待されたほどの戦果には結びつかなかった。そこで機首をプレキシガラス張りの爆撃手席に改めた、パスファインダー型のMe262A-2a/U2が試作されることになった。爆撃手は腹ばいになってこの席に着き、Lotfe7H照準器で狙いをつけてETC504ラックから爆弾を投下することとしていた。

ジェット・エンジン装備の主目的である高機動性の確保と矛盾しているようだが、四発爆撃機に対する攻撃を意図して、大口径砲のマウザーMK214A五〇ミリ機関砲一門を搭載したMe262A-1a/U4も試作されていた。大型砲搭載のため機内スペースにも不自由し、前車輪は九〇度曲げてから引き上げることになっていた。飛行中の五〇ミリ砲発射実験では良好な成績だったため試作型の試験的な実戦投入も行なわれたというが、戦果が報告されたことはなかったようである。

またMe262は厳しい条件下での迎撃任務を強いられたため、翼部を空力的に改善し、風防・キャノピーも小型化させた高速飛行型が段階的に試作されており、さらにこれらとは別に上昇性能の飛躍的向上を狙った、ロケット・ブースター装備型も製作されて試験を受けていた。

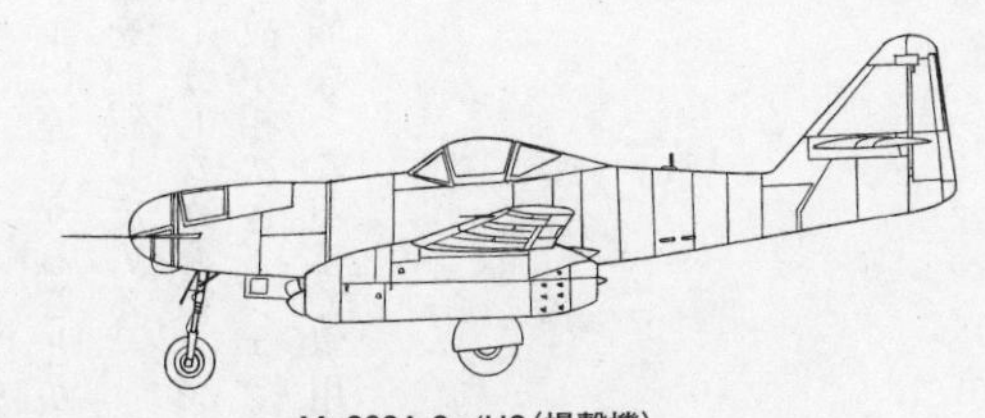

Me262A-2a/U2（爆撃機）

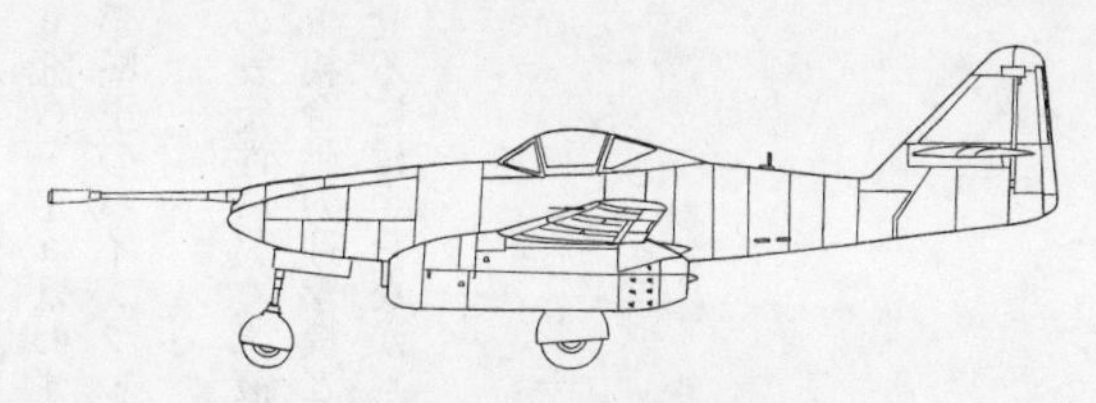

Me262A-1a/U4（迎撃戦闘機）

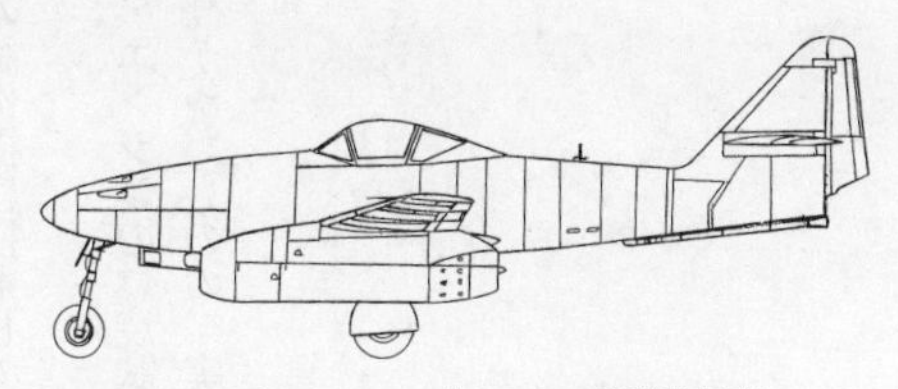

Me262C-1a（ロケット・ブースター装備戦闘機）

それがMe262C-1aで、胴体の尾部、垂直尾翼の直下にヴァルターHWK・RⅡ211-3ロケット・エンジンを装備したMe262C・1aはわずか三分で高度八〇〇〇〜九〇〇〇メートルに達しうることが確認され、撃墜王のハインツ・ベーアはこの試作機に搭乗して実戦出撃を記録している。

しかしながら概して動力としての安定性に欠く二液式ロケット・エンジンの燃焼試験中の事故が相次ぎ、ジェット・ロケット複合動力迎撃機として期待が高かったものの、実戦投入可能なところまで実用性を向上させるには至らなかった。

第4章

イギリス／イタリア／ソ連／フランス軍機

1　ホーカー・ハリケーン

スピットファイアの相棒

筆者の手元にある英和辞典で「spitfire（スピットファイア）」を引くと「短気者、かんしゃく持ち」に続いて「Spitfire」として「第二次大戦中の英国の戦闘機」と記述されている。これに対して「hurricane（ハリケーン）」の方は「西インド諸島方面の暴風、大あらし」となっていて、Spitfire のような書かれ方はしていない。それだけ英国の戦闘機としてはスピットファイアの方がポピュラーな存在ということになるのだろうが、一九四〇年夏のバトル・オブ・ブリテンにおいては、ハリケーンによる撃墜機数がスピットファイアによるそれを大きく上回っていた。その功績は佐貫亦男先生が「ドイツ空軍という嵐に英国が耐えるための傘として働いた」と述べられたほどだった。

だがそれもそのはずであり、戦闘が本格化する頃の八月一日、および趨勢を決する大激戦が行なわれた九月十五日のスピットファイア運用飛行隊の数がそれぞれ一九個だったのに対して、ハリケーンは三一個隊から三六個飛行隊へと増勢されていたのである。使用機数が多ければ戦果が大きいのは道理でもあるが、激戦に向けて運用飛行隊数が増強されたところが、生産性や整備性の高さを誇ったハリケーンの本質だった。

スピットファイアは高速飛行能力と運動性を両立させるために翼面積を拡大できる薄翼・楕円翼を採用した、全金属製セミ・モノコック構造の最新鋭機であったが、対してハリケーンは鋼管骨組みに羽布張り構造（主翼は早い段階でセミ・モノコック構造に変更）という複葉機の延長線上にあった旧構造の戦闘機である。大戦間のベスト・セラーとなったハート軽爆を戦闘機に改めたフューリー戦闘機を、近代化、単葉引き込み脚機に発展させる考え方で開発したとさえみられている。

両機の性能差は捕獲機をテストしたドイツ空軍の幹部も、ハリケーン・パイロットへの同情のことばを口にしたというほどだった。

ところが実際の航空戦は、高性能機の審査会の場ではなかった。ハリケーンの胴体骨組みを形成したトラス構造は非常に強度が高く、被弾してスピットファイアなら全損機扱いで処分しなければならないところ、ハリケーンは修理されて部隊に復帰ということも珍しくなかった。また生産性にも格段の差があった。

激間の空域においては「メッサーシュミットにはスピットファイアを、爆撃機にはハリケーンを」という、意図したような戦い方が必ずしも実施できるわけではなかったが、ハリケーンの強靭性は懸念された性能差を補った。

英国本土航空決戦での奮闘

バトル・オブ・ブリテン当時のハリケーンの主力は、ロールズロイス・マーリンⅢ（一〇三〇馬力）を動力としたＭｋⅠであった。基本的にはフランスの戦闘のときに大陸に派遣されていたタイプと同じだったが、英国での航空戦が始まるまでのわずかな期間に、できる限りの能力向上に努めていた。エンジンの点火プラグやキャブレターに手を加え、エンジンの冷却液も変更。大陸遠征軍のときの燃料は八七オクタンだったが、アメリカから一〇〇オクタンの燃料を売ってもらえるようになったことは大きかった。

これらの改善措置により、大陸で戦ったハリケーンよりも最大速度で一〇キロ／時ちょっと増速、高度六〇〇〇メートルまでの上昇時間は一分縮めて約八分になるなど、一味違うハリケーンになっていた。

もっともバトル・オブ・ブリテンでは、ドイツ空軍機の侵攻を英国沿岸のチェイン・ホーム・レーダーが探知して、緊急発進した英戦闘機を敵編隊の方向へと導く誘導管制システムが敷かれていることを、ドイツ空軍がなかなか理解しなかったといった事情もあった。このような英軍側にとっての有利な諸条件も重なって、ハリケーンはテーブル・データからは予想できないような大きな働きをすることができた。

しかし結局のところハリケーンは、第二次大戦下にあっては旧時代の戦闘機である。来る大戦争に向けて全金属製、セミ・モノコック構造といった新技術を盛り込んだ、高性能戦闘機の開発にしのぎが削られていた一九三〇年代のなかば、シドニー・カム技師があえて骨組み・羽布張り構造を重視したのには、大戦間の時期に懸命に売ったハート・シリーズやフューリー戦闘機のための生産設備を簡単に捨て去って、金属製の機体を製造する工場施設には更新しにくいという企業側の事情も背景にあった。

結果的には旧構造による生産性、整備性の高さが英空軍の最も苛烈な時期を乗り切らせる要因となったのだが、高出力エンジンの登場などにより金属製の新型戦闘機との能力差は如何ともし難くなりつつあった。バトル・オブ・ブリテンの危機が絶頂期にさしかかる頃には二段過給機付きのマーリンXX（一二七〇馬力）に換え、ジャブロ・ロートル・プロペラを用いたハリケーンＭｋⅡも生産に入っていた。

ＭｋⅡは最大速度（五五〇キロ／時）、上昇性能ともＭｋⅠよりも向上していたが、仇敵Ｂｆ109の性能向上のペースはさらに上回っていた。主力のＢｆ109Ｅ‐３、‐４に続いてＥ‐７が投入され、実用試験段階のメジャー・チェンジ型Ｂｆ109Ｆも英国上空に現われはじめたのである。西部戦線正面において、ハリケーンを対戦闘機戦闘に用いることは危険になっていた。

こういった事態を受けてホーカー社では、スピットファイアよりもはるかに出力が大きなエンジン（ロールズロイス・ヴァルチャー、ネピア・セイバー）を動力とする新型戦闘機トーネードやタイフーンの開発に着手していた。そして旧式化が進みつつあったハリケーンを、よりふさわしい別の任務に適合させるための改造作業にもとりかかった。

241　ホーカー・ハリケーン

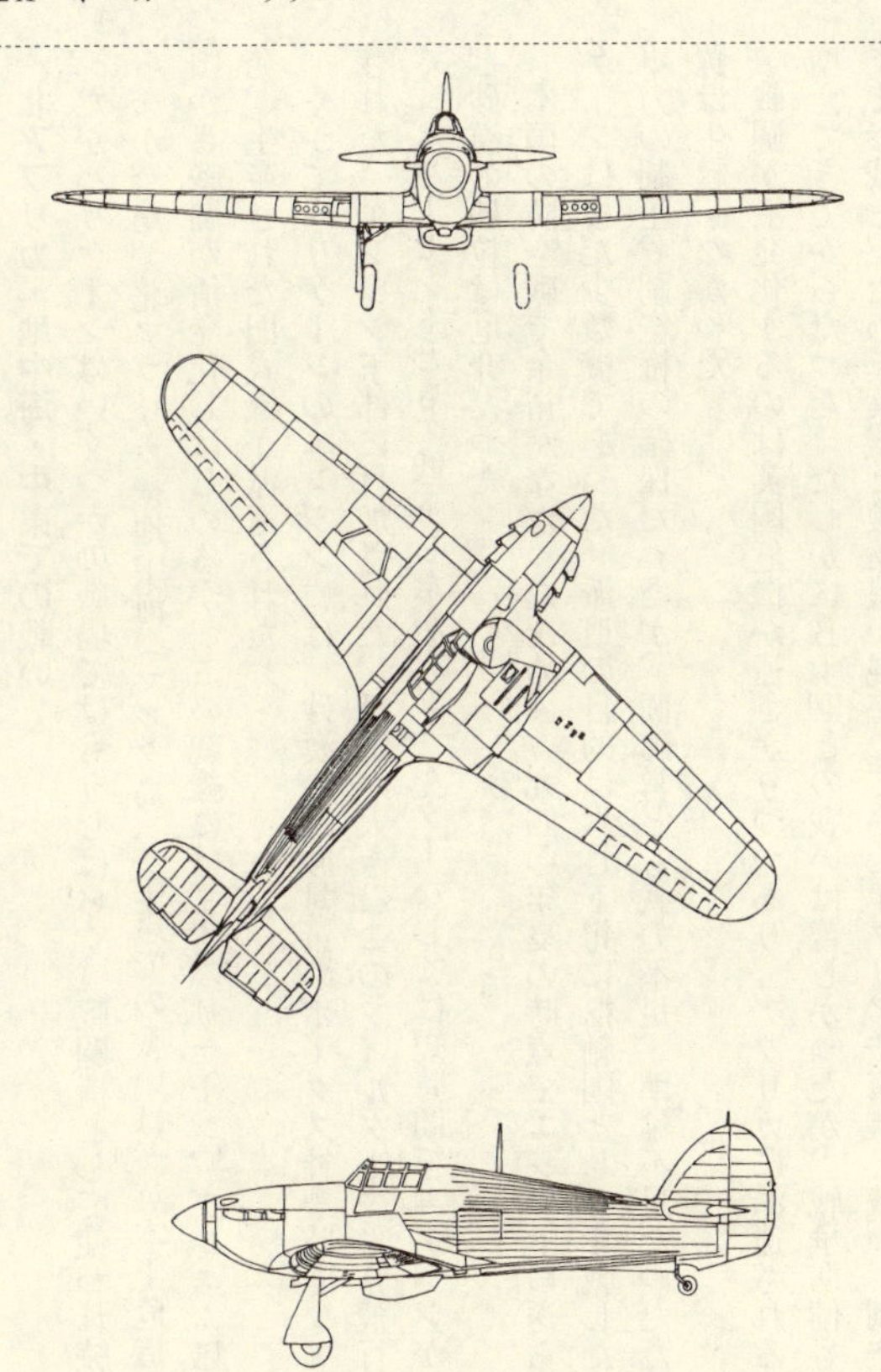

ホーカー・ハリケーンMk.Ⅰ（戦闘機）　全幅：12.20m　全長：9.55m　全高：3.99m　全備重量：2926kg　エンジン：ロールズロイス・マーリンⅢ（1030hp）×1　最大速度：531km/h（高度6100m）　上昇限度：10431m　航続距離：813km　武装：7.7mm機関銃×8　乗員：1名

北アフリカ・地中海・中東での戦い

だがハリケーンはいくつかの戦場ではもうしばらく、戦闘機として使われ続けなければならなかった。北アフリカや地中海（マルタ島）、中東での戦いは、英本土危機が過ぎ去った頃から戦闘が活発化しはじめるが、この戦線にはまずハリケーン、ブレニムほか大戦間に開発、生産された旧式機が派遣された。

やがてハリケーンのエンジンには、砂漠の熱砂対策のボークス社製防塵フィルターが装備された。エンジン下部に付加された、抵抗が大きなこのフィルターにより飛行性能は一割近く（八パーセントとも）低下したが、フィルターなしでは短時間でエンジンがダウンするほど砂漠の砂粒は厄介だった。

本国の防空戦で余裕がなかったため、一九四〇年夏の時点でエジプトに送られてきたハリケーンはまだ少数機であった。派遣の目的は六月下旬に枢軸国として参戦したイタリアの空軍力の制圧、制空権の確保だったが、両陣営とも戦力不足、準備不足だったため、大規模戦闘は生起しなかった。

戦闘が活発化するのは英国危機が遠ざかりつつあり、アフリカに派遣されるハリケーンが増えてきてからだった。たしかにBf109との戦いは苦しかったが、戦争準備もままならないまま参戦したため単葉機と複葉機が混在していたイタリア空軍機と戦い、制空権を確保しようという任務ならばハリケーンでも務まった。ただドイツ・アフリカ軍団がやってくると戦況は一変するのだが。

北極圏〜使い捨ての艦上戦闘機

また一九四一年六月二十二日に独ソ戦が開始されると、米英両国は窮地に陥ったソ連を支援するための軍事物資供給に乗り出し、これらをソ連まで運搬する輸送船団が組まれた。ところがこの輸送船団は、Uボートやドイツ空軍爆撃機による攻撃に対して呆れるほど脆かった。対空防御能力が限られていたため、PQ17船団に至っては何度も攻撃を受けて大損害を被った結果、運搬物資の約三分の一が北極圏の海に飲み込まれるという危機的状況に陥っていたのである。

護衛のための空母を随伴させる余裕がなかった時期に船団の用心棒役を務めたのが、カタパルト発進式に改装されたシーハリケーンMkIA（異名はハリキャット＝五〇機ほどハリケーンMkIから改造）だった。ドイツ空軍爆撃機が来襲すると、カタパルト装備の輸送船（CAMシップ）から射出されて迎撃に務める応急の用心棒戦闘機だったが、護衛空母が準備されるまで輸送船団を守った。

CAMシップから発進したハリキャットは、ドイツ爆撃機を撃退しても着艦できる空母もおらず不時着水するしかない、事実上の使い捨ての護衛戦闘機だった。パイロットは着水後には救助の友軍船を待つが、救助の遅れは北の海の冷たい波間に漂うパイロットの生死に関わった。

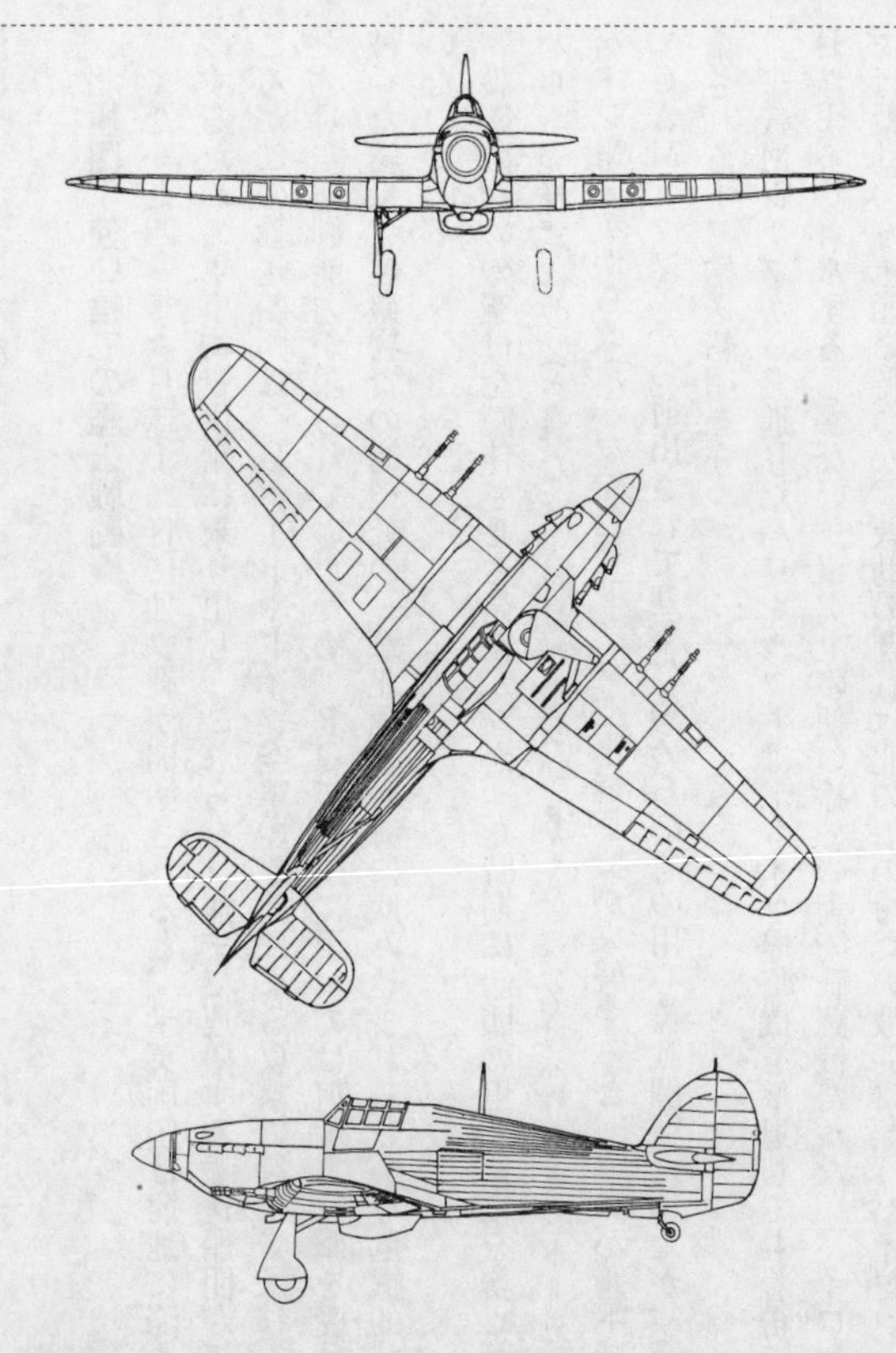

ホーカー・シーハリケーンMk.ⅡC(艦上戦闘機)　全幅：12.20m　全長：9.83m　全高：3.99m　全備重量：3463kg　エンジン：ロールズロイス・マーリンXX(1260hp)×1　最大速度：540km/h(高度5060m)　上昇限度：10850m　航続距離：727km　武装：20mm機関砲×4、爆弾227kg　乗員：1名

護衛空母に搭載される艦上戦闘機にも、しばらくはハリケーンに着艦フックを装備し、海軍用の無線機を装備したシーハリケーンＭｋＩＢ、Ｃ、ＭｋⅡなどが用いられた。最初から艦上戦闘機として開発された機体ではなかったため限界もあれば、主翼には折りたたみ機構もなかった。着艦事故が多かったことから、一部のシーハリケーンは着艦用の練習機として使用された。

これらのほかにも、機載式のＡＩレーダーを装備した夜間戦闘機が揃う前の時期にハリケーンが夜間戦闘機として使用されたことがあった（一九四〇年秋以降）。しかしながらサーチライトを多用した、いわゆる「明るい夜間戦闘」が行なわれたわけでもなく、夜戦としてのハリケーンは実績を挙げるには至らず、本格的な夜間戦闘機の実戦投入が待たれた。

後には、地中海方面にも防塵フィルター装備の熱帯仕様のスピットファイアが配置され、英空母にもスピットファイアの艦上機型＝シーファイアが搭載されるようになり、これらがハリケーン群の任務を引き継ぐことになる。だが、ハリケーンはより高性能のスピットファイアから発展した派生型が揃うまで、厳しい条件下でのストップ・ギャップの任務を果たし続けた。こういった使い方こそがハリケーン戦闘機型のもうひとつの真髄でもあった。

戦闘爆撃機と地上攻撃機

ドイツ空軍がＢｆ110やＢｆ109に爆弾を搭載し、戦闘爆撃機を登場させたのは画期的なことであった。これは、対空射撃もかわせず迎撃機にも脆弱であるＪｕ87の限界を克服する革新的な方法だったが、このような戦い方は英空軍でも求められていた。フランスの戦闘の時期にブリストル・ブレニム、フェアリー・バトルといった戦術爆撃機がドイツ軍の阻止攻撃に使用されたものの、被った損害は甚大で、実戦機としての使用はすでに大幅に制限されていたからである。

これも結果的には錯誤、認識の誤りによる産物となったのだが、バトルの後継爆撃機として、ホーカー・ヘンリーという、ハリケーンから発達したと言えなくもない単発爆撃機が開発されていた。胴体内爆弾倉も持っていた複座の、ハリケーンよりもひとふた周りほど大型の単発機だったが、外翼部および主車輪はハリケーンと同じもので、尾部はほぼ相似形、胴体後部もハリケーンの鋼管骨組みに羽布張り構造を踏襲していた。

胴体内爆弾倉があった分ヘンリーの胴体は太くなって、それゆえハリケーンの特徴的な主翼付け根下部のラジエターは機首のエンジン下部に移されたが、エンジンもハリケーンＭｋⅠと同じマーリンⅢ（およびⅡ）が用いられることとされていた。生産性が重視されたハリケーンと同じ工場で製作できる別の用途の機体なので、考え方としては間違っているとは言い切れないだろう。初飛行は一九三七年三月に行なわれ、審査結果を受けて三五〇機の製作が指示された。

だが、この種の軽爆撃機という機種自体がすでに戦闘爆撃機に取って代わられる方向にあった。英仏両国の対独宣戦布告後の〝ウソ戦争〟の時期、フランスに派遣されたバトルが対空射撃にも脆いことが露呈、偵察機としての使用が差し止められた一九三九年の終わり頃、ヘンリーの生産機数は二〇〇機に減らされ、担当会社もグロスター社に変更された。

ヘンリーMkⅢとして出来上がった量産型は、爆撃および射手の訓練機および標的曳航機としてほんの数年使われて、当初予定されていた軽爆撃機の用途で使用されることはなかった。バトルの惨状が繰り返されるだけと判断されたからである。

戦術爆撃機ハリバマー

これに対して戦術爆撃任務で使用されるようになったのはユニヴァーサル・ウイングを用いたハリケーンMkⅡB（七・七ミリ機関銃×一二）、C（二〇ミリ機関砲×四）だった。増槽タンクもしくは二五〇ポンド爆弾を両翼下のパイロンに搭載して、一九四一年春からドーヴァー海峡の対岸のドイツ軍の前進基地への爆撃作戦に出撃した。

カタパルト運用機がハリキャットと呼ばれたように、こちらもハリバマーというニックネームが与えられた。この種の地上攻撃任務が、その後のハリケーンの主たる任務となった。ハリケーンの場合、主翼の分厚さゆえに、特段に優れた飛行性能が望めなかったのだが、この分厚い主翼だからこそ様々な武器を装備することができた。やがて爆弾は五〇〇ポンド爆弾となった。

対戦車攻撃機が必要とみられると、ヴィッカースS40ミリ対戦車砲を両翼下に装備したハリケーンMkⅡDも開発、生産された（七・七ミリ機関銃は左右翼内に各一梃残されていた）。砂漠での対戦車戦を想定して防塵フィルターを装備したハリケーンMkⅡDの最大速度は四

ホーカー・ハリケーンMk.ⅡD(対装甲車輌襲撃機)　全幅：12.20m　全長：9.83m　全高：3.99m　全備重量：3568kg　エンジン：ロールズロイス・マーリンXX(1260hp)×1　上昇限度：8870m　武装：40mmS砲×2、7.7mm機関銃×2　乗員：1名

249　ホーカー・ハリケーン

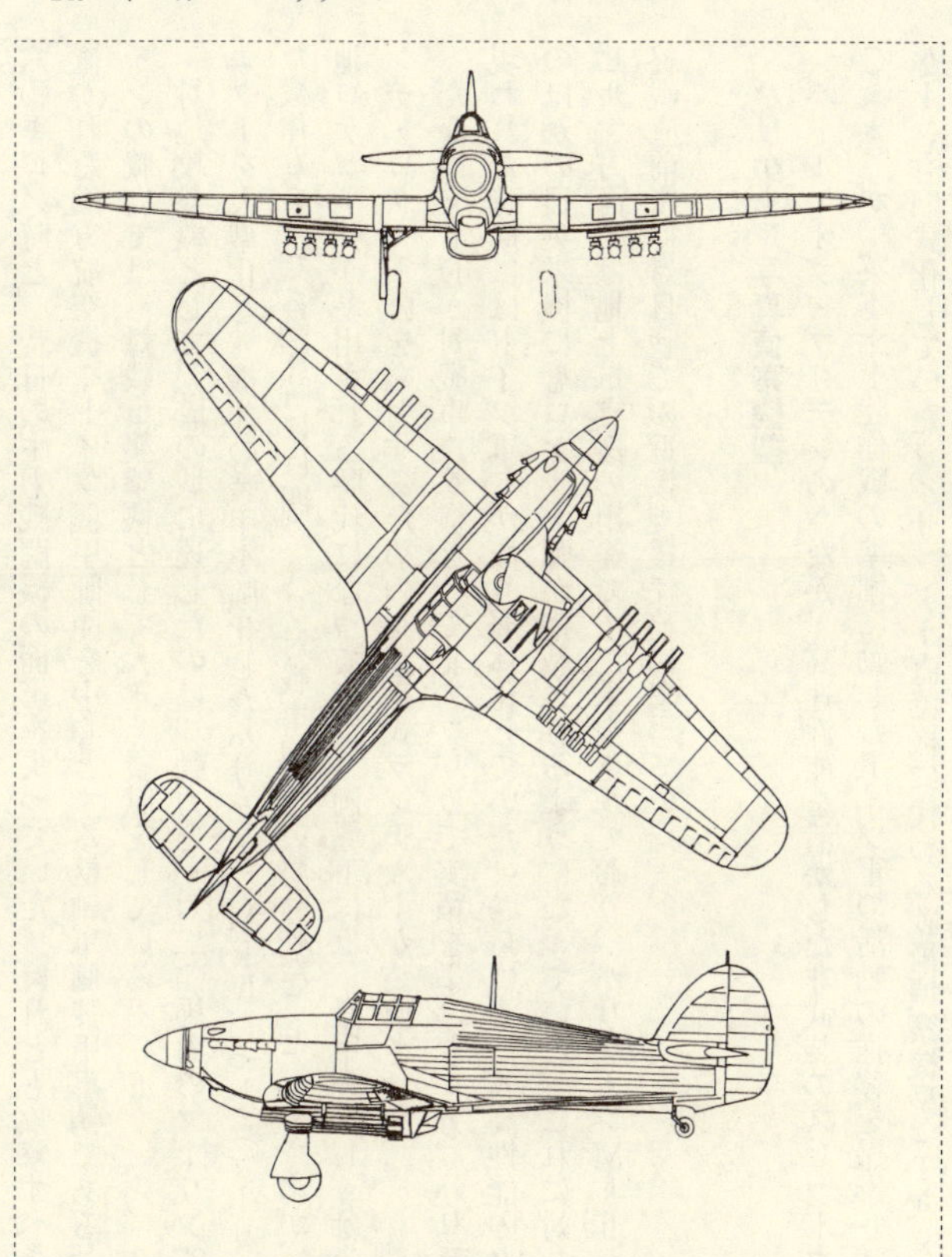

ホーカー・ハリケーンMk.Ⅳ（攻撃機）　全幅：12.20m　全長：9.83m　全高：3.99m　全備重量：3846kg　エンジン：ロールズロイス・マーリン24または27×1　最大速度：450km/h（高度4570m）　上昇限度：8870m　航続距離：724km　武装：ユニヴァーサル・ウイングを装備（20mm機関砲×4、40mmS砲×2、3インチ・ロケット弾×8、爆弾453.6kg、増槽タンクの中から装備を選択可能）　乗員：1名

六〇キロ／時と、昔日の主力戦闘機の面影を失っていた。けれども攻撃すべき対象は地上に置かれた敵方航空機やドイツ機甲師団を中心とする枢軸軍側装甲車輌である。エル・アラメインの戦いでは、対戦車襲撃機として大きく貢献をしている。

対地攻撃機として完成の域に達したのは、動力を一六二〇馬力のマーリン27に換えてラジエターを大型化し、機体の装甲を強化したハリケーンＭｋⅣだった（マーリン24を動力とした機体もあり）。試作時には四〇ミリ対戦車砲が搭載されたこともあったが、時はすでに対地ロケット弾が多用される時代になっていた。両翼下には、徹甲弾もしくは半徹甲弾の三インチ・ロケット弾を発射するためのレール式ランチャーが装備された。

だがＭｋⅡＤが対戦車攻撃機として北アフリカで実績を挙げた一方、ハリケーンＭｋⅣが現われた時期にはドイツ軍もかなり弱体化していた。さらに、より高性能のタイフーンやそのほかの援英米機にもロケット弾が搭載されるようになっていた。これに対して東南アジア、ビルマ方面では地上軍支援の用途でまだ重宝されており、ハリケーンＭｋⅡおよびＭｋⅣは、終戦直前まで対日戦での近接支援任務に当っていた。

ハリケーン写真偵察機型

バトル・オブ・ブリテンのさなか、高速性能を活かした非武装のスピットファイアＰＲＩＣ（＊）が、英本土上陸作戦の準備に勤しむドイツ軍の活動の推移を撮影し続けたが、ハリケーンも旧式化していたライサンダー直協機に代わる戦術偵察機型（ＴａｃＲ・ＭｋⅠ、同

MkⅡ）に改装され、北アフリカ戦線で使用された。東南アジアでも戦術写真偵察機TacR・MkⅡ（FE）に改装されたものがあり、これらの偵察機はビルマの英軍を支援するためにタイやマレー半島での日本軍の動きを探った。

（＊）PR＝Photo Reconnaissance（写真偵察）の略。

これらとは別に一九四〇年には、写真偵察機型ハリケーンPRMkI、同MkⅡが作られており、三機のPRMkIには二〜三台のF・24カメラが搭載された。これらは非武装で、高度九一四四メートルという高高度を飛行しながら写真撮影を行なうこととしていた。さらに一九四二年末には、PRMkⅡB、Cが二〇機ほど製作されていた。ハリケーンPRMkⅡは中東方面で使用された。

戦闘練習機としてのハリケーン

ハリケーンは大戦突入が目前に迫った時期にベルギーやユーゴスラヴィアに製造権が売られたが、これらの国々よりもはるかに多数機を製造したのが、カナダのカナディアンカー&ファウンドリー社だった。

英連邦のカナダではブレニムやモスキート、ランカスターにアンソンと、英国機が相当機種にわたって転換生産が行なわれていたが、ハリケーンMkⅡを基本とするカナダ版のMkX、Ⅵ、Ⅶが合わせて一四五一機も製作されていた（エンジンにはパッカード・マーリンを使用）。MkⅦは英国に送られて、カナダ空軍機としてヨーロッパで実戦任務（Uボート警戒など）に就いていたが、大部分はカナダ国内で戦闘訓練機として使用された。

複座練習機としては、コクピットを前後に個別に有するハリケーンがイランから一八機発注されていたが、引き渡されたのは一〇機分のコンポーネントで、実際に複座練習機として組み立てられたのはそのうちの二機のみだった（そのほかは普通の戦闘機型として製作）。またハリケーンは、レンドリース協定に従って二九五二機がソ連に送られていたが、ソ連空軍パイロットの転換訓練用練習機として複座型に改修されたものもあった。この改造練習機型には、もうひとつの操縦席が、通常のコクピットの前もしくは後ろに増設された二タイプがあったということである。

2　デ・ハヴィランド・モスキート

木製合板構造の高速機

エアコ社と名乗っていた第一次世界大戦当時には、戦闘機を上回る速度性能のＤＨ４、ＤＨ９という単発軽爆撃機を開発していたデ・ハヴィランド社は、第一次大戦の終了で軍用機の需要がなくなるとＤＨ４の民間輸送機型なども生産していた。

ヒット作となったのはＤＨ60モスや軍用練習機としても大量採用、海外にもライセンス生産権が売られたＤＨ82タイガーモス、複葉、双発の軽輸送機ＤＨ89ドラゴンラピード。旧構造の軽飛行機や輸送機を多数機販売して軍用機縮小の時代も乗り切ったデ・ハヴィランド社は、大胆な高性能機開発のための技術蓄積にも勤しんでいた。

デ・ハヴィランド社では旧式構造の軽飛行機のビジネスとは別に、新たな木製工作技術（カゼイン接着やフェノール・ホルムアルデヒドを用いた合板）を適用した高性能木製機の開発に取り組んでいた。

まず注目される存在になったのが、一九三三年のロンドン〜メルボルン間のマック・ロバートソン杯レースで優勝したDH88コメット双発機だった。この快挙を受けてDH88が高速郵便機として提案されたが、金属製の航空機が増勢の時代の木製機開発ゆえに「先祖返り」とさえ皮肉られ、当局もデ・ハヴィランド社の木製構造への不信感をぬぐうことができなかった。

ところが一九三七年にベークライト材とバルサ材の合板構造による四発旅客機DH91アルバトロス（二二席）が初飛行を実施すると、今度は木製構造が高速機の開発に向くと認識された。バルサ材をはさんだ合板で空力的洗練を極めた胴体を形成したが、この構造はリベットで組み上げる金属材では実現できない平滑な機体表面を作り出すことができた。主翼の主桁や外板にもトウヒ材が用いられたが、その表面は合成樹脂に覆われていた。

大戦争の時代が目前に迫っており、DH91アルバトロスが民間輸送機として大成することはなかったが、社主のジョフリー・デ・ハヴィランドが考えていたのは、空力的洗練と軽量化によって優れた速度性能と長大な航続能力を得た非武装の高速爆撃機だった。

それまでの速度性能によって戦闘機を振り切ろうとした高速爆撃機には、実のところ〝高速〟爆撃機とは呼べないものも多かった。だがデ・ハヴィランドが予定した木製の高速爆撃機は、双発機としては小型の部類で、防御火器も備えることなく空力的洗練に努めた「速度性能こそ身を守る手段」という発想を究めた機体だった。

木製構造への理解をいただいた次のハードルが「非武装の高速機」という点だった。デ・

ハヴィランドは「アルバトロスのように木製合板構造にして空力的洗練を極めた非武装の胴体に、スピットファイアの二倍程度の翼面積の主翼を付け、マーリン・エンジン二基を動力とすれば、戦闘機を振り切ることができる」と説いた。防御用の機関銃を装備すれば射手を搭乗させなければならず、機体の大型化や重量の増加、銃座設置による空力性の悪化によって予定どおりの速度性能は実現できないと訴えたのである。

加えてデ・ハヴィランドは所期の飛行性能が得られた双発機ならば、装備品等を変更すれば戦闘機にも偵察機にも転用できると主張した。この発言こそ稀代の万能軍用機・モスキートの誕生につながる言説であった。その一方で、用兵側が望む用途のモスキートが慢性的に不足するという事態も引き起こされることになるのだが。

スペイン市民戦争の戦況（ゲルニカ無差別爆撃など）も伝えられ、英空軍は大戦争で勝利するには大型爆撃機の実用化が欠かせないと認識した。大型爆撃機の量産、戦力化はアルミニウム（ボーキサイト）の潤沢な供給にかかっており、その見地からも木製機の開発も無視できない検討課題となっていた。

木製の蚊、予想どおりの高性能を発揮

大戦突入から間もない一九三九年の九月、航空委員会のウィルフレッド・フリーマン卿（研究開発担当、空軍大将）が、デ・ハヴィランドの提案を支持して、試作機の製造がようやく認められた。やはり当時の英空軍で欠けていた長距離偵察機としても使用可能という点

転しかけた。

一九三九年末には英空軍は仕様B・1／40を発行。高速爆撃機の試作機は、デ・ハヴィランド社ハットフィールド工場ではなく、ソールズベリー・ホールの納屋もどきの倉庫内で極秘に製作されることになった。機密の度合いが高かったDH98の試作機だが、開発計画は流転しかけた。

ドイツ軍の西方電撃戦が始まると、試作機も完成していないのに五〇機量産が指示されたかと思えば、「バトル・オブ・ブリテンに役立たない」とビーバーブルック航空機生産担当大臣から開発に待ったが掛けられたりもした。完成直前にはJu88による爆撃を受け、損害は軽微だったが開発は遅れた。フリーマン卿は「一九四一年五月には五〇機納入を実現する」と大臣に確約して、DH98の開発を継続させることができた。

英国危機の時期を乗り切って、なんとか作り上げられたDH98は、マーリン・エンジンを動力とする中翼の、どちらかというと普通のかたちの双発機であった。けれどもコクピット以外は銃座などの余計な突起がない木製構造の流麗な機体で、ラジエターはエンジンから内側の主翼前縁に組み込まれ、正面面積も極力押さえられていた。アブ・ノーマルな点は、やはり強化木（ベークライト材）を用い、カゼイン接着で組み立てる独特の構造であろう。積層材を用いて胴体を左右半分ずつ作って中心で貼り合わせる、模型作りのような製法が後には生産性の向上につながった。

初飛行は対英空襲がまだ続いていた十月一日に行なわれ、秋冬の試験飛行ではジョフリー

・デ・ハヴィランドが考えていたような高性能も確認された。十二月二十九日にはビーバーブルック大臣やフリーマン卿ら空軍の要人を前にしての御前飛行が行なわれた。双発爆撃機らしからぬ飛行ぶりは一同に感銘を与え、翌日には量産発注機数が一五〇機追加される。デ・ハヴィランド機の虫シリーズのネーミングに則り、新型双発機は「モスキート（蚊）」と命名されたが、やがて枢軸軍にとっては本物の蚊を連想するような鬱陶しい敵機となるのである。

こうして量産が開始されたモスキートには大きな改修箇所はなかったが、量産型製作までに主翼前縁のスラットが除かれ、エンジン・ナセルは少し後退し、水平尾翼の面積が若干大きくなった。後流が尾翼に干渉して起こる動揺を抑えるための措置だった。プロペラ直径も少し小さくされた。以降、機体に関する改修は用途に応じた変更程度で済んだほど、基本設計が優れていたのである。

初仕事は非武装の写真偵察機

モスキートにまつわる最初の問題は、どういった用途で使用するかということであったが、ドイツ本土や枢軸国勢力圏内奥地の戦略情報の入手が急務だったため、まずは写真偵察部隊に配属されることになった。非武装写真偵察機としてはスピットファイアＰＲＩＣが活躍していたが、長距離写真偵察機が待ち望まれていた。爆撃機軍団で「非武装」という点に懐疑的になっていた時期だけに、写真偵察部隊はできるだけたくさんのモスキートを確保することができた。

一九四一年六月に写真偵察機型PRⅠ初号機が納入されたが、高高度飛行時のエンジン・トラブルという初期不具合が明らかになったため、これに続く五機の納入は九月になった。モスキートPRⅠは爆撃機として試作された機体にF・24などの航空撮影用のカメラを爆弾倉内前部や爆弾倉の後ろに搭載しただけの偵察機だったが、後期量産型では燃料容量が増やされたので、ノルウェーのベルゲン、ポーランドのダンツィヒあたりまでを偵察範囲とする長距離偵察機となった。

BⅣ（最初の爆撃機型）と同じ仕様のPRⅣにはF・52カメラが装備され、これは以降のモスキート写真偵察機型の標準的なカメラとなった。このタイプでは推力式排気管が用いられたため、速度性能は一六キロ／時ほど向上した。なお、フィヨルド内のティルピッツ、またペーネミュンデのA・4ロケット（V2号）を発見したのは、PRⅣだった。

緩降下で速度を上げて敵機を振り切るやり方は英独両陣営で行なわれたが、二段過給機付きのマーリン61に換えたモスキートPRⅧが一九四三年早々から五四〇飛行隊に配備された。PRⅧは緩降下をしなくても六五八キロ／時を出すことができ、再びドイツ戦闘機は追いつけなくなった。

高高度用のマーリン72（キャブレター・インテイクが大型化）に換えたモスキートPRⅨは二二八リットル増槽を装備できるようになった。本機が現われた頃にはシシリー島が連合軍側に占領されたこともあり、写真偵察部隊の本部の英・ベンソン基地を発ってレーゲンス

259　デ・ハヴィランド・モスキート

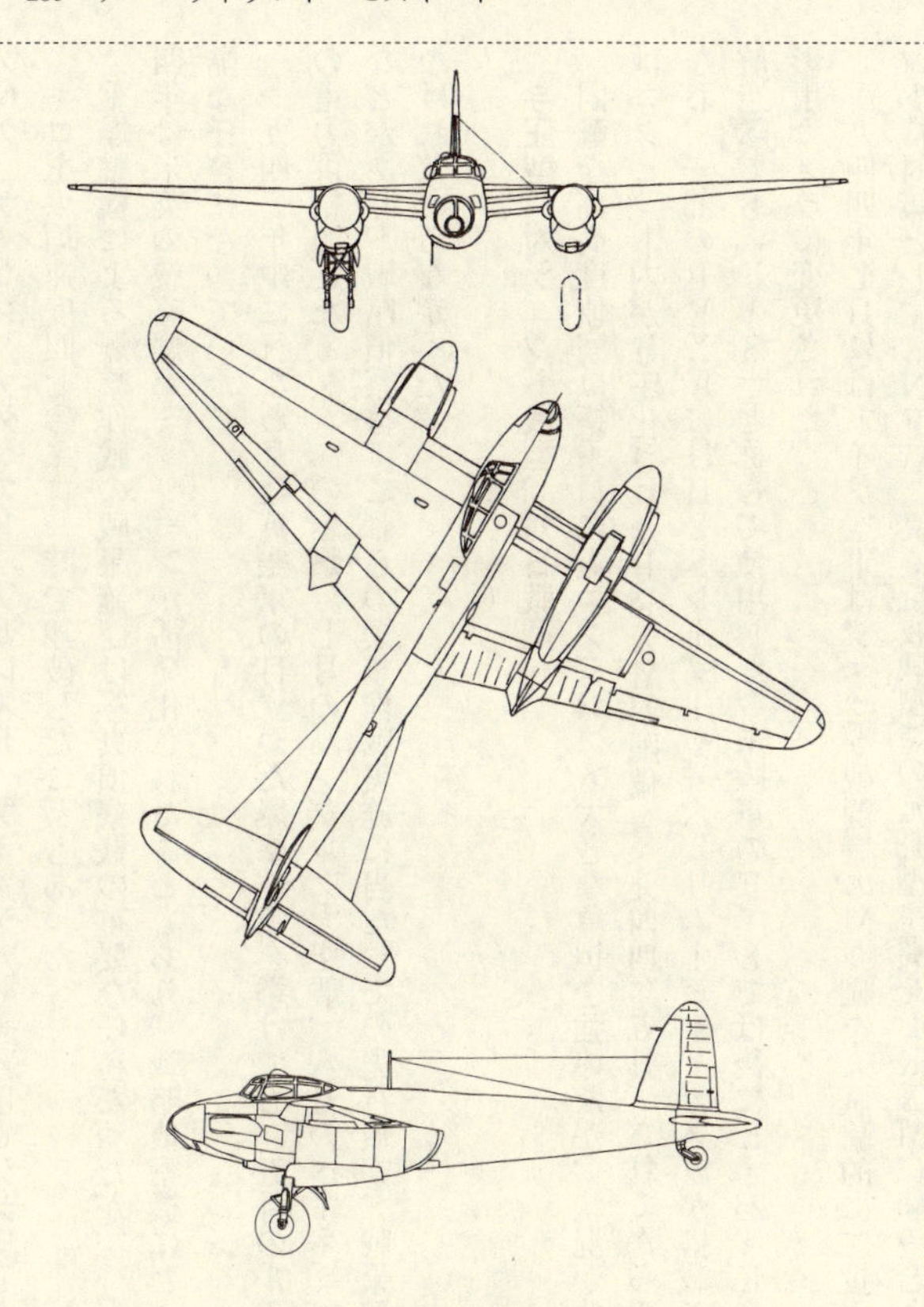

デ・ハヴィランド・モスキートBⅣ（爆撃機）　全幅：16.45m　全長：12.6m　全高：4.65m　全備重量：10152kg　エンジン：ロールズロイス・マーリン21（1230hp）×2　最大速度：616km/h（高度6400m）　上昇限度：8235m　航続距離：1888km　武装：固定火器なし、爆弾907kg　乗員：2名

ブルク、ウィーン、ブダペスト、ブカレスト、フォッジアを通過してシシリーまでの三〇六〇キロを平均速度四七〇キロ／時で翔破したこともあった。

重爆撃機による爆撃作戦の戦果確認は写真偵察機の重要な任務だったが、一九四三年～四四年は米英の戦略爆撃ミッションが活発化されたこともあり、戦略偵察機にとってかなり過酷な任務になっていた。

一九四三年中に行なわれた英空軍の目立った爆撃作戦を挙げても、五月のルール工業地帯の電力供給源となるダムへの爆撃、七月のハンブルク大空襲、八月のペーネミュンデ大空襲などがあり、戦略偵察機はこれらの爆撃作戦実施に当たっての先行偵察、戦果確認も実施しなければならなかった。

与圧型、対ジェット機型、対日戦型

困難な高高度偵察は搭乗員にもエンジンにも大きな負担を強いたが、状況が改善されるのはコクピット内が与圧化されたＰＲⅩⅥが配備（一九四四年五月）されてからのことになる。なお、一部のＰＲⅩⅣにはＨ２Ｓレーダーや一六ミリムービー・カメラが搭載され、米陸軍航空隊でも「Ｆ‐８」と称して使用した。米陸軍のＦ‐８では後にＫ‐24、Ｋ‐19Ｂ夜間撮影用カメラに変更された。

一九四四年七月にはドイツ空軍はジェット戦闘機のＭｅ262を（試験的に）投入した。ジェット機対策として、ＮＦⅩⅤ（高高度夜戦型）の延長型主翼をＰＲⅩⅥに組み合わせたＰＲ32

261　デ・ハヴィランド・モスキート

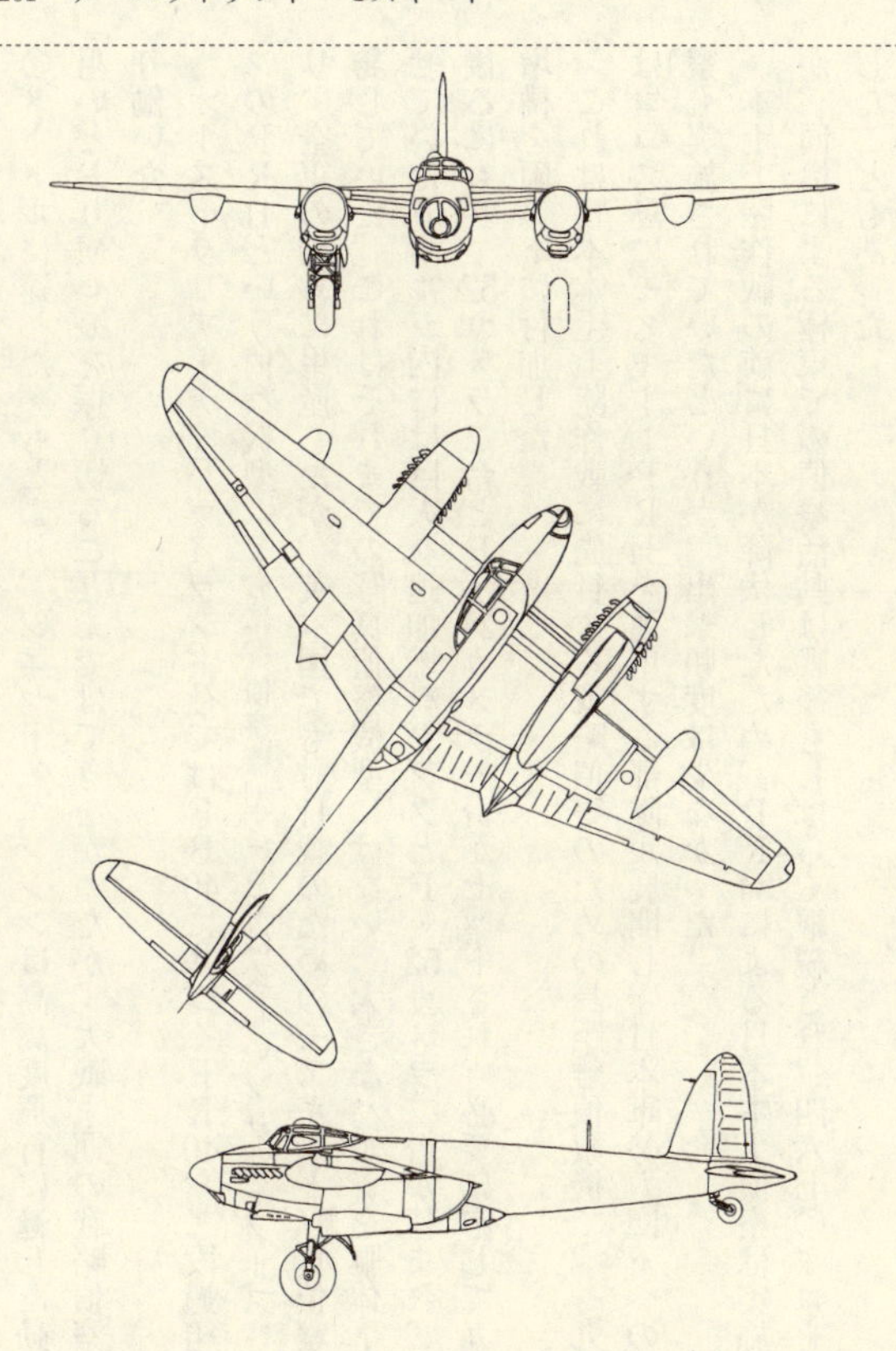

デ・ハヴィランド・モスキートPR34（写真偵察機）　全幅：16.45m　全長：12.66m　全高：4.65m　全備重量：11530kg　エンジン：ロールズロイス・マーリン73（1710hp）×2　最大速度：684km/h　上昇限度：11980m　航続距離：5640km　武装：固定火器なし、F-52カメラ×4、およびF-24またはK-17カメラ×1　乗員：2名

も五機作られていた。PR32は高高度用のマーリン113／114を装備し、巡航高度は一万二八〇〇メートルに達した。もとより、ジェット・エンジンは高高度飛行に適した動力だったので、狙いどおりMe262を振り切ることまではできなかったが、大戦末期の戦略偵察機としてかなり働いた。

オーストラリア・デ・ハヴィランド社ではFB40に基づくPR40、二段過給機付きエンジンのPR41という偵察機型（ともに、偵察機型としては珍しいソリッドノーズ）をオーストラリア空軍のために生産したが、英本国でも対日戦のためのモスキート写真偵察機PR34を開発していた。これはそれまでの写真偵察機型にはない、大きなバルジを胴体下部に張り出させていた。バルジ内には巨大な追加燃料タンクとF・52カメラ二台が積まれ、燃料タンクの後ろにもF・52カメラ二台とF・24カメラ一台がセットされ、必要に応じて九〇〇リットル増槽を両翼下に付加した。

これは日本本土上陸作戦に先行する戦略偵察のための長距離偵察機で、一九四四年七月にはココス島にモスキートPR34を運用する部隊が展開し、日本軍勢力圏下への長距離強行偵察も実施されていたというが、出撃頻度は少なかった。

本土上陸作戦の前に日本が降伏したため、PR34による日本本土偵察は実施されなかったが、同機による極東での偵察活動は戦後もしばらく継続され、四六七〇キロを九時間で飛行したこともあった。

英爆撃機の標準に抗し続けた爆撃機型

後に重量級の一・八トン爆弾「クッキー」をも搭載することになるモスキートとしては意外だが、高速爆撃機として開発が始まった頃のモスキートの爆弾搭載量は、前任の軽爆撃機の標準的な爆弾搭載量と同様の、一〇〇〇ポンド（四五四キロ）程度とされていた。

これは英空軍で使用されていた爆弾の大きさをモスキートの胴体内爆弾倉に当てはめて二五〇ポンド爆弾×四とした結果だったが、モスキートの誕生は五〇〇ポンド爆弾を小さなフィンの新型に改めさせるほどの革新でもあった。

新しい五〇〇ポンド爆弾ならば最初の爆撃機型となったBⅣでも四発（計九〇七キロ）搭載できるようになった。爆撃照準器には重爆撃機用のMkⅩⅣを使用。実戦投入は写真偵察部隊よりだいぶ遅れて、最初の爆撃作戦は一九四二年五月三十一日（ケルンへの一〇〇〇機爆撃実施の翌日、白昼）のケルン攻撃となった。

モスキートには「奇跡の木製軍用機」「奇襲作戦用の秘密兵器」といった枕詞が付くこともあるが、ドイツ軍はモスキートの優れた飛行性能を認識すると同時に、非武装で速度性能を利した作戦活動を行なうことも理解していた。奇襲攻撃はレーダーに捉えられない低空からの侵入によって実施されたが（なお、このような侵攻を先に実施したのはＢｆ110の戦闘爆撃機型）、中高度以下で高性能を発揮したＦｗ190Ａが上空で哨戒待機し、また対空防御の火器陣も強化された。モスキートはかつての軽爆撃機よりははるかに少ない損害ではあったが、初期段階で一六パーセントの損失（のべ出撃機数に対して）を受けた。高高度からの高速侵入による爆撃は損失を減らすことができたが、その場合は作戦効果も減少した。

事前の予行演習を繰り返した作戦により損失率を八パーセントまで低下させることができたが、夜間爆撃の損失率（五パーセント）を上回り、非武装爆撃機に対する批判をかわすことはできなかった。だが、開けて一九四三年の冬〜春あたりから、モスキート爆撃機の戦い方も次第に変化してくるのである。

目立って変化が認められたのは一月三十日にベルリンで実施されたナチス党の大会を妨害した三機ずつ二波による奇襲攻撃だった。四月二十日〜二十一日にはヒトラーの誕生日に合わせて八機によるベルリン夜襲が行なわれた。ともに作戦活動中に喪失機が発生したが、少数機もしくは単機のモスキートによる、いわゆる「嫌がらせ爆撃」は喪失機を減少させるとともにナチスの幹部の面目を潰してゆき、ドイツ迎撃体制の負担も高まっていった。

誘導電波による夜間爆撃はバトル・オブ・ブリテンの後期にドイツ爆撃機によって実施されていたが、一九四二年が暮れる頃には英空軍でも地上局（キャットとマウス）からの同期パルス信号を受信して応答信号を発信する「Ｏｂｏｅ（オーボエ）」を搭載したモスキートによる実用試験が始まっていた。

地上局はＯｂｏｅ搭載モスキートからの応答信号を受信して発進時との差からモスキートの飛行位置を割り出して誘導。キャット局から信号を受信している間は、モスキートは円弧状の飛行経路をたどり、マウス局からの投下指示信号を受けて標識弾を投下するという電波誘導システムだった。実戦段階では誤差が約一四〇メートルという、夜間爆撃としては格段に高い精度に達していた。

後続の夜間爆撃機群はモスキートが投下した標識弾を頼りに爆弾を投下……つまり夜間のパスファインダーとしての役割だった。やがてOboe搭載のモスキートが撃墜されるとその仕組みはドイツ側で明らかにされ、今度は英側でもH2Sセンチ波レーダーを使用……とエスカレートするのが電子戦だった。

モスキートの爆撃装備も改められて、PRⅨと同基準のBⅨでは爆弾倉がバルジ状に拡大されて、ここに四〇〇〇ポンド（一・八トン）爆弾（クッキー、または区画ごと爆砕できる威力だったので「ブロック・バスター」とも呼ばれた）を搭載できるようになった。爆撃機型もPRⅩⅥ（16）相当の与圧室装備のBⅩⅥへと発展した。H2Sセンチ波レーダーはこのBⅩⅥに搭載され、一九四五年三月二十一日〜二十二日のH2S標定によるベルリン夜間爆撃の際は一三八機で出撃して未帰還機は一機にとどまる好成績を挙げた。BⅩⅥの動力を高高度用のマーリン114に換えたモスキートB35は戦後も使われ続け、一九五三年にジェット爆撃機キャンベラと交代している。

精密目標爆撃で名を残した戦闘爆撃機

固定火器を装備しない偵察機型、爆撃機型のモスキートとは別に、固定火器を搭載した戦闘爆撃機型、夜間戦闘機型のモスキートも現われた。戦闘機による侵攻攻撃はハリバマー（ハリケーンの戦闘爆撃機型、別項）を皮切りに一九四一年から実施されていたが、機首に七・七ミリ機関銃四梃、胴体下部（爆弾倉内前半）に二〇ミリ機関砲四門を装備、爆弾倉内後部と外翼下に五〇〇ポンド爆弾を計四発搭載できたモスキートＦＢⅥは一九四二年七月に初飛行を行なった。

だがこの戦闘爆撃機型は、試作機が事故で失われた後、なかなか重点機種にしてもらえなかったため生産、部隊配備は遅れ、実戦投入は一九四三年なかばにずれ込んだ（主要運用部隊の第二戦術航空軍が新編）。

モスキートＦＢⅥに割り当てられた任務は、次の三件に大別された。

◎イントルーダー：定められた目標に対する精密爆撃

◎レインジャー：二機一組による昼夜間の戦闘哨戒、自由索敵

◎インステップ：ビスケー湾で行動する友軍哨戒機の援護、護衛

そして第二戦術航空軍は一九四三年の終わり頃から、フランス北部に建設がはじめられたコンクリート製掩体およびその付近の構造物を攻撃目標として活発に出撃するようになった。Ｖ１号ことフィーゼラーＦｉ103有翼飛行爆弾の発射施設である。Ｖ１号の発射はノルマンディー上陸作戦の直後から実施されるが、その発射施設は巧妙にカモフラージされていたうえ対空防御も強力だった。この作戦にはモスキート以外にも、連合軍側の様々な戦闘爆撃機が多数機投入された。

けれども精密爆撃でモスキートの名を戦史に刻み付けることになるのは、ゲシュタポに逮捕され拘留されていたレジスタンスを解放するために敢行したアミアン監獄爆撃作戦（一九

267　デ・ハヴィランド・モスキート

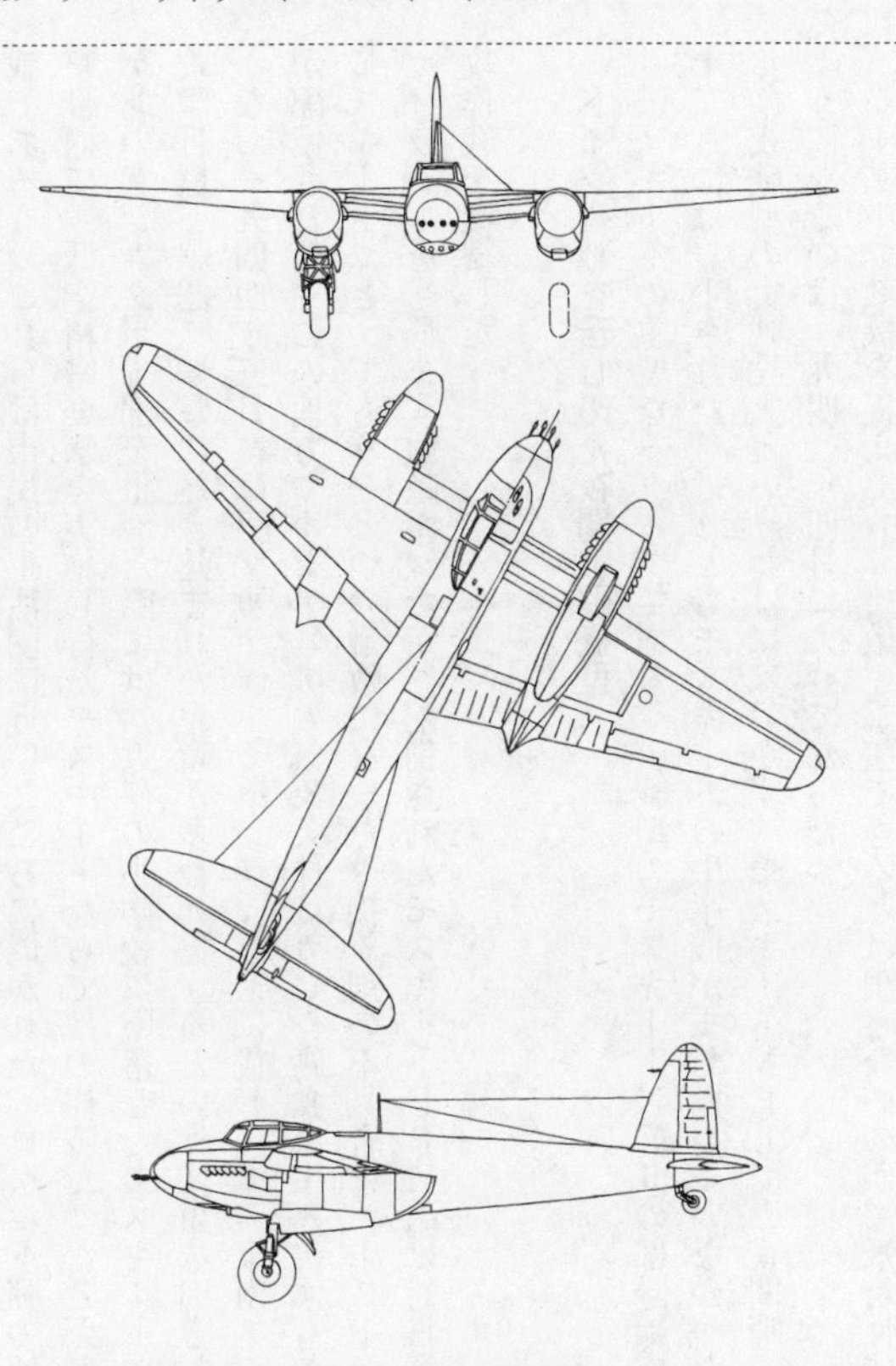

デ・ハヴィランド・モスキートFBⅥ(戦闘爆撃機)　全幅：16.45m　全長：12.34m　全高：3.81m　全備重量：10100kg　エンジン：ロールズロイス・マーリン25(1635hp)×2　最大速度：608km/h　上昇限度：10068m　航続距離：2985km　武装：20mm機関砲×4、7.7mm機関銃×4、爆弾453.6～907kg、3インチ・ロケット弾8発発射用のレールも装備可　乗員：2名

四四年二月）や、各地に設けられたゲシュタポ関連施設、およびその司令部に対する爆撃作戦であろう。これらは市民の生活圏に近いところに置かれた、ロケット弾の使用も困難な攻撃目標で、低空精密爆撃を実施し得るモスキートならではの作戦だった。だが、コペンハーゲンのゲシュタポ本部を狙った際には、近傍の小学校に墜落したモスキートの煙を後続機が攻撃目標と誤認。爆撃に巻き込まれた児童が多数死傷するという惨事を引き起こした。

なお一九四四年三月にはヴァルティー・ベンジャンスに代わって、東南アジアにもＦＢⅥが配備された。この地方やオセアニアの気象条件はカビや腐食を生み出すもので、木製機のモスキートにとってもうひとつの難敵になった。接着剤の不具合はオーストラリア・デ・ハヴィランドをも悩ます強敵だったが、配備されたモスキートＦＢⅥ系は対日戦の終戦まで侵攻作戦を継続した。

ドイツ夜戦を苦しめた夜間戦闘機型

モスキートの重要な一タイプである、夜戦型のモスキートＮＦⅡの部隊編成は一九四一年十二月には着手された。けれどもモスキートの生産機がまだ揃っていなかったこの時期、すぐに夜戦型の実戦投入というわけにはいかず、モスキートＮＦⅡでの夜間哨戒が行なわれるようになるのは一九四二年四月に入ってからだった。

レーダーで敵機を捉えても、接敵、撃墜できるとは限らないのが、飛行性能の面で難があった、初期の夜間戦闘機だった。そんな状況において現われたモスキートＮＦⅡ（ＡＩＭｋ

Ⅳレーダーを装備）は従来の英夜戦より速度性能、運動性が格段に優れたうえ火力も強力で、夜間に来襲するHe111を難なくしとめることができた。

年内にはモスキート夜戦に更新する夜戦隊も相次いだが、ドイツ空軍ももっと高性能のJu88やDo217で夜間爆撃を実施。モスキートの改良型のNFⅦ、Ⅷが繰り出されると、ドイツ空軍はFw190やMe410も夜間爆撃に出撃させるなど、両陣営で新型機が目まぐるしく投入された。この時点でモスキート夜戦がドイツ機との夜間戦闘で最も有効と認識されていたが、搭載レーダーの機密保持のため英夜間爆撃機の護衛機として大陸に進出することは差し控えられていた。

だが一九四四年には戦況が大きく動いた。友軍夜間爆撃機の用心棒役を務めたのはレーダーを装備しないFBⅥなどの固定火器装備型だったが、ドイツ空軍も英本土夜間爆撃を再び強化する。シュタインボック作戦の実施である。Ju188、He177なども英国上空に現われてはモスキート夜戦の迎撃を受けたが、六月にはV1号（Fi103）の発射も開始された。この飛行爆弾の侵入、着弾を防ぐため、モスキート戦闘機型もドーヴァー海峡から沿岸、内陸にかけての空域において哨戒飛行に従事することになった。

モスキート夜戦にもAIMkXレーダーを装備し、一七〇〇馬力級の二段過給機付きエンジンを搭載したNF30（七・七ミリ機関銃を撤去した指サック型の機首が特徴）が現われた。アルデンヌ攻勢に打って出た時点で、ドイツ軍の進退は窮まってきた。戦争の趨勢も見え、モスキート夜戦にも英重爆撃機を目的地まで誘導、護衛支援する任務が課されるようになっ

デ・ハヴィランド・モスキートNF30(夜間戦闘機)　全幅：16.45m　全長：13.56m　全高：3.81m　全備重量：9800kg　エンジン：ロールズロイス・マーリン72(1680hp)×2※　最大速度：682km／h(高度8075m)　上昇限度：11500m　航続距離：2080km　武装：20mm機関砲×4、A.I./ASHレーダー、モニカ後方警戒レーダー装備　乗員：2名
※マーリン76(1710hp)、113(1690hp)装備の機体も存在

た。すでにモスキートNF30の機数も揃い、ドイツ上空まで英爆撃機を随伴することができるようになった。

如何ともしがたい強敵となったモスキート夜戦の撃墜に成功すると、ドイツ側では公報で紹介されるほどだったというが、複座型のMe262Bの夜間戦闘参戦は、モスキートにとって久々に憂慮される事態となった。けれどもその機数は非常に少なく、東西からの連合軍地上軍の侵攻により、ドイツの降伏は時間の問題となっていた。

洋上攻撃機型・艦上戦闘雷撃機

モスキートの異色の派生型としては、FBⅥの系列に胴体下の二〇ミリ機関砲をモリンズ五七ミリ砲一門に換えた対艦攻撃型のFBXⅧ（18）もあった。ところがこの大口径砲では想定していたような戦果は挙げられず、実際は外翼下部の発射レールに装備された三インチ・ロケット弾の方が枢軸国側艦艇撃破の際に有用だった。

大型艦艇攻撃を目的に、BⅣからも「ハイ・ボール」搭載型に改造されたものがあった（六〇機）。これはバーンズ・ウォリス博士が考案した、ダム爆撃用ランカスターに搭載されたアップ・キープ爆弾を応用した、球形に近いスキップ式爆弾を爆弾倉位置に前後二発搭載していた型である。六一八飛行隊でハイ・ボール搭載型での実施要領の訓練も行なわれた。ヨーロッパ、太平洋両戦線でハイ・ボールを用いた対艦攻撃作戦が立案、準備されたが、作戦の実施には至らなかった。

デ・ハヴィランド・シーモスキートTR33（艦上偵察雷撃機）　全幅：16.45m　全長：12.34m　全高：3.81m　全備重量：10816kg　エンジン：ロールズロイス・マーリン25（1635hp）×2　最大速度：605km／h　上昇限度：9170m　航続距離：2040km　武装：20mm機関砲×4、Mk.XXまたはMk.XⅦ航空魚雷1本、もしくは爆弾、機雷を搭載可能、ASHレーダー装備　乗員：2名

273　デ・ハヴィランド・モスキート

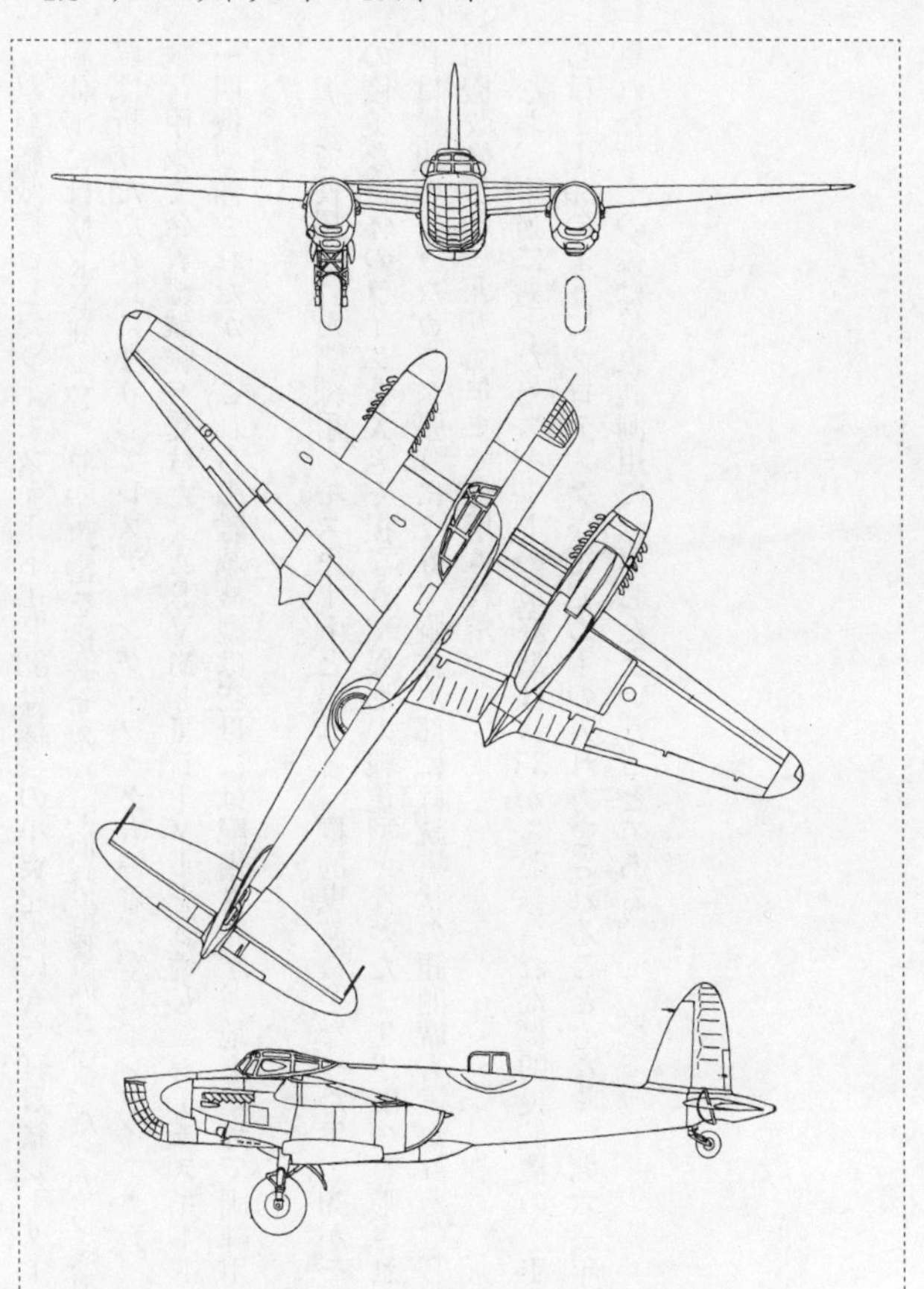

デ・ハヴィランド・モスキートTT39(標的曳航機)　全幅：16.45m　全長：13.1m　全備重量：10431kg　エンジン：ロールズロイス・マーリン72/73(1680hp)×2　最大速度：481km/h　武装：なし　乗員：2名

双発艦載機としてシーモスキートTR33は機首の小突起内にASH対艦レーダーを装備、胴体下にはＭｋＸⅦ（17）航空魚雷を搭載する艦上偵察雷撃機となった（五〇機製作）。主翼は折りたたみ式になり、アレスティング・フックも装着。空母インディファティガブルの飛行甲板で発着艦試験も受けた。ＡＳＶＭｋⅢレーダーを装備したシーモスキートTR37も一四機製作されたが、これらの艦載機型は空母には配備されず、地上基地で訓練用に使用された。

海軍で使用された訓練用のモスキートというと、標的曳航機となったTT39がモスキートの優美な機体のラインを大きく損なう、異形の戦後型となった。TT39の整形されていた機首は蛇腹のようなガラス張りになり、胴体上部には銃塔状の観測席も置かれた。BⅩⅤから二四機改修され一九五二年まで使用された。

なお、軍務にあったモスキートの最終型はB35から改修された標的曳航機のTT35。こちらはTT39のようにグロテスクなまでの手の入れ方をされることもなく一九六三年まで使用された。その後は気象観測用に転出したということである。

3　レッジアーネRe2000～2005

マッキ、フィアットに一歩劣ったレッジアーネ戦闘機

第二次大戦のイタリア戦闘機というと、やはりマッキやフィアットを思い起こされる方が多いだろう。これまで見てきた、いわゆる万能機、多機能機をみると「優秀だったので、ほかの任務も付与された」─「用途の幅が拡大した」という流れの各機だったが、この戦闘機は遺憾ながらそのような種類の機体とは言えない。

レッジアーネ戦闘機の最初の機体となったRe2000はマッキC200、フィアットG50よりも二年遅れて開発が始まっただけに、出力がフィアットA74よりも一六〇馬力は優るピアジョP10（一〇〇〇馬力）を動力としたが、その形状は米国の戦闘機セヴァスキーP-35と非常によく似ている。

これはカプロニ社のふたりの主要技師、アントニオ・アレッジオとロベルト・ロンギのうち、ロンギ技師の方がRe2000の設計に携わる二年前にアメリカの航空工業に身を置い

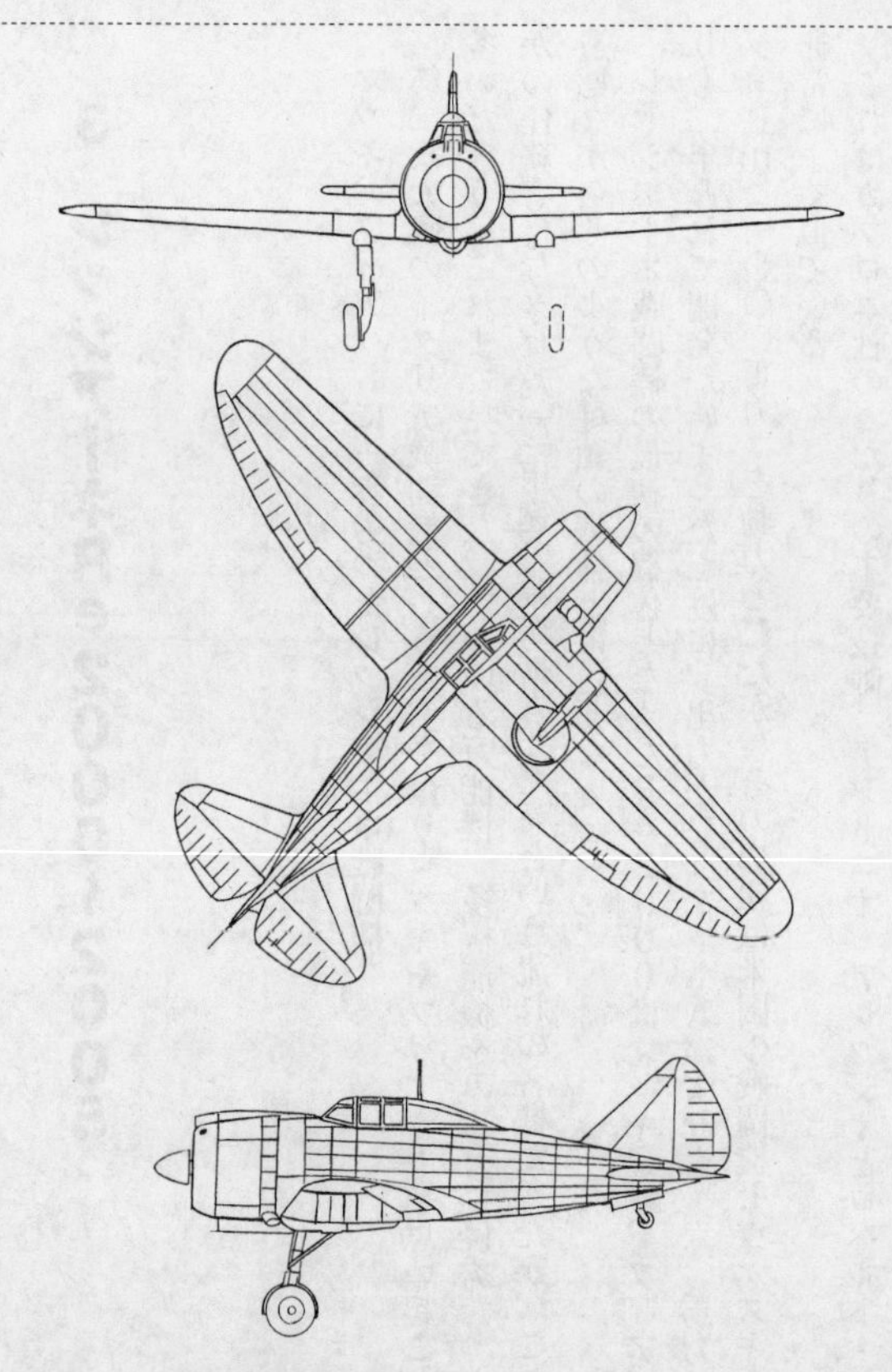

レッジアーネRe2000 ファルコ(戦闘機)　全幅：11.0m　全長：7.99m　全高：3.2m　全備重量：2540kg　エンジン：ピアジョP10RC40(1000hp)×1　最大速度：530km/h(4000m)　上昇限度：11000m　航続距離：840km　武装：12.7mm機関銃×2　乗員：1名

たことがあったからで、一九三〇年代後半のアメリカでは、ナショナル・エア・レースでセヴァスキーSEV-S2（P-35の民間機型）が好成績を挙げるなど注目される存在だった。アレッジオ、ロンギの両技師が設計したRe2000の方が一九三八年の設計と年代が後だっただけに、主車輪の支柱を九〇度回転させて引き込むという新しさはあったが、イタリア空軍での採用は見送られた。防弾面で不安があったとも、操縦性や上昇率でマッキC200の方が高く評価されたとも伝えられている。

だが営業的にはスウェーデンやハンガリーに販売され（ハンガリーではエンジンを一〇八五馬力のWMK-14Bに換えたタイプもMAVAG社でライセンス生産された）、イタリア海軍では大型艦のカタパルトから発進する艦載戦闘機として採用された。イタリア海軍ではRe2000を陸上基地でも運用したが、カタパルト発進のRe2000は陸上基地に帰り着くことが想定された。

ドイツのDB601エンジンとその関連技術がイタリアに伝えられると、レッジアーネでもこの液冷エンジンを動力とする新型戦闘機Re2001が開発された。正面面積が小さい列型エンジンが動力なので胴体の横幅は狭められたが、空力的配慮は不徹底（コクピットが高いまま、ラジエターも両翼下に分割配置）で、コクピット位置を変更してまで空力的洗練に努めたマッキC202とは能力でも、生産機数でも差がつけられた。

夜戦、艦戦、偵察機、雷撃機、爆撃機……節操なく登場する派生型

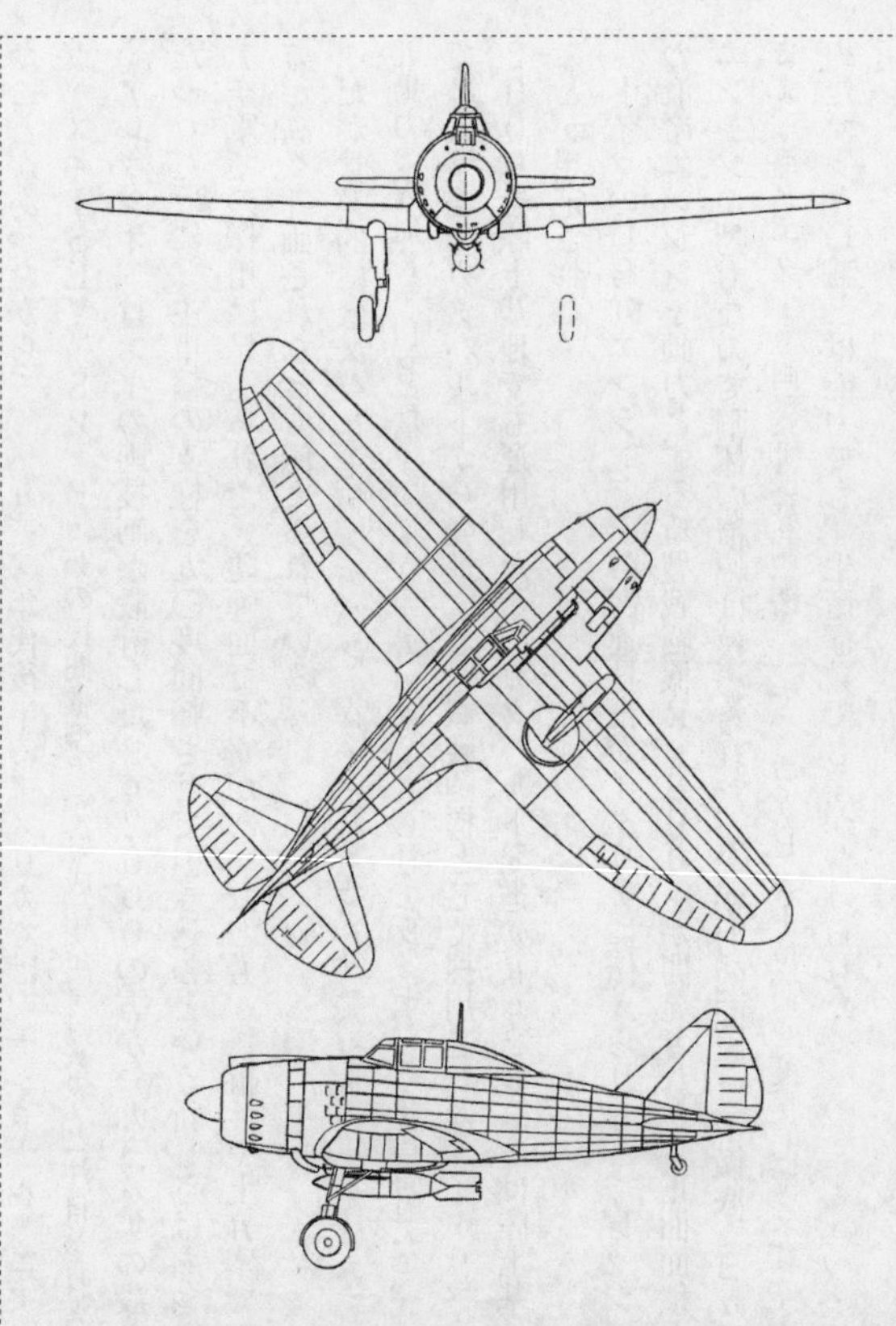

レッジアーネRe2002 アリエテ(戦闘爆撃機)　全幅：11.0m　全長：8.16m　全高：3.15m　全備重量：3240kg　エンジン：ピアジョP.XⅨ RC45(1175hp)×1　最大速度：537km/h(高度6100m)　上昇限度：10500m　航続距離：1100km　武装：12.7mm機関銃×2、7.7mm機関銃×2、爆弾640kg(通常)　乗員：1名

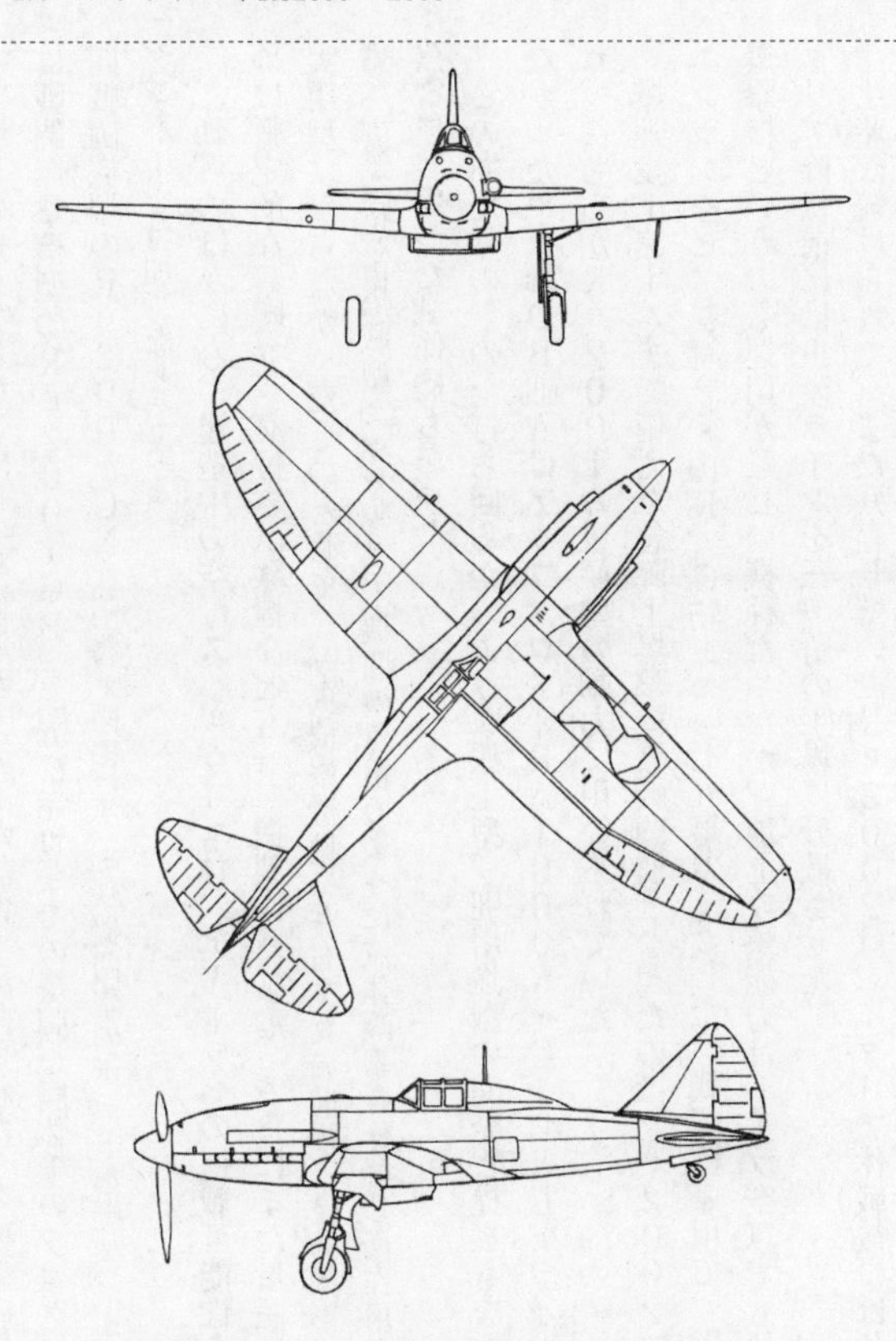

レッジアーネRe2005 サジタリオ（戦闘機）　全幅：11.0m　全長：8.73m　全高：3.15m　全備重量：3610kg　エンジン：ダイムラーベンツDB605A（1475hp）×1　最大速度：678km/h（高度7000m）　上昇限度：12000m　航続距離：1250km　武装：20mm機関砲×3、12.7mm機関銃×2　乗員：1名

けれどもRe2001はじつに様々なタイプが試作、計画された。主要生産型になったのは戦闘爆撃機型のRe2001CB（二五〇キロまでの爆弾を胴体下のラックに装備）や夜間戦闘機型のRe2001CN（両翼下面に二〇ミリ機関砲のポッドを懸架、また排気管にはダンパーを付加）などである。

これらのほかにも、建造中の空母スパルヴィエロ、アキーラへの搭載可能性を審査するために暫定的な着艦フック付き試験機なども一二機製作された。さらにまた量産に結びつかず実用型にならなかったものとして、写真偵察機型（左右主翼の前縁に自動撮影式カメラを装備）、航空魚雷搭載型（ヴァルター機関の魚雷のように液体酸素を分解し反作用力で推進する魚雷）といった試作機もあった。

このあたりの、のた打ち回るかのような派生型、別用途型の開発と提案もなかなか報われなかった。なおDB601Aはアルファロメオ RA1000R・C・41としてライセンス生産され、こちらがRe2001の量産型の動力に用いられていた。

爆弾投下アームまで備えた急降下爆撃機兼戦闘機となったのはRe2002アリエテで、エンジンをピアジョP・19R・C45（一一七五馬力）とした。戦闘機兼用で、単座の急降下爆撃機というのも運用が難しい機種だったが、地上攻撃能力はドイツ空軍でも評価され、イタリア降伏前には生産ラインを三ヵ所の工場に分散させた。

生産が続けられた、また残存していたRe2002は、イタリア休戦後には共同交戦空軍（連合国側）、ドイツ空軍に分配され、それぞれの立場で作戦活動を続けた。共同交戦空軍機はイタリア北部のバルカン半島のパルチザンを支援し、貯油施設なども攻撃した。ドイツ軍は二ヵ所の生産ラインを押さえてRe2002の生産を継続し、マキ団（反ナチのレジスタンス集団）に対する攻撃作戦を継続した。

DB605（一四七五馬力）を動力とする5シリーズの戦闘機は、レッジアーネでもRe2005サジタリオとして製作。シチリア島への連合軍の上陸を阻止する作戦を支援、また、戦略爆撃機の迎撃にも携わった。

Re2005は一五〇〇馬力級のDB605に頼り切らずに、空力面でもこれまでのレッジアーネ機にはみられない工夫を凝らしていた。ラジエターを低くさせて、主翼と胴体の付け根に配置され、操縦席はかなり後方に置かれた。それまでのイタリア戦闘機にはない強力な打撃力を発揮できるよう火器も強化していたが、何よりもRe2005の生産機数自体が、戦局を好転させるには少な過ぎた。

これらの後にもDB603を動力とするRe2006が、さらにはJumo004系のジェット・エンジンを装備した後退翼機のRe2007まで計画されていた。

4　サヴォイアマルケティＳＭ79スパルヴィエロ

レーサー出身の三発軍用機

第二次大戦中の軍用機のなかで、最もよく知られた三発機というとユンカースＪｕ52／3ｍが挙げられるだろうか。同機はそれまでの波型外板技術を活かした手堅い単発輸送機として開発された機体だったが、安全性と飛行性能を高めるために三発機にしたもので、やがては大戦中のドイツ軍用輸送機の代名詞となった。

その一方で「三発機王国」とみられるほどあまたの三発機が開発、生産、運用されたのがイタリアだった。派生型に分化する前のものを、カプロニ、カント、フィアット、サヴォイアマルケティといった各社で作られた機体を合わせてみると一〇機種を下らない。

だがこれらイタリア三発機が生まれた経緯は、Ｊｕ52／3ｍ（単発輸送機の大型化、安全性向上）とは異なる。機体の規模からすれば、ほかの国なら双発機とされる各機が、しかるべき出力のエンジンが得られなかったために三発機として開発されたのである。

本来、爆撃機は機首の最も視界に恵まれた位置で、投下目標に対する爆撃照準が行なわれる。けれどもピストン・エンジンの三発機の多くは機首にエンジンが置かれている（飛行艇タイプのパラソル翼の三発機もあったが）。ここからして実戦用兵器としての三発機はハンデを背負わされていたと言えるだろう。ところが、これら実戦機としては不利なはずの三発機のなかでも、例外的に戦果を重ねていったのがサヴォイアマルケティＳＭ79スパルヴィエロだった。

サヴォイアでは大戦間の時期、航路開拓や長距離飛行記録の分野で大きな成果を挙げた飛行艇を何機種も開発していた。陸上機では一九三〇年代に入ってから一八人の乗客を運べるＳＭ73三発旅客機を開発、販売したが、独裁者・ムッソリーニ率いるイタリア軍が北アフリカでの権益拡大を主張した時期に現われたため、軍用機化するのは当然とみられた（のちにＳＭ81爆撃機に発展する）。

少し後の一九三四年には英豪連絡長距離飛行「マック・ロバートソン・レース」の開催が予定されたが、この国際長距離飛行レースの参加機として開発されたのがＳＭ79だった。初飛行がレース開催時期だったのでレースへの参加には間に合わなかったが、長距離レーサー仕様のＳＭ79ＣＳ（五機）や大西洋横断用のＳＭ79Ｔが製作された（ＳＭ83という郵便空輸機が一九三七年に二三機製作されて、ローマ・ナタル間を結んだという説もある）。正面面積が大きい空冷星型エンジン三基を動力としたが（フィアット、ピアジョ、アルファロメオの各エンジンを装備）、火器を装備するバルジやゴンドラもない、スピード感があふれた低翼単

　サヴォイアマルケティＳM79スパルヴィエロ

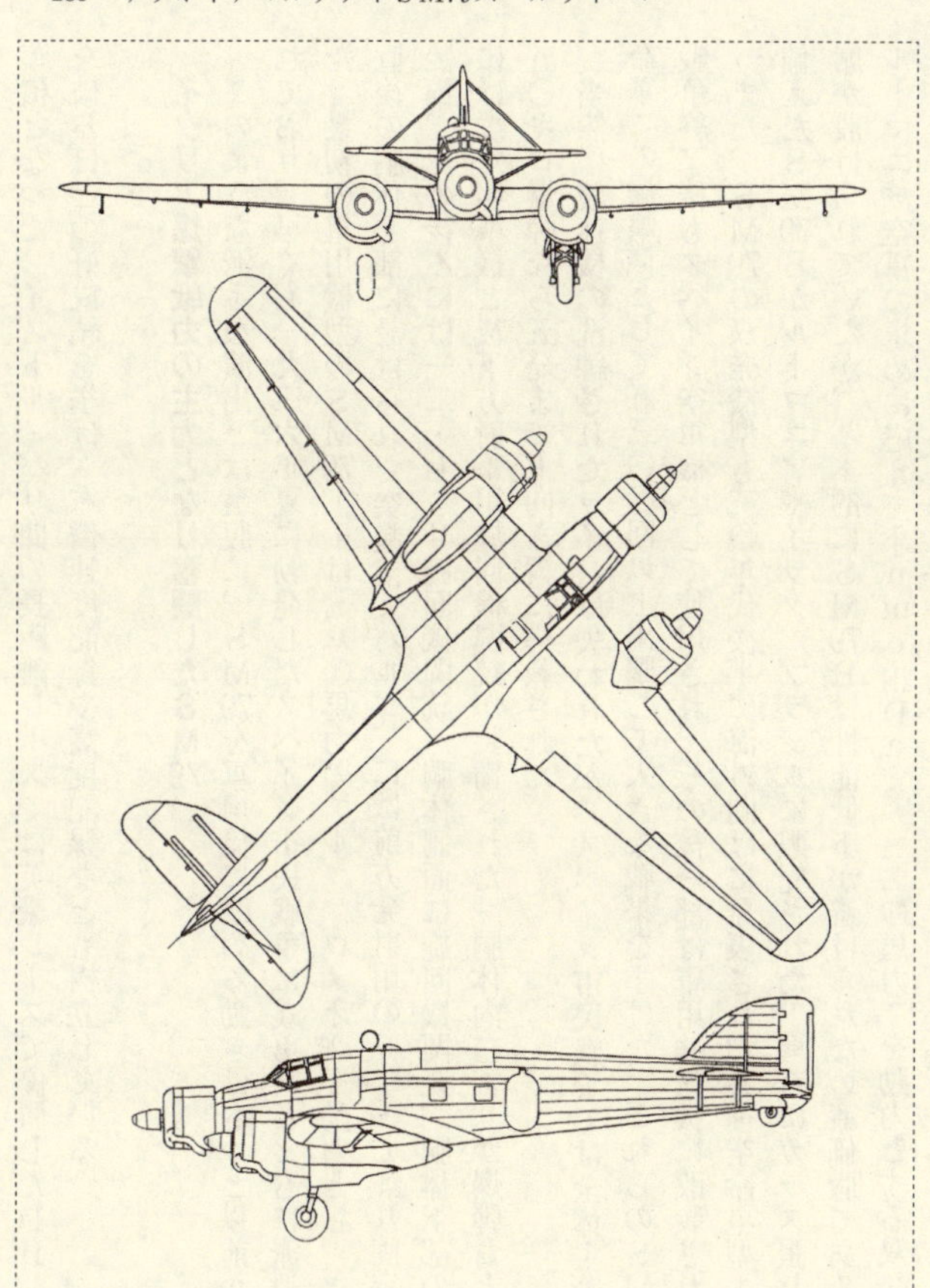

サヴォイアマルケティSM79-CORSA（レーサー機）　全幅：21.2m　全長：15.7m　全高：4.1m　エンジン：アルファロメオA.R.126RC34（750hp）×3　武装：なし　乗員：4名　10000kmを平均速度400km/hで飛行

葉機となった。イストル・パリ間の長距離レースでは英豪レースで優勝したDH88コメットを破るほどの好成績を挙げ、有償速度記録や高度記録なども樹立している。

イタリア爆撃戦力の主力となり奮闘したSM79

このような派手な演出とは裏腹に、SM79を軍用機に改める動きはもっと以前から進められており、早くも一九三六年夏に勃発したスペイン市民戦争に義勇兵とともに派遣されていた。最初の軍用機型のSM79-Iは七八〇馬力のアルファロメオ126を動力とし、コクピット直後の胴体上部に設けられた突起部（バルジ）には前方発射用の一二・七ミリ固定機関銃を装備、その後ろには一二・七ミリ旋回機関銃、胴体側面に旋回機関銃、胴体下部のゴンドラには爆撃照準機と後下方射撃用旋回機関銃が装備された。胴体内右寄りが爆弾倉となり、二五〇キロ爆弾なら五発まで上向き縦に搭載された。

当然、競速機の洗練されたラインは失われたが、スペイン市民戦争では全体主義陣営（革命軍）の爆撃機として五三〇〇回以上出撃して大きな戦果を挙げた。これらのSM79は市民戦争終了後もスペイン空軍機として使用され、その後一部は軍用輸送機に改装された。

また、SM79の双発機型も三〇年代後半に海外向けに発表され、各種空冷星型エンジンを備えたSM79Bがルーマニアやイラク、ブラジルに販売された。機首にガラス張りの爆撃手席が設けられていたが、基本的にSM79Bは性能低下が避けられない廉価版である。後にはルーマニア空軍の求めに応えてJumo211Da（一二二〇馬力）を動力とする双発機型が製

287　サヴォイアマルケティＳM79スパルヴィエロ

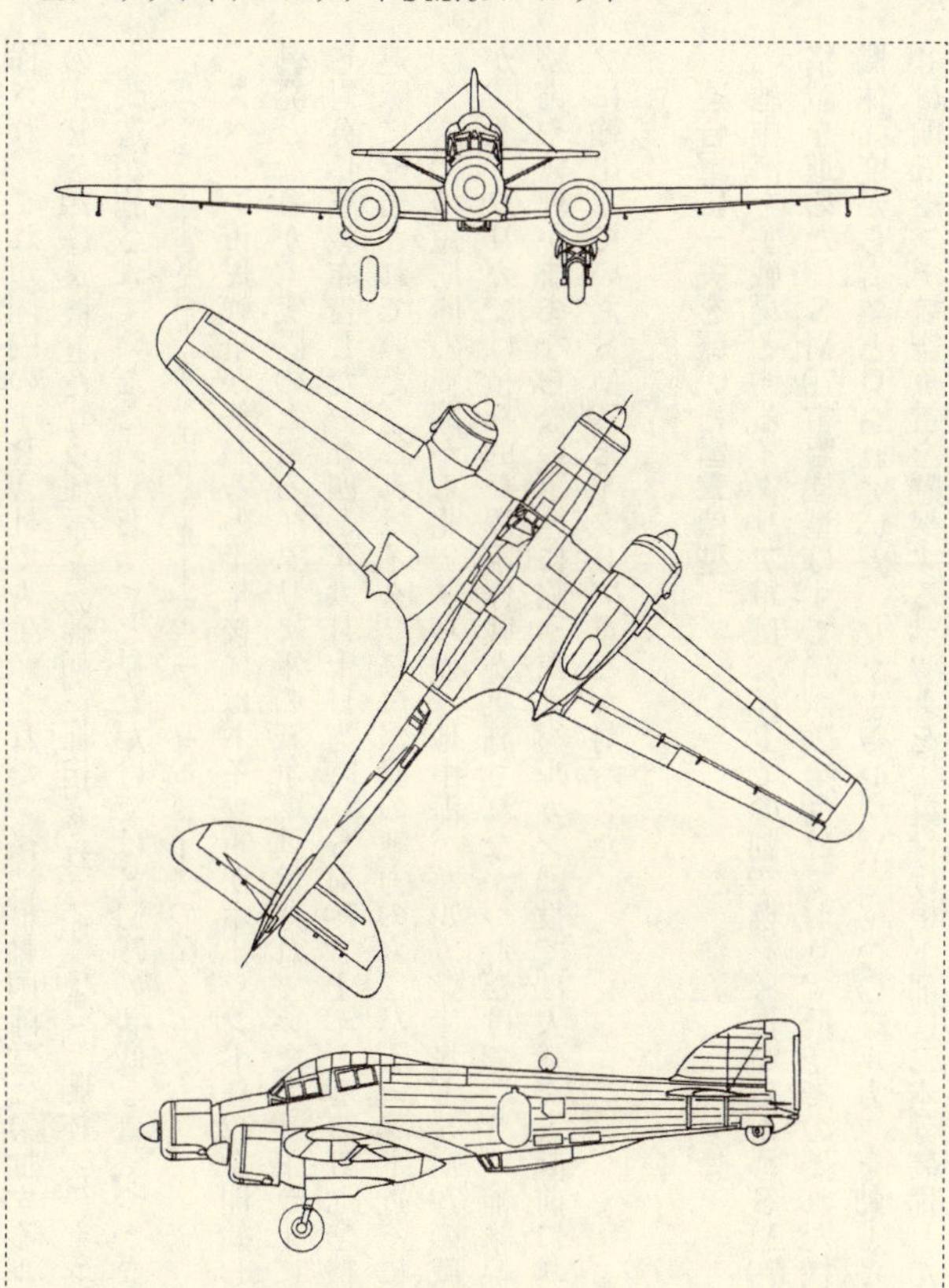

サヴォイアマルケティSM79-Ⅰ（爆撃機）　全幅：21.2m　全長：15.6m　全高：4.6m　全備重量：10500kg　エンジン：アルファロメオ126RC 34（750hp）×3　最大速度：430km/h（高度4000m）　上昇限度：6500m　航続距離：1900km　武装：12.7mm機関銃×3、7.7mm機関銃×1、爆弾1250kgまで　乗員：5名

作され、これが国内のIRA社でも生産された。後に枢軸国陣営に参加するルーマニア空軍のJRS79爆撃機となりソ連軍との戦闘に使用されるが（＊）、胴体、エンジン部、尾部と大改造が施されていたため、ちょっと見ただけではSM79の親戚とは気づかない。

（＊）…JRS＝Jumo・ルーマニア・サヴォイアの略。

スペイン市民戦争が終わると半年後にはドイツ軍がポーランド侵攻を開始して第二次大戦勃発となるが、実際のところイタリア軍の戦争準備は遅れていた。ヒトラーに急かされながら対英仏宣戦布告した一九四〇年六月十日当時、SM79-Ⅰ、-Ⅱの五七〇機以上が一四個連隊に配備されていた。これはイタリア爆撃機の戦力の六〇パーセント近くに相当した。フランスでの短期間の戦闘から北アフリカ、地中海、バルカン半島とSM79の戦域は拡大するが、北アフリカでは積極的な爆撃作戦が実施されなかっただけでなく、補給線が延びきって整備や修理がままならない事態に陥った。バルカン戦役では大戦突入直前にユーゴスラヴィアに輸出していたSM79とイタリア軍とが対峙した。

連合軍に一矢を報いた雷撃機型

地中海を主戦場とするイタリア軍は、洋上での制空権を確保するためSM79への航空魚雷搭載を進めた。SM79雷撃機型はすでに試験を受けており、低空での優れた機動性や充分な機体強度から有望と見られていた。ピアジョP・Ⅵ（一〇〇〇馬力）を動力とするSM79-Ⅱは四五センチ航空魚雷を懸架するラックを主翼付け根下部に二本分装備したが、実戦においては洋上での機動性確保が重要だったため、一本のみ懸架して雷撃作戦が実施された。

戦意、戦闘能力とも高いとは言えなかった大戦中のイタリア空軍が、連合軍に対して最も精強な戦いぶりを示した例のひとつが、地中海でのＳＭ79の雷撃作戦であろう。英軍のマルタ島支援のペデスタル作戦（一九四二年八月）の際には七四機のＳＭ79・Ⅱがドイツ空軍機と協力して英海軍艦艇に守られた一四隻の輸送船団を攻撃、うち九隻の輸送船ほか巡洋艦、空母、駆逐艦に損傷を与えた。

一九四二年の終わり頃には、エチル・インジェクション・ブーステッド・システムの利用により短時間（二〇分程度）エンジン出力をアップできるＳＭ79・Ⅲ（ＳＭ79ｂｉｓとも記述される）が作られていた。

これは雷撃専用機とされ、胴体下部のゴンドラが撤去されていた。ブースターを作動させれば飛行速度は四八〇キロ／時に達したが、エンジンにかける負担も大きく消耗するのは早かった。そのため、一九四三年に入り連合軍がシチリア島、イタリア半島南部へと上陸作戦を実施したときにはＳＭ79・Ⅲの稼働機はすでに著しく減少していた。

同年九月にムッソリーニ失脚後のイタリア政権を継いだバドリオ政権が連合軍に降伏すると、ＳＭ79の残存機（三六機）は、南部の連合軍側に属するイタリア共同交戦空軍（二一機）、北部のイタリア共和国空軍（ＡＮＲ＝実質的にナチスの傀儡、一五機）に分かれて戦闘活動を継続した。

ＡＮＲ側ではサヴォイア社においてコンポーネント状態で保管されていた機体を完成させ

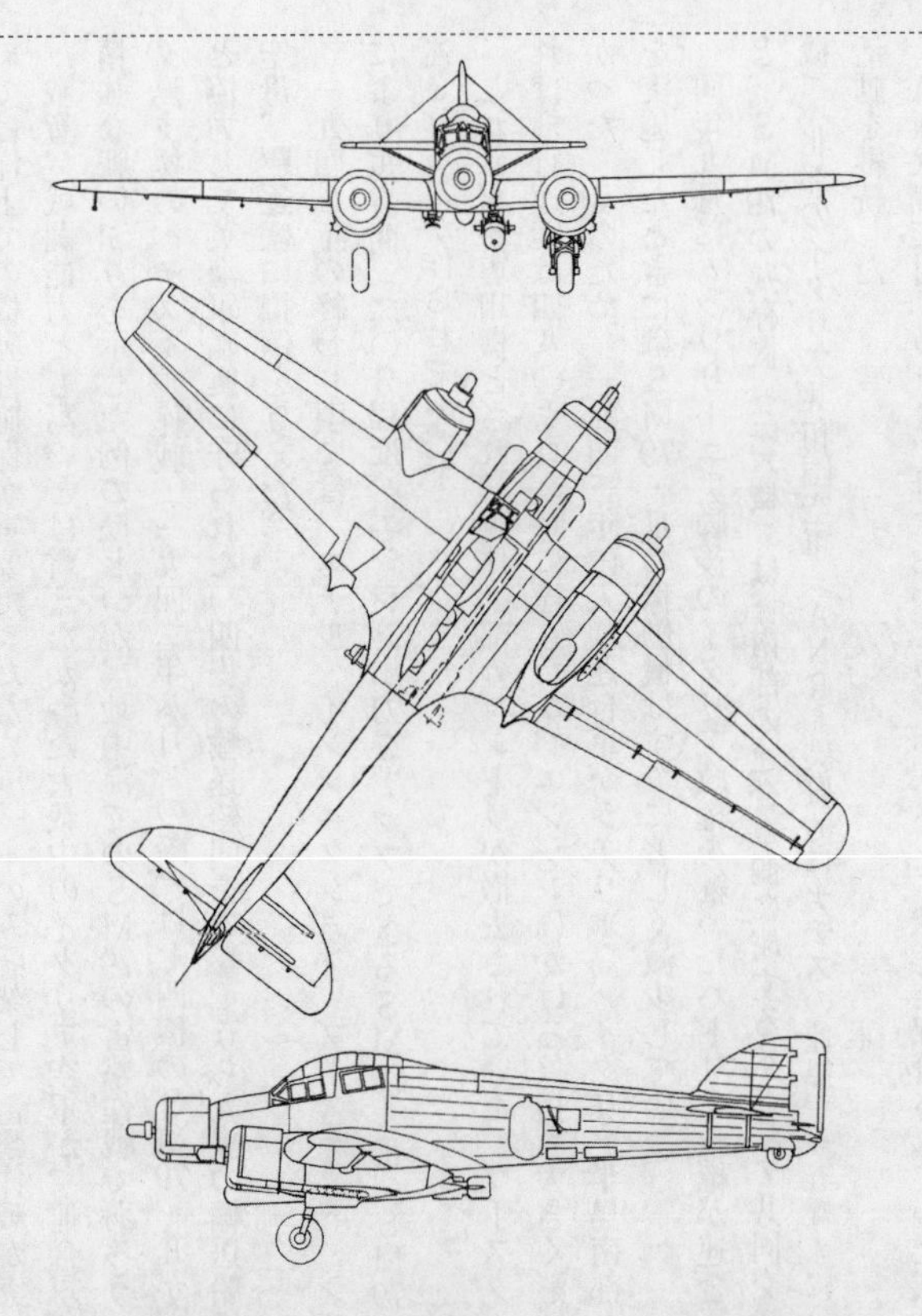

サヴォイアマルケティSM79-Ⅲ（雷撃機）　全幅：21.2m　全長：15.6m
全高：4.6m　全備重量：10500kg　エンジン：ピアジョP.XⅠ（1000hp）×3　最大速度：480km/h　上昇限度：7000m　航続距離：1900km
武装：20mm機関砲×1、12.7mm機関銃×3、航空魚雷（通常は1本）または爆弾1250kg　乗員：5名

て新造機をさらに入手。ＡＮＲのＳＭ79は独空軍の輸送機として使用されたほか、連合軍側の港湾への攻撃、アンツィオでの米艦艇迎撃（一九四四年三月）、ジブラルタル海峡の連合軍艦艇攻撃作戦（同年六月）などに投入された。

ＳＭ79の生産機数は約一三〇〇機。共同交戦空軍側使用機など戦争終結まで生き残れたＳＭ79は、新生イタリア空軍の訓練支援機として、また一部は客席窓を新設して旅客機として使用された。

5　ペトリヤコフPe・2

特徴的だったソ連の航空機開発

ソ連機の開発から審査、改善、生産、改良型開発に関する流れは、かなり独特のものだったと言えるだろう。完成度が低い段階で部隊での試験的運用が始まることもさることながら、死亡事故が頻発するようなら、開発を担当した設計局の幹部は逮捕、監禁（悪くすると粛清）というかたちで責任を取らされた。独裁者・スターリンに疎まれる存在になった場合もこの不条理を免れられなかった。

その一方、傑作機として玉成できれば設計局への信頼は高まり、設計局に名を冠している技術者は独裁者に重用される存在になった。

各機のディジグネーション（命名基準）も、フィンランドに攻め込み、またノモンハンの国境紛争が行なわれていた頃までは、設計局名の後ろに機能を示す略号（I＝戦闘機、TB＝重爆撃機、DB＝長距離爆撃機、SB＝高速爆撃機、R＝偵察機、G＝輸送機、U＝練習機など）が置かれ、その後ろに開発の順を表わす数字を続けていた。それが独ソ戦（ソ連流にいうと「大祖国戦争」）の前にディジグネーションが制度的に改められて、設計局の略号＋数字（戦闘機は奇数、戦闘機以外は偶数、開発順）ということになった。

いま挙げてきた事柄はとりとめもない当時のソ連空軍機の開発事情のようでもあるが、ペトリヤコフＰｅ‐２はこれらの事情が重なってくる機体でもあった。その意味においてはよく知られているヤコブレフやラボーチキン、イリューシンなどよりもソ連的な存在だったということになるだろうか。

ウラジミル・ミハイエロヴィッチ・ペトリヤコフはＴｓＡＧＩ（流体力学研究所）で金属翼の設計技術を究めると、一九三〇年代はツポレフ設計局で大型機の主翼の設計に取り組み、ツポレフＴＢ‐７の頃には開発、生産計画の調整などにも携わった。

この四発重爆撃機がペトリヤコフＰｅ‐８と称されたことからも、どのように見られていたか察することができるが、ツポレフ設計局の幹部の逮捕がはじまると（ツポレフはレーニンと親交があった）ペトリヤコフもＧＡＺ（国営航空機工場）‐156内のＴｓＫＢ‐29特別刑務所に投獄されたことがあった。

獄中ではＫＢ‐100という設計チームが編成され、高高度戦闘機ＶＩ‐100の開発を指示された。排気タービン過給機や与圧室も備えた大変洗練された試作機だったが二機の試作にとどめられ、三座の急降下爆撃機ＰＢ‐100の開発に移された。結果的に大戦中もソ連空軍では高高度戦闘機への需要は高まらなかったが、このあたりがペトリヤコフ万能機開発への序章となった。

急降下爆撃機Pe-2登場

急降下爆撃機の威力はスペイン市民戦争に派遣されていた、共和国政府軍支援の義勇ソ連軍将兵が目の当たりにしていたが、当時のソ連空軍の急降下爆撃機は、ツポレフSBから発達したアルハンゲリスキーAr-2やポリカルポフI-16改造のSPB(TB-3と親子機になって長距離作戦に使用された単発急降下爆撃機)と貧弱で、ドイツとの戦争が予想された当時にあっては、爆撃効果が期待できる急降下爆撃機の開発が急がれた。

だが高高度戦闘機改造の急降下爆撃機では、一トンに満たない爆弾搭載能力が打撃力不足とみなされた。そのため、釈放されたペトリヤコフが自身の設計局で三座急降下爆撃機Pe-2として開発し直すことになる。打撃力不足を克服するためにいたずらに胴体を太くして大型化するのではなく、空力的に非常に洗練された、戦闘機にも転用できそうな双発の戦術爆撃機となった。

ガラス張りの機首下部(上部には固定火器を装備)で爆撃手は照準器を操作するが、直後のコクピットには操縦士と爆撃手、航空士、後上方射手を兼ねるもう一人の搭乗員が詰めた。その後ろの胴体には爆弾倉、燃料タンク、通信士兼後下方射手が搭乗するキャビン(開閉式の天蓋、側面の丸窓があり、それぞれオプションで機関銃も装備可能)が設けられた。

大き目の爆弾は内翼下面の爆弾架に懸架され、クリモフM-105Rのエンジン・ナセル、主車輪収納位置の後ろにも一〇〇キロ爆弾用の爆弾倉が設けられ、爆弾搭載量は一トンに達した。スノコ型のエア・ブレーキは外翼下面に装着された。

これだけ乗員の位置や爆弾の搭載方法に工夫しただけあって、試作段階で優れた飛行性能や操縦性、実用性が評価され、すぐに量産が開始。一九四〇年末には第一回生産バッチがGAZ・22から出始めて、独ソ戦突入の翌年六月までに四五〇機以上製作され、約二〇〇機が一四個連隊に配備されていた。

枢軸軍の奇襲を受けた緒戦で、ソ連軍は腰を抜かすほどの大損害を被ったが、第五連隊所属のPe・2一七機はプルート川の橋を破壊する侵入阻止作戦に成功し、例外的な勝利を記録する旧式機が大半を占めていたこの頃のソ連空軍にあって、ドイツ空軍機に対抗し得る高性能機だったPe・2を使いこなそうと、爆撃機要員たちは慣熟訓練に勤しみ、本機を「ペーシュカ」と呼んで親しんだ。Pe・2には燃料タンクにセルフ・シーリングが用いられ、また被弾時の発火を防ぐために窒素ガス、後には排気ガスを濾過、冷却した不活性ガスが用いられた。

ドイツ軍の攻勢が強まる厳しい戦況のなか、Pe・2はレニングラードにバルト地域、キエフ、オデッサなど激戦地に配備され、ルーマニアのプロエシュテ油田攻撃にも出撃。一九四二年にかけての冬にはモスクワに迫るドイツ軍の迎撃作戦にも従事した。この間の一九四一年十一月、GAZ・22はカザンへの工場疎開を強いられたが、カザンにはGAZ・125も設置されてペーシュカの生産体制をなんとか維持することができた。

297　ペトリヤコフ Pe-2

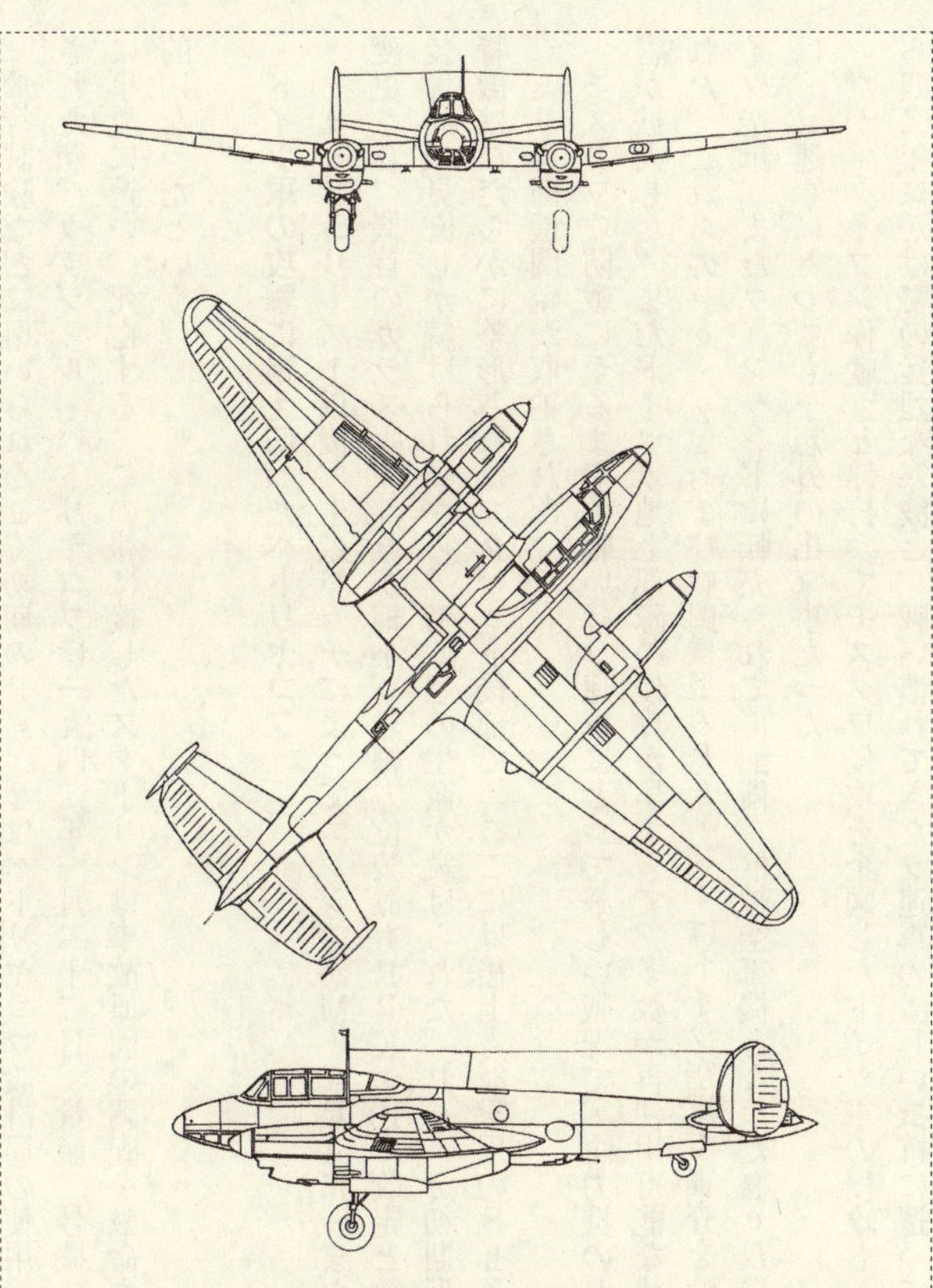

ペトリヤコフPe-2(第31回生産)(爆撃機)　全幅：17.16m　全長：12.78m　全高：3.42m　全備重量：7536kg　エンジン：クリモフM-105RA(1100hp)×2　最大速度：530km/h(高度5000m)　上昇限度：8800m　航続距離：1200km　武装：12.7mm機関銃×3、7.62mm機関銃×1、爆弾1000kg　乗員：3名

飛行試験などに用いられたごく初期のPe-2はペトリヤコフ設計局の使用機として運用されたが、ウラジミル・ペトリヤコフは一九四二年一月二十二日、量産二号機に搭乗した際に事故に遭い、死亡する。この報に接したスターリンは事故原因の調査を厳命するほど感情的になったという。

ドイツ軍の攻撃に耐え切ったペトリヤコフ

Pe-2シリーズ1以後、生産バッチによってエンジンがM-105RAに、またプロペラも変更され、機首のガラス張り部分が縮小、無線方位装置もRPK-10に改定と数々の改良、装備品の見直しが続けられながら、初期型の生産が続けられた。Pe-2初期型の外見的な特徴はなだらかに整形されたコクピット後部で、ここには後上方射撃用のShKAS七・六二ミリ旋回機関銃が収納された。

モスクワ攻防戦に至るまでの戦いはソ連軍にとって厳しい戦況で、主力機のPe-2も損害が拡大した。またドイツ軍地上部隊の侵攻が早すぎて、多数が再使用可能な状態で捕獲された。これらのPe-2(および戦闘機型のPe-3)はドイツ空軍で審査を受けた後、ドイツ空軍、またフィンランドに転売されて再配備。枢軸空軍機となったPe双発機との戦闘は、ソ連軍にとっても予想外の出来事だった。

だが「タイフン作戦」と銘打ってモスクワ侵攻を企図したドイツ軍の侵攻も一九四一年から四二年にかけての猛烈な寒波と、戦い慣れてきたソ連軍の激しい抵抗に遭って頓挫した。

299　ペトリヤコフ Pe-2

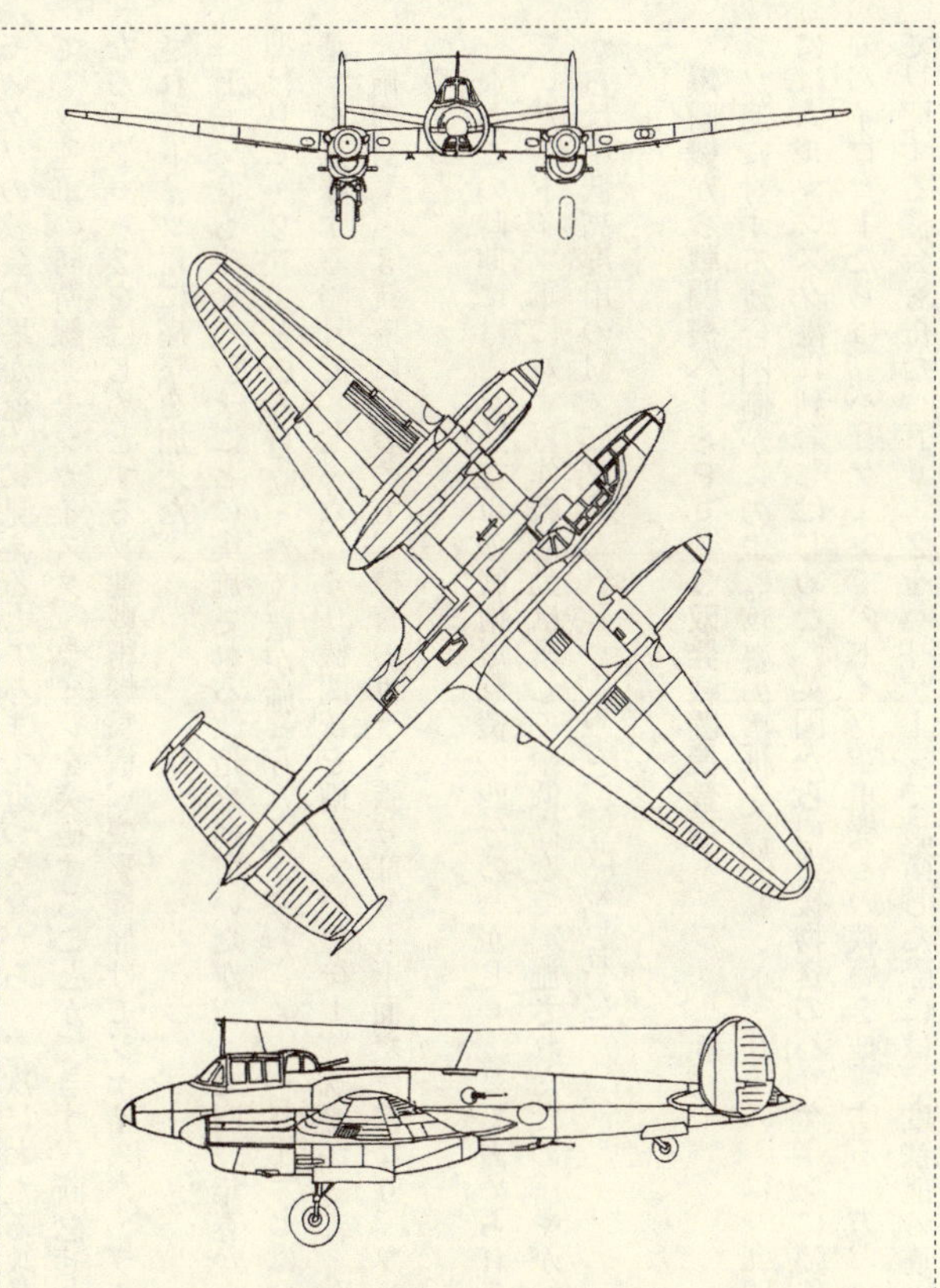

ペトリヤコフPe-2（後期型）（爆撃機）　全幅：17.25m　全長：12.78m　全高：3.42m　全備重量：8520kg　エンジン：クリモフM-105PF（1260hp）×2　最大速度：581km/h（高度5000m）　上昇限度：10500m　航続距離：1770km　武装：127mm機関銃×3、7.62mm機関銃×2、爆弾1200kg　乗員：3名

モスクワの教会の塔が遠くに見えるところまで近づきながら、二次にわたる攻勢をもってしてもソ連軍の防衛線＝モジャイスク・ラインを突破することができず、断念せざるを得なくなる。Ｐｅ‐２をはじめとするソ連戦術爆撃機、襲撃機群はモジャイスク・ラインで足止めされたドイツ軍に痛撃を加えた。

Ｐｅ‐２も生産バッチごとに実施される改造を経ていたが、一九四二年春から現われた新型はＰｅ‐２ＦＴという目立った改造が施されたタイプだった。「ＦＴ」とは「前線での要請」を意味する略号で、七・六二ミリ機関銃を備えていた後上部銃座が一二・七ミリＵＢＴ装備のＭＶ‐３銃塔に代わって、機首のガラス張り部分も下面だけになり、ソリッド化されつつあった。

なおこの時期には、ソ連空軍の戦術爆撃機の四分の一がＰｅ‐２で占められるまでになっていた。ドイツ軍に対する作戦活動は概して中低高度で実施されたため、やがてシリーズ179からは中低高度用のＭ‐105ＰＦ（一二一〇馬力）に改められた。

爆撃機から戦闘機へ……Ｐｅ‐３双発戦闘機登場

ソ連に対する連合国側からの軍需物資の提供支援（レンド・リース）は一九四一年の秋冬にはムルマンスク港に到着しはじめた。英国からの支援物資のハリケーンに随伴した英空軍のパイロットたちは、ハリケーンでのドイツ空軍機との戦いを披露する一方、ソ連機について見聞する機会も得た。Ｐｅ‐２をハリケーンで護衛した際には速度性能の違いから同行するのが難しく、ソ連にも侮れない機種があることも認識させられたという。

Pe-2は「ソ連版モスキート」と紹介されることもあるが、ともに高性能の双発機とはいえPe-2は全金属製である。木製機モスキートは連合軍側の多機能機の代表とされるが、Pe-2の幅広い任務適応能力を指してそのように言われたのではないだろうか。

Pe-2の実戦運用が急がれていた時期、ペトリヤコフ設計局では固定火器の強化と爆撃関連装備の撤去による機体重量の軽減に努めた迎撃戦闘機型のPe-3の開発も急がれていた。機首の爆撃手席や爆弾倉、主翼下面の急降下ブレーキ、後部胴体の通信員席が撤去されて空力的にさらにクリアになったので、Pe-3は双発機としてはかなりの機動性と戦闘能力を得るに至った。ソ連機のディジグネーションは戦闘機機種には奇数があてられることになっていたので、この新たな戦闘機型はPe-3と呼ばれた。

一九四一年八月末までのGAZ-39でのPe-3の完成機数はわずか十数機だったが、ドイツ軍の侵攻の勢いは凄まじく、モスクワを巡る攻防戦が懸念されたため生産が急がれて、年内には約二〇〇機に達した。なおGAZ-39は、ドイツ爆撃機の攻撃可能圏外のイルクーツクに置かれていた。

Pe-3は戦闘機型ではあってもかつての試作高高度戦闘機VI-100とは異なる、迎撃機、夜間戦闘機としての任務が与えられた。Pe-3の機数が揃ってきた頃にドイツ軍はモスクワ侵攻を企てるタイフン作戦を発動したが、Pe-3はドイツ空軍双発爆撃機の迎撃にも活躍。機動性に優れるJu88を撃墜したこともあった。見方によれば本来の役割に近づいたようなPe-3ではあったが、コクピット後部の旋回機関銃をMV-3ターレットに換えたPe-2FT（シリーズ110以後）に準ずる改良型のPe-3b·isも一九四二年から使用されはじめた。

一九四二年はソ連空軍内で組織が大幅に改編された年であり、Pe-3bisは戦闘航空連隊のほか爆撃航空連隊にも配備された。このタイプではRS-82およびRS-132ロケット弾用の発射レールが装備されるなど武装が強化されたほか、主翼の前縁にスラットが付加されて、機動性の改善も図られていた。

Pe-3には外部爆弾搭載能力（一部の機体には爆弾倉もあった）が残されていたので戦闘爆撃機としても使用されたが、その特徴はソ連戦闘機にはなかった二〇〇〇キロクラスの航続性能にあった。同年秋頃からは洋上に進出して、レンドリース物資を運搬する連合軍側のPQ輸送船団を狙うドイツ洋上爆撃機から守る護衛任務について、Fw200CやJu88を友軍の船団から遠ざけた。

Pe-3系の製作機数は四〇〇機前後にとどまったので、やがて洋上戦闘の任務はアメリカから供給されたダグラスA-20Gに引き継がれた。だが、その後もペーシュカ戦闘機は枢軸軍の夜間爆撃機の迎撃に務めた。一九四二年秋冬からのスターリングラード攻防戦に際しては、Gneis-2AIレーダーを搭載した夜戦型が、ソ連軍に包囲されたドイツ第六軍への補給物資の空輸を試みる輸送機部隊を多数撃墜して、第六軍を窮地に追い込んでいった。

303　ペトリヤコフ Pe-2

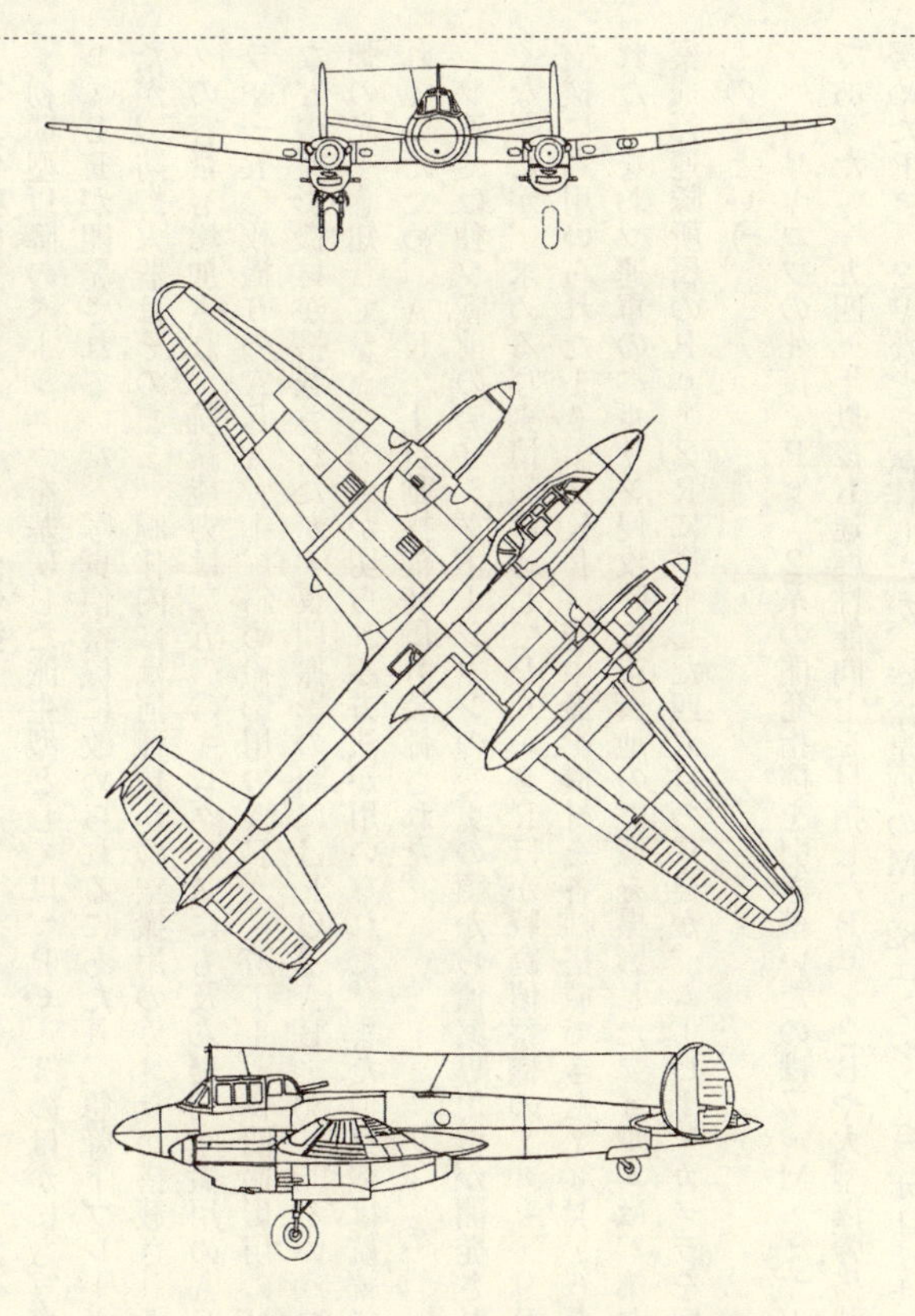

ペトリヤコフPe-3(戦闘機)　全幅：17.16m　全長：12.60m　全高：3.42m　全備重量：8040kg　エンジン：クリモフM-105ＩR(1100hp)×2　最大速度：530km/h(高度5300m)　実用上昇限度：9100m　航続距離：1700km　武装：20mm機関砲×2、12.7mm機関銃×3、爆弾類300kg程度、RS-82ロケット弾8発装備可　乗員：2名

写真偵察機型と空冷エンジン装備型

初期型以降のペーシュカを基にした派生型としては、Ｐｅ－３のほかにも写真偵察機型Ｐｅ－２Ｒが開発されていた。写真偵察機に改められるにあたり、急降下ブレーキは撤去されたが、防御火器はそのまま。胴体内には何種類かの空撮用のカメラが搭載された。燃料タンクの容量も増加され、航続能力は二五〇〇キロクラスにも及んだ。空撮用のＡＦＡ－Ｂカメラや一五〇枚撮りのＡＦＡ－１、斜め撮影用のＡＦＡ－27ＴＩ、夜間撮影用のＮＡＦＡ－19などの撮影機材が搭載されたが、夜間撮影の際にはＦＯＴＡＢ－50－35というフラッシュ爆弾の光を感知してシャッターが切られる方法が用いられた。また偵察機は航続能力が高められていたため、ＡＫ－１自動操縦装置も装備された。

ソ連では独ソ戦前のディジグネーションの変更の頃から偵察専用機が開発されることがなくなったが、求める写真情報に応じてＰｅ－２Ｒほか戦闘偵察機のＹａｋ－９Ｒ、弾着観測支援にも用いられたＩℓ－２ＫＲ、空中撮影機材を各種搭載できたＹａｋ－６なども使用された。なおソ連軍のベルリン侵攻時に市街地の廃墟を撮影したフィルムは、第七二長距離偵察飛行連隊所属のＰｅ－２Ｒに搭乗した四人目の乗員が、ムービー・カメラを回して撮ったものだという。

ペトリヤコフの死後、Ｐｅ－２系の開発指揮を引き継いだのはＶ・Ｍ・ミヤシーシチェフであった。一九四三年以後も速度性能向上を目指したＰｅ－２Ｂや大型爆弾搭載能力確保に努めたＰｅ－２Ｖなどを試作したが、空冷星型のＭ－82エンジン（ラボーチキンＬａ－５戦

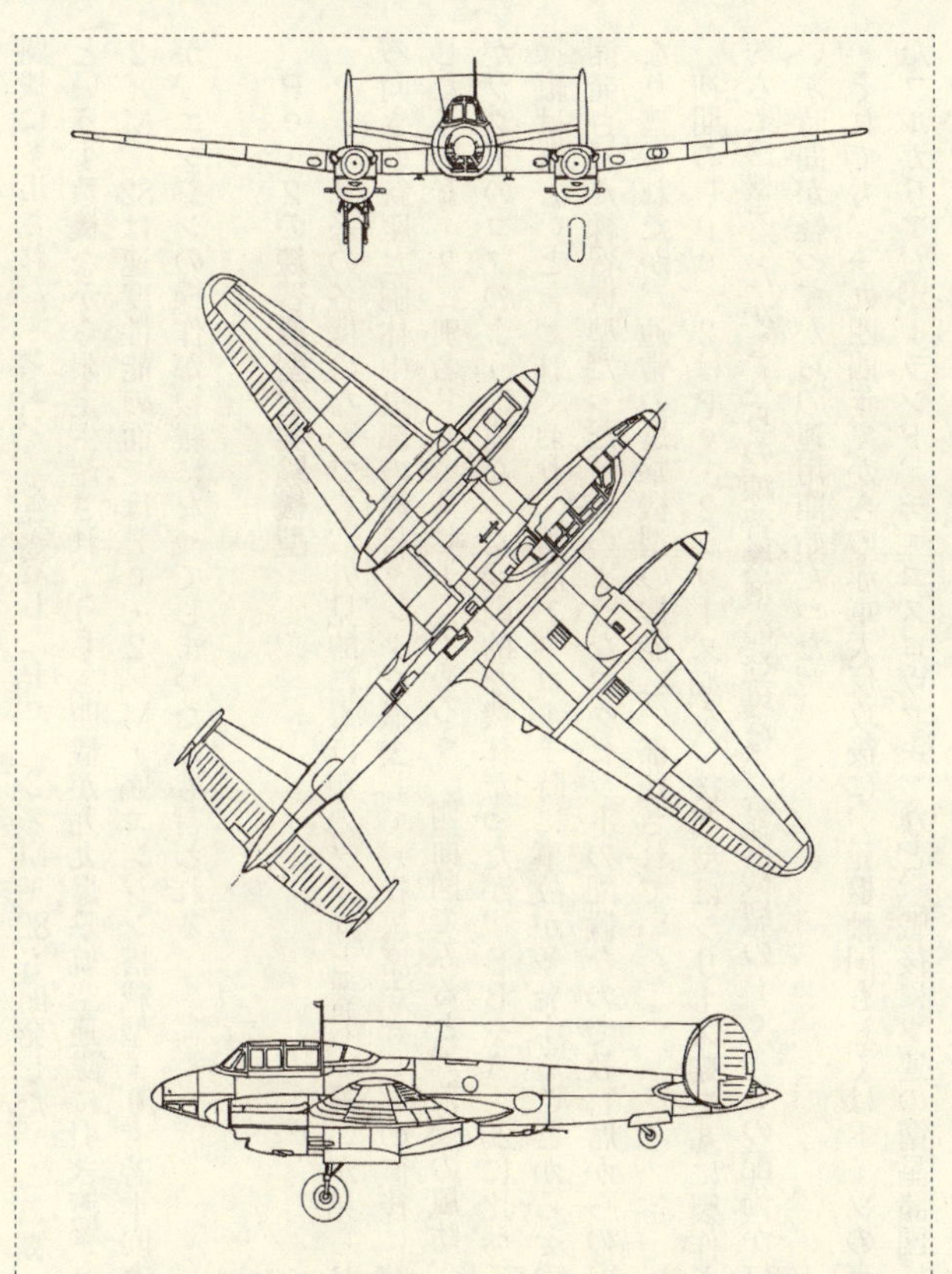

ペトリヤコフPe-2R（写真偵察機）　全幅：17.16m　全長：12.24m　全高：3.42m　エンジン：クリモフM-105R（1100hp）×2　最大速度：580km/h　上昇限度：11000m　航続距離：2500km　武装：12.7mm機関銃×3、7.62mm機関銃×1、AFA-B、AFA-27T1、NAFA-19など各種カメラを搭載、RS-82ロケット弾も装備可能　乗員：3名

闘機に多用されたエンジン）を装着したPe-2/M-82も開発した。三二機（諸説あり）という少数機ながら限定生産され、うち二四機が九九爆撃航空連隊に引き渡された。Pe-2/M-82は速度性能の面ではPe-2/M-105エンジン搭載型よりも若干向上したというが、エンジンの操作が複雑になってしまったとも言われる。

Pe-2の練習機型と実験機型

Pe-2系の各機のなかでも、外見的にもほかのタイプと著しい違いが見られるのは、後ろ向きの銃座と胴体中央部の燃料タンクを撤去して、操縦席キャビンの直後に教官席を新設したUPe-2（別名Pe-2UT）であろう。側面図でみると、前後の風防、キャノピーがラクダのコブのように連なった変則的な機体だったが、SBやA-20に比べてPe-2の操縦は難しいと言われており、着陸アプローチ時に事故が多発することからその対策として開発された練習機型だった。このようなコクピットの配置なので教官席からの前方視界はかなり遮られたが、通常の爆撃機型の機能も一部残されていた。

初期のUPe-2はPe-2シリーズ205を、後期型はシリーズ359を基に製作された（合計約六七〇機）。だがこれらの練習機型の登場は、実戦機型のPe-2の配備がはじまり、だいぶ時間が経ってからの運用開始だった。

それでも、一九四四年夏からの赤軍大反攻後に、元枢軸国もしくはドイツの支配地域だったブルガリア、ポーランド、チェコスロヴァキアなど、戦後にソ連の衛星諸国に加わる国々

307　ペトリヤコフPe-2

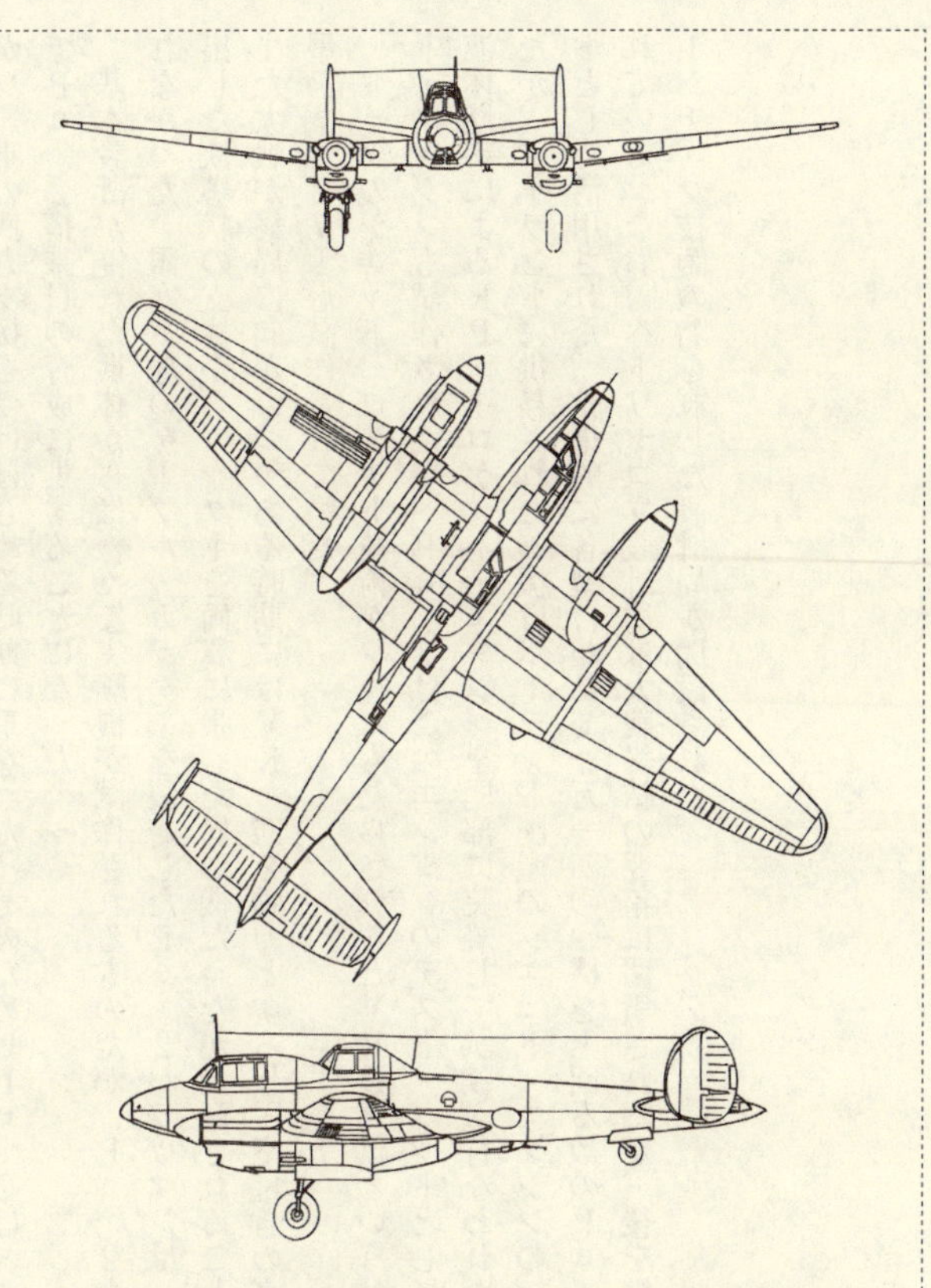

ペトリヤコフPe-2UT(練習爆撃機)　全幅：17.25m　全長：12.78m　全高：4.0m　全備重量：7680kg　エンジン：クリモフVK-105PAS(1100hp)×2　最大速度：540km/h(高度5500m)　上昇限度：10500m　航続距離：1770km　武装：12.7mm機関銃×4、爆弾1000kg搭載可能　乗員：2〜4名

がソ連軍の武力支援を受けはじめる時期に重なった。そのためUPe‐2は、これらの国々でPe‐2搭乗員の育成に供することになった。

基本設計が優れた機体からは様々な実験機が試作されるものだが、Pe‐2もこの例に漏れなかった。阻塞気球のケーブル・カッターを装着したPe‐2パラヴァンは、機首に突き出した鉄塔状の支柱からカッターを両翼に張った異形機だったが量産されることはなかった。また大戦が終局に向かいつつある時期にはVK‐107を動力とする与圧室付きの高高度戦闘機型Pe‐2VIも試作されていた。

ドイツのジェット、ロケット技術がソ連にもたらされるとVRD‐430というパルスジェット・エンジンも試作されたが、Pe‐2はこのエンジンのテスト・ベッドとして用いられた。液体燃料によるRP‐1ロケット・エンジンを尾部に装着して試験が行なわれたこともあったが、ポーランドに供与された一機はポーランド国産のジェット・エンジンのテスト・ベッドとして活用された。結果的に各型合わせて一万一四〇〇機を上回る数のPe‐2が製作されている。なお、ペトリヤコフ設計局は大戦終結の翌年に閉鎖されたが、後を継いだミヤシーシチェフ技師の名を冠した設計局が開設された。

6 ポテ631～63・11

時代をリードした双発戦闘機ポテ631

双発多目的戦闘機の開発は一九三〇年代半ばから世界規模で流行りだしたが、その時点においてはBf110ともどもジャンルをリードする存在だったのが、フランスのポテ630と言えるだろう。ナチス・ドイツの再軍備が明らかになり、ヨーロッパの国々が浮き足立つ中、開発が進められたポテ63系の出発点は一九三四年十月末日にフランス航空省が発行した「双発で、前方発射用の機関砲二門を備えた二～三座の多目的戦闘機」の仕様だった。

この要求に応じた航空機メーカー各社の計画書の内容から、試作機の製作を命じられたのはポテ、ブレゲーの二社。試作初号機は、ポテ機（ポテ630）が一九三六年四月の初飛行だったのに対してブレゲー機（Br690）は翌年三月に完成と大きな差がついた。戦闘機として採用されたのはポテ機の方で、ブレゲー機は一九三七年に要求が発せられた地上軍支援用の複座軽爆撃機として開発が続けられることになった。

ポテ630の方はイスパノスイザ14Hbs（五八〇馬力・過給機インテイクがカウリング上にあり）という低めの出力のエンジンを動力としながらも、審査は大きなトラブルに見舞われることもなく進められた。

不整地での運用を考慮して降着装置が強化され、低速飛行時の安定性が改められた程度で、やがてノームローン14M（六六〇馬力・過給機インテイクがカウリング下に位置）を動力とするポテ631も一九三七年三月に初飛行を行なった。またこれらとは別に、中央座席の位置に爆弾を搭載するための胴体内爆弾倉を有する軽爆撃機型のポテ633、観測用ゴンドラを胴体下部に設けた偵察機型のポテ637もそれぞれ審査を受けた。

一九三六年末には軍需産業国営化法が施行され、伝統あるポテ社もSNCAN（国営北部航空機製造会社）の傘下に入ったが、これはポテ63系の実用試験、採用決定の時期とも重なった。ポテ63系の各機は、近代化が順調に進められなかったフランスの軍事航空にあっては期待の全金属製新型機となり、翌一九三七年半ばにはポテ630（イスパノスイザ14ABエンジン・五八〇馬力に変更）が八〇機と、そのほかまとまった数（機数や用途の内訳など諸説あり）のポテ631の注文がSNCANに発せられた。

年末にはポテ633も発注されたが、この年にはSNCANはポテ63系を海外にも積極的に売り込み、ギリシア、ルーマニアからもポテ633を受注。チェコのアヴィア社とはライセンス生産権の販売交渉の場が持たれた（生産は実現せず）。年内にはSNCAN各工場でのポテ63系の機体の分担生産体制が稼動しはじめた。

西方電撃戦開始

けれども軍需産業の国営化事業は、近代的武器類の増産を急ぐべき時期の国家的事業だったのにもかかわらず「大失敗」と歴史に記される結果に終わった。規格の不統一や製品審査の甘さなどにより生産体制の混乱を招き、それが作業員の士気および生産性の低下という悪循環につながった。

ＳＮＣＡＮもその例外ではなく、ポテ630の量産型初号機の書面の上での引き渡しが一九三八年五月のところ、実際に納入できたのは八月だった。すでにエンジンやプロペラ、機関砲を組立工場に期日までに引き渡すことが困難になっていたのである。初期生産型では七・五ミリ口径の機関銃を装備して引き渡したが、もう実戦機としての体は成していなかった（練習機として使用された）。

この事態はポテ63系に限らず、当時のフランス航空工業の多くにあてはまったが、生産体制の混乱により近代的な軍用機の生産、部隊配備は予定どおりに進められず、一九三九年九月の大戦突入時も旧式機を実戦機として使用せざるを得なくなっていた。この時点での生産機数、部隊配備機数は、ポテ630が八五機、六五機、ポテ631が二〇〇機強、約一二〇機とみられている。なおポテ631には、主翼外翼下面に機関銃を二梃ずつ装備することも多く、フランス国内からのポテ633の発注分は途中でポテ631に変更されていた。

ここで注意すべきところは、ポテ63系の二～三座のコクピットを保護する長めのキャノピ

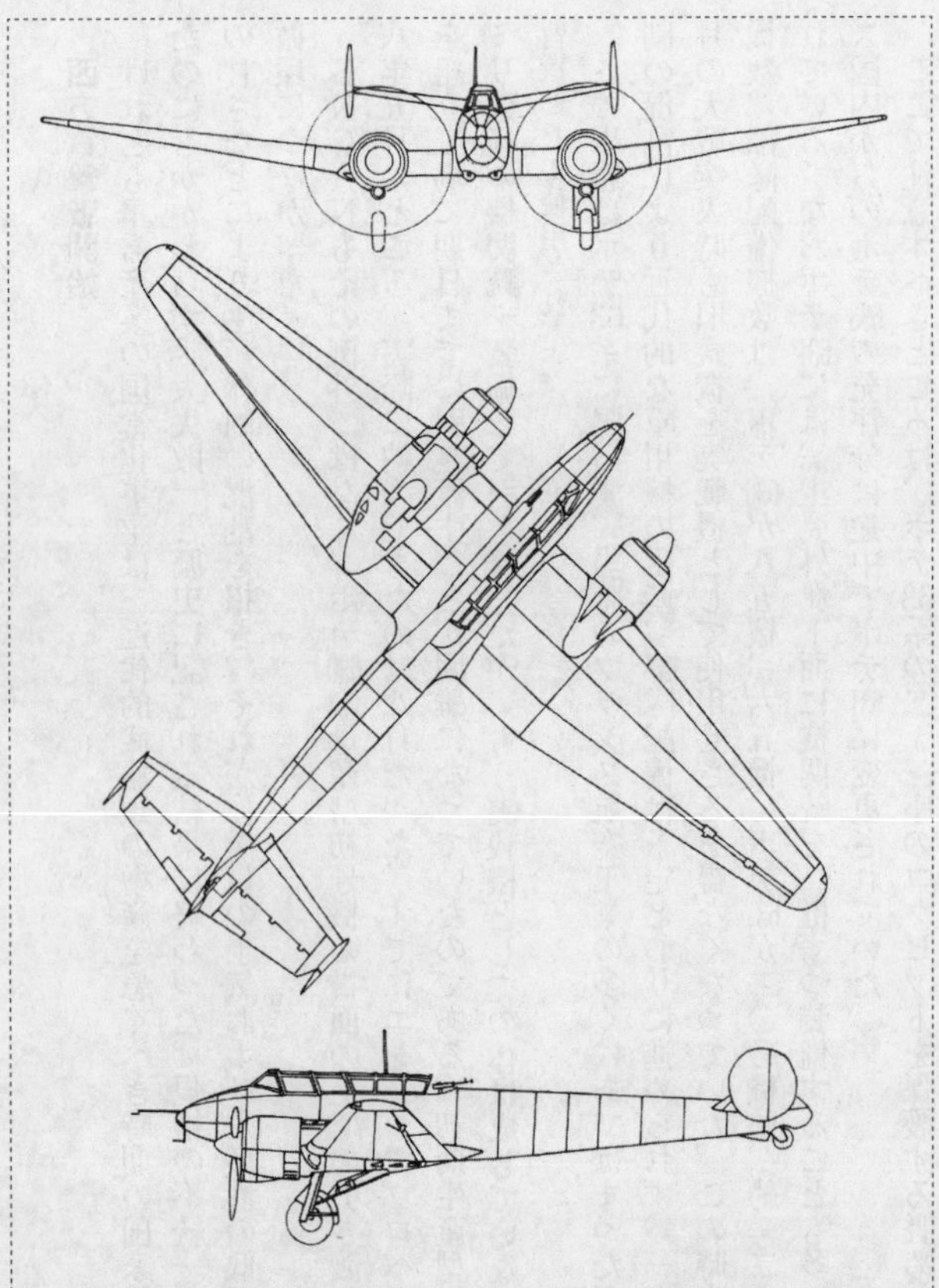

ポテ631(戦闘機)　全幅：16.0m　全長：11.07m　全備重量：3916kg
エンジン：ノームローン14M06/7(660hp)×2　最大速度：460km/h
上昇限度：9000m　航続距離：1220km　武装：20mm機関砲×2または
7.5mm機関銃×6(固定)、7.5mm旋回機関銃x1　乗員：3名

ーを有する細身の胴体と、強めにテーパーした主翼、双尾翼の双発機というスタイルであろう。正面面積が大きな空冷星型エンジンを動力とするが、遠目にはあのメッサーシュミットBｆ110と似ていないこともなかった。ドイツ軍のフランス侵攻作戦が開始されると、空陸のフランス軍が圧倒的戦力を前に短時間で崩壊したという事情もあろうが、ポテ631をBｆ110と誤射する対空射撃や仏・単発戦闘機もしばしばあったようである。

夜間戦闘機の部隊に配備されたポテ631がHｅ111を撃墜したこともあったが、自国の領空とはいえ早々と制空権を抑えられた戦場においては、Bｆ110ほどの飛行性能にも達さなければ、機動性に欠ける双発戦闘機が苦戦を強いられるのは当然でもあった。ポテ630、631の残存機はほかのフランス主力機と同様に、六月二十二日の休戦後はヴィシー・仏空軍への移管、ドイツ軍による捕獲と一部を枢軸国に供給、フランス解放・自由フランス軍による奪還後の再使用と変転を経ている。

軽爆撃機型のポテ633は、フランス空軍分はブレゲー693配備までの暫定的な使用にとどめられたが、後に枢軸国に加わるルーマニアとバルカン戦役で奮闘するギリシアに送られた各機が、激闘を経験した。一九四〇年の晩秋にイタリア軍はアルバニアからギリシアへの侵攻を開始したが、阻止攻撃によってこれを撃退したのがギリシア空軍のポテ633だった。

苦闘の連続だったポテ63・11偵察機

翌春のユーゴスラヴィアの政変で英独や周辺枢軸国を巻き込んでバルカン戦役へと戦火が

拡大して四月末にはギリシアも占領されたが、この作戦が独ソ戦突入を遅らせる原因になった（その後、冬将軍の到来でモスクワ侵攻ならず）。ルーマニアは一九四〇年の親独アントネスク政権樹立により枢軸国に参加してソ連侵攻作戦にも加わったが、初期の作戦において地上攻撃機として使用されたのがポテ633だった。

いわゆる「フランスの戦闘」において最も激しい戦闘場面に置かれたポテ63系は偵察機型であり、なかでも機首をガラス張りの観測員席に大改造したポテ63・11は二二〇機以上喪失という大損害を受けている。胴体下部にゴンドラ状の観測員席を設けたポテ637が空力的に処理が乱暴すぎたのは明らかで、性能低下が悪評となってわずか六〇機あまりの生産で打ち切られた。うち一六機のポテ637はフランス侵攻が始まる前のフォウニ・ウォー（座り込み戦争）の段階で失われた。

これに対してコクピットよりも前方の胴体を全面的に改設計したポテ63・11偵察機は下方観測機能を向上させただけでなく、爆弾搭載（二八〇キロまで）、機関銃多数装備と地上軍の近接支援能力も付加されていた。主力戦術偵察機として需要が伸び、発注機数は一五〇〇機を上回った。比較的小型で、高性能ではないながらもある程度の機動性も備わった双発機ということ、この種の近接支援任務が最も適していたということなのだろうか。

大改造型だったため開戦時のフランス空軍で保有されていたポテ63・11はわずか三機。需要が多かっただけに生産が急がれて一九四〇年五月で二六〇機、六月二十二日までに七二〇機以上が生産ラインから出てきたが、やはり装備品の不足、整備不良の問題、修理用パーツ

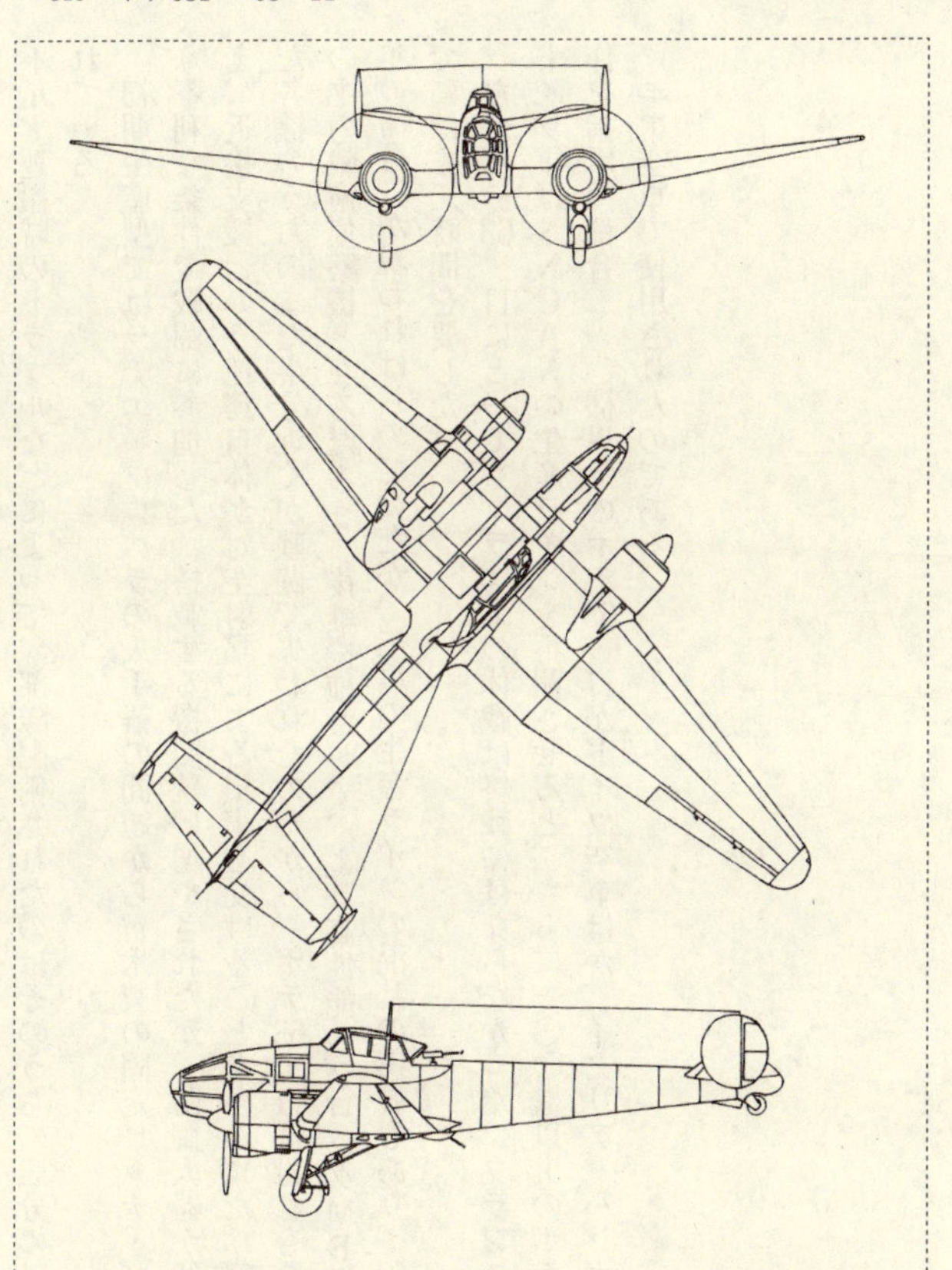

ポテ63.11(偵察機)　全幅：16.00m　全長：10.93m　全高：3.08m　全備重量：5040kg　エンジン：ノームローン14M04/05または06/07(700hp)×2　最大速度：425km/h(高度5000m)　上昇限度：8500m　航続距離：1500km　武装：7.5mm機関銃×9、280kgまでの爆弾　乗員：3名

不足、運搬時のトラブルなどによって、部隊配備されたのはそのうちの三分の二程度とみられている。

初期生産型ではラチエ・プロペラの入手難の問題から、木製の固定ピッチ・プロペラという不利な条件で戦闘に参加した。搭載する機関銃は増やされたが、防御火器が貧弱すぎたうえ、近接支援という任務自体が対空射撃による損害を受けることが多かった。部隊配備された各機のうちのまた半分近くが戦闘で失われたのだから、ポテ63・11は紛れもなくフランスの主力戦術偵察機となるだろう。後継機種として、より高性能のブロックMB174（一九三八年の開発）が現われはじめていたが、工場の生産ラインの混乱の影響もあり、配備が進むまでにはまだ時間を要した。

だがポテ63・11にとってもフランスの休戦は終戦にはならなかった。フランスを支配したドイツ軍はSNCANの生産ラインを再開させると、さらに一〇〇機以上のポテ63・11の製作を指示。都合二一〇機以上のポテ63・11がドイツ空軍ほか、イタリア、ハンガリー、ルーマニア空軍で使用されたのである。

7 ラテ・コエール298

ドイツ空軍も欲したほどの水上機

ラテ・コエール29というと、南方航路開拓に活躍した大戦間の名パイロットのひとり、ジャン・メルモーズの愛機となったラテ・コエール28輸送機の軍用機型にあたる。これは高翼単葉の水上雷撃機で、ごく少数機が第二次大戦突入時のフランス海軍で使用されていた。単発機ではあるが輸送機出身のためか非常に大柄で、胴体下に爆弾架がみられるものの実戦機の雰囲気が感じられない。

これに対してラテ・コエール298は同じ単発双フロートの水上機ながら、低翼単葉の雷撃機、急降下爆撃機兼偵察機という非常に珍しい機種で、つまるところラテ・コエール29とは全くの別機だった。岡部いさく先生も指摘された「フランス機のディジグネーションは三桁目が改造型を意味するときもあれば、全くの別機になることもあり非常にわかりづらい」という例の、別機のケースがこれに当たる。

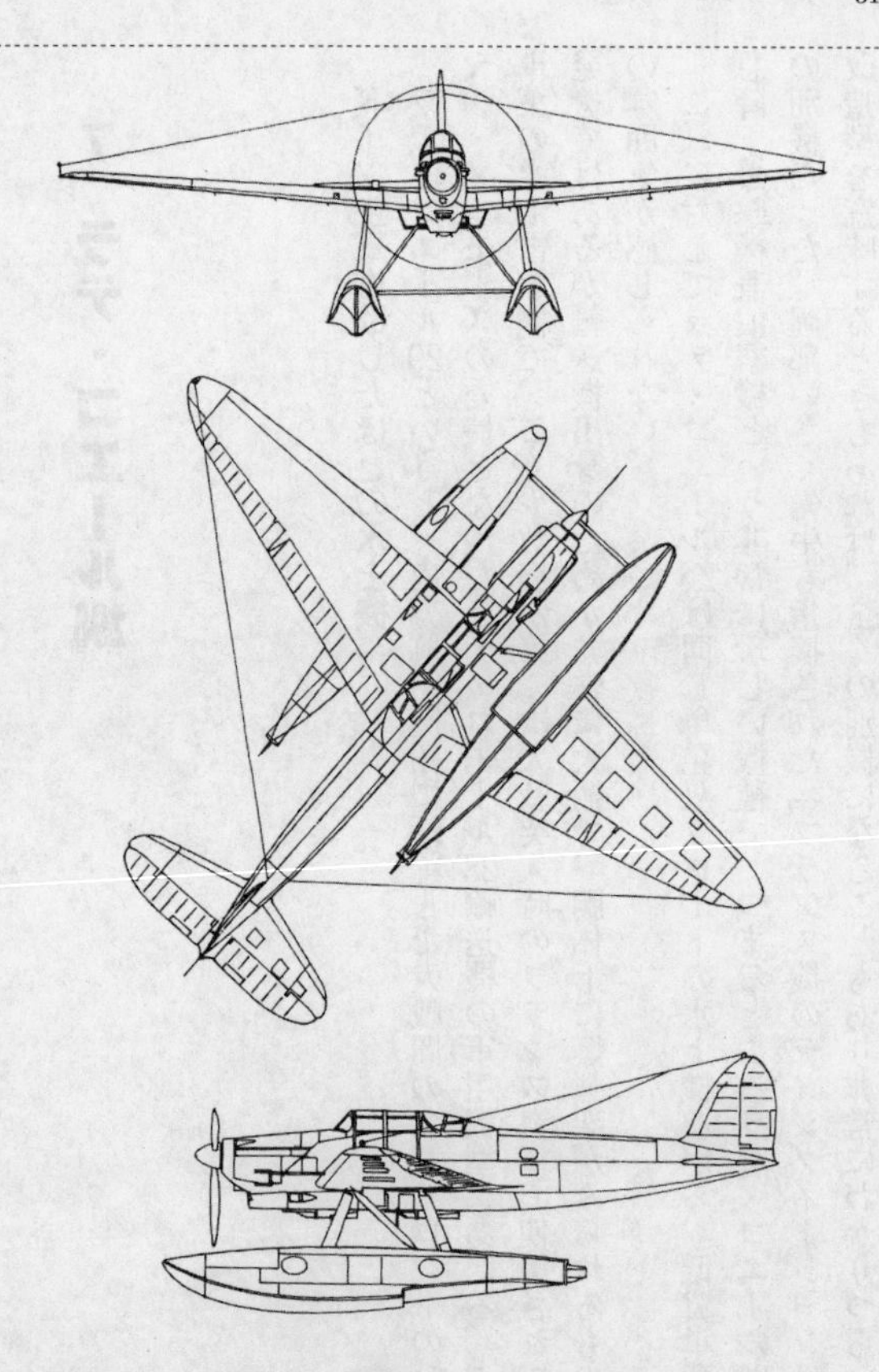

ラテ・コエール298A(水上爆撃機)　全幅：15.50m　全長：12.60m　全高：5.20m　全備重量：4800kg　エンジン：イスパノスイザ12Ycrs(868hp)×1　最大速度：290km/h(2000m)　航続距離：1250km　上昇限度：6500m　武装：7.5mm機関銃×3、爆弾800kgまで　乗員：3名

この種のほかの例がファルマン222、同223四発爆撃機（ファルマン223の方がはるかに近代的な大型爆撃機）で、前述のポテ63系などはこれらとは別の改造型の例にあてはまる。

ラテ298水上機は、ルバスールPL15やラテ29といった水上攻撃機との交代を目的にフランス海軍の一九三四年の要求に応えてラテ・コエール社で開発された多目的水上機で、初飛行は一九三六年五月に実施。二〜三座で、後席の航空士、通信士、射手、偵察員の仕事をひとりで担当、もしくは分担することとした。

機銃類は両翼内の七・五ミリ機関銃と旋回機関銃とされた。前作のラテ29と同様巨大な双フロートを有するが、胴体下部に埋め込み式に航空魚雷一本もしくは一五〇キロ爆弾二発が縦列に搭載され（主翼付け根にも小型爆弾を搭載可能）、急降下爆撃時にはファウラー・フラップがエア・ブレーキを兼ね、爆弾は武器庫から投下アームを介してプロペラの回転圏外へ投げ下ろされた。

審査の際に指摘されたキャビンからの視界を改修後、量産型の製作が指示されたのは一九三七年八月のこと。当時のフランス航空工業の事情ゆえに生産はなかなか軌道に乗らず、一九三九年一月にようやく部隊配備が始まった。第二次大戦突入時はまだ運用飛行隊の数も予定に達していなければ、搭乗員の訓練も不充分だった。それでも最初に受領した飛行隊（T2、シェルブール）では英仏海峡でのUボート警戒に当たっていた。

大戦の嵐に飲み込まれるラテ・コエール

量産されたラテ・コエール298は三タイプ存在した。ラテ298Aは審査時に指摘された箇所を修正した以外は試作機とほぼ同様で、二四機製作。ラテ298B（三九機）は主翼を折りたたみ式にして後席通信士席にも操縦装置を設置。ラテ298D（六五機）は後席に操縦装置を設けた以外はラテ298と大差なかった。観測員用のゴンドラを設けたラテ298Eやフロートを車輪に換えたラテ299は試作機の段階にとどめられた。出発点が水上攻撃機の後継機ということだったので、陸上機型の開発の方が後回しになっていた。

一九四〇年五月にフランス北部にドイツ軍が侵入すると、空軍の要請に応えてラテ298もドイツ機甲軍の侵攻を阻止するために、同僚のロアール・ニューポールLN401艦爆とともに急降下爆撃作戦を実施した。けれどもラテ298の運用部隊では陸用爆弾も揃っていなければ、出撃した各機も対空射撃やドイツ空軍機の迎撃に遭って少なからぬ損害を被った。ドイツ空軍機に制空権を抑えられた状況での、最大速度が三〇〇キロ／時に満たない水上機での作戦活動自体、かなり無謀と言えた。

イタリアの参戦によりラテ298部隊は地中海に移動、イタリアの艦艇攻撃が新たな任務となったが、残されていた時間はほとんどなく、実績を挙げる前に休戦という事態になった。

多くのフランス機と同様、ラテ298の大部分はフランス国内から北アフリカに移ったが、ここではフランス艦掃討作戦に移った英海軍艦艇に対する洋上哨戒が新任務になった。なかには英領マルタ島に逃れた機体もあったが、概して北アフリカで哨戒任務に従事。連合軍が一九四二年十一月にトーチ作戦を成功させて北アフリカでの勢力圏を拡大すると、この地域に

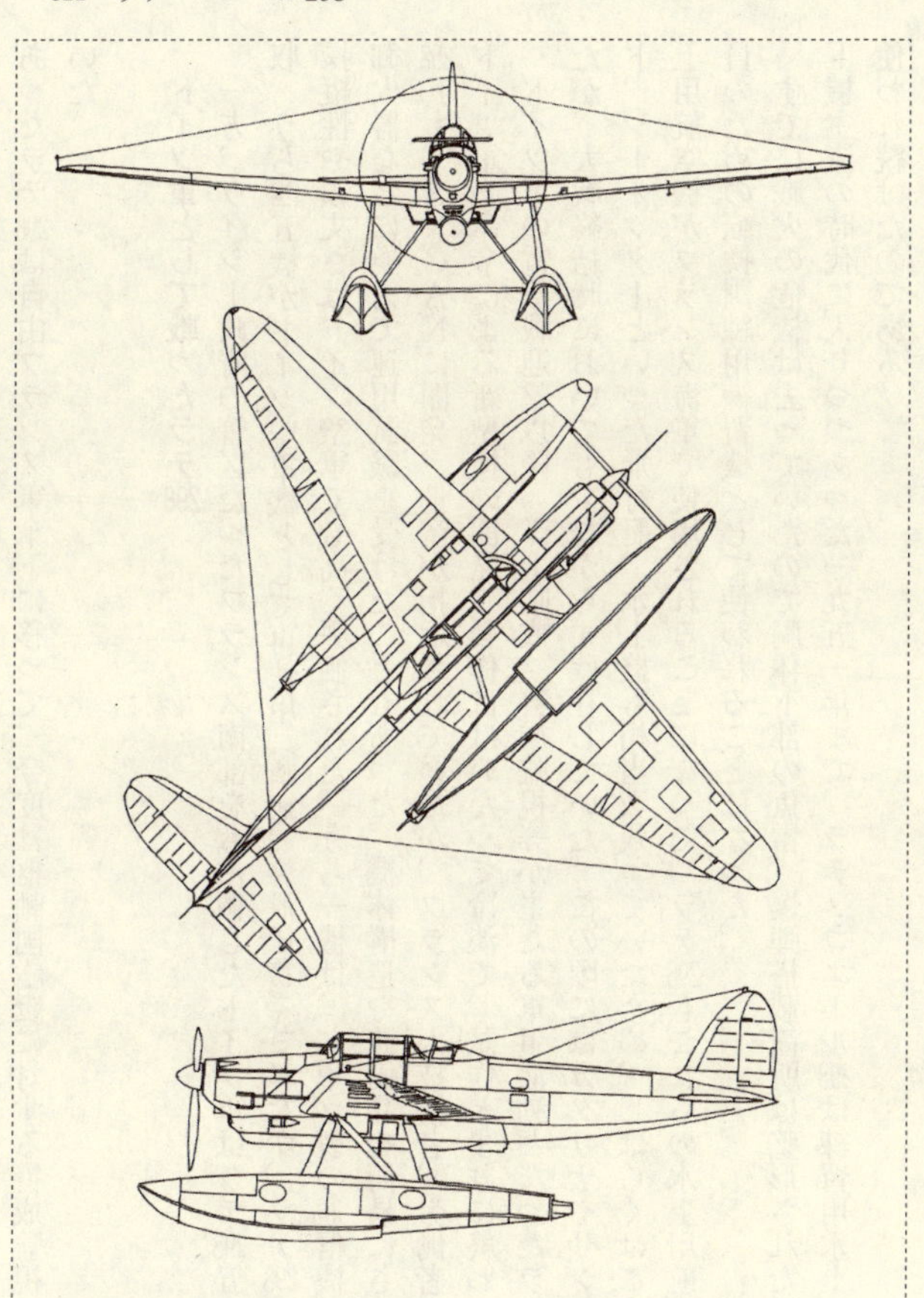

ラテ・コエール298D（水上雷撃機）　寸法、エンジン、性能などはラテ298Aと同様　武装：7.5mm機関銃×3、750kg航空魚雷×1　乗員：3名（複操縦式）

あったラテ298は自由フランス軍傘下に移って、今度は枢軸国艦艇に対する警戒監視任務に就いた。

ドイツ軍として戦ったラテ298

一方、ヴィシー政府の管区だったフランス南部をも占領したドイツ軍はラテ298五四機を接収、うち四五機がドイツ空軍機として再使用（哨戒、警戒任務）されたが、ラテ298の良好な操縦性や頑丈さはドイツ空軍でも高く評価された。うち一機は、ドイツ製の通信機器類、防御火器などに換えて運用試験を受けたこともあった。機体構造や装備品を簡易にさせたラテ298Fも、SNCANに開発、量産が指示されていたが、フランス人技術者、労働者たちは、ドイツ軍の命令による新型機の開発、製作にはいたって冷淡で、試作どまりに終わった。

ドイツ軍の電撃戦迎撃以降、洋上哨戒、警戒監視等が主たる軍事活動となったラテ298だったが、大戦終結時においても少なからず残存していた。この頃にはカタリナやサンダーランド、シーオッターといった飛行艇、水上機も相当数残っていたため、しばらくはこれらの水上用航空機がフランス海軍で使用されることになった。ラテ298もこれらの水上用航空機の乗員のための転換訓練用練習機として使われることになった。

すでに戦火の危機は去っていたので胴体下部の魚雷、爆弾搭載箇所は整形された。ジェット機主流の時代に入りつつあった一九五一年まで、ラテ・コエール298は練習用水上機として使われ続けたのである。

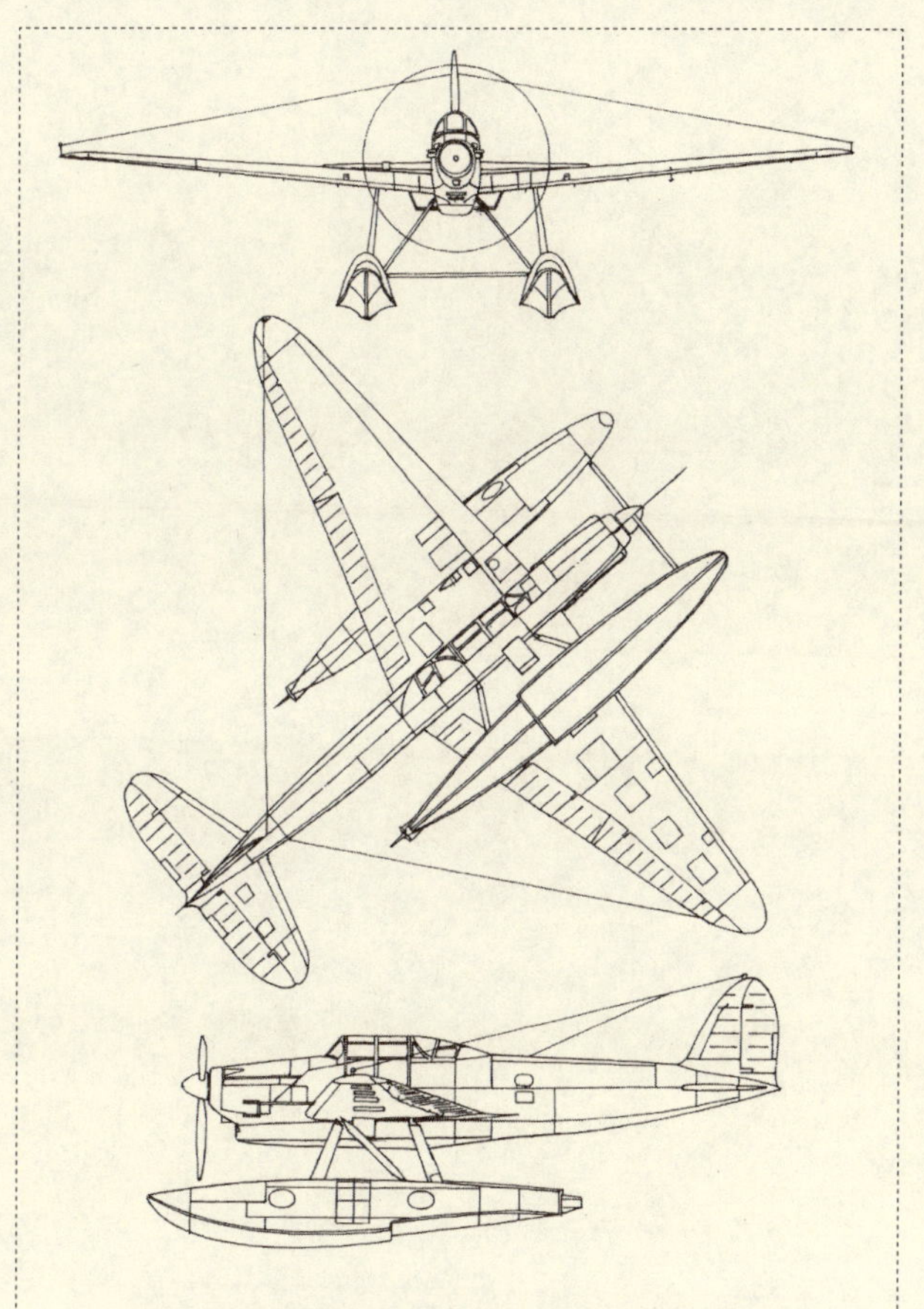

ラテ・コエール298(水上偵察機・練習機型)　ラテ・コエール298A、B、Dの攻撃用装備等を撤去して複操縦式に改装した機体　乗員：2〜3名

あとがき

今でこそ大戦機関係の書きものの仕事をさせてもらっているが、アポロ11号が月面に着陸する少し前にヒコーキのプラモデルを作りはじめた頃は、かなりのスチャラカぼんず（坊主）だったと思う。

きっかけは、七つ年上の従兄が春休み中に来訪した際に兄と私に、Ｊｕ87とＭｅ410の模型を買い与えてくれたことだった。「メッサーシュミットだ。カッコイイだろ」と差し出したところから、おおぼけ小学生は「メッサーシュミットとは、エンジンが胴体よりも前に突き出した双発機」と思い込んだ。

当時は大阪万博の前年、巨人軍空前の連覇の五年目と夢はあったが、ガンダムも萌えアニメもない時代（燃えアニメは結構あった）。土日が開けて月曜日に登校すれば、仲間との話題は『爆撃命令』だった。この番組に出遅れていたスチャラカぼんずは「メッサーシュミットの突進、怖いなあ」という友人のことばに、Ｍｅ410を連想した。「そうか、『爆撃命令』を観れば、Ｍｅ410が出てくるのだ」と次の土曜日にテレビの画面にかじりついていたら、Ｂ‐17に突進してくる、尖って角張った単発の戦闘機が出てきた。Ｍｅ410のような双発機ではなかった。

ふたつ上の兄が言うには「メッサーシュミットっていうのは会社の名前。メッサーシュミット社でＢｆ109やＭｅ410、ジェット戦闘機Ｍｅ262を作っていたのっ」ということだった。「ならば、なんで三菱、中島って言わないで、零戦、隼って言うんだろ」とヘリクツをこねられればたいしたものだったのだが……。

この時点で、すでに数十年も昔のおじさんの思い出話のレベルなのだが、その時代、今の筆者らの年配だった両親からは、太平洋戦争中の話を聞かされた。「グラマンと言っても、前にだけ撃つ（ヘルキャットのこと）のと後ろにも撃つの（アベンジャーのこと）があって、飛び去っても頭上げられなかったなあ」（父）、「日本橋～銀座間で市電（都電に非ず）を降ろされたら、黒い飛行機が飛び去っていった（日本本土初空襲のドゥーリトル隊のＢ‐25）」（母）。母はＢ‐29の銀座初空襲の際に防空壕に避難し、東京大空襲でも焼け出されて海側に逃れたので命拾いした経験もある。こちらの話に至っては、今日ではもうほとんど別世界の響きが感じられるのではないだろうか。

六〇年前に戦火を収めた人類最大の世界大戦争は風化が避けられない事態に及んでいると言ったら、深刻ぶっていると思われるだろうか。だが、忘れ去られたときに凶事が繰り返されてきたのがこれまでの歴史である。「どの切り口からでもいいので、人類にとって最大の禍根となった大戦争に関心を抱き続けるべき」と考えるのは筆者だけではないだろう。
今回は縁があって大戦中の多機能軍用機についての書きものをさせていただいた。この機会を下さったイカロス出版編集部の浅井太輔氏に謝意を申し上げたい。著作権・版権の問題もあって簡単には進められないだろうが、チャンスがあれば今日で言われているモビルスーツ類の「セイバー、ファントム、ウォーリア、ミーティア、ブリッツ」と大昔の同名のジェット機、鉄鋼人「ライトニング、ハヤテ、サンダーボルト、メッサーシュミット」と同じ名の戦闘機、それに錬金術師たち「マスタング、ハボック、ファルマン、ロス、ブレダ……」と往年の大戦機との対比などもやってみたいと思っているのだが……。

飯山幸伸

単行本　平成十七年四月「万能機列伝　１９３９〜１９４５」改題　イカロス出版刊

NF文庫

万能機列伝

二〇一七年二月十三日　印刷
二〇一七年二月十九日　発行

著　者　飯山幸伸
発行者　高城直一

発行所　株式会社　潮書房光人社
〒102-0073　東京都千代田区九段北一-九-十一
振替／〇〇一七〇-六-五四六九三
電話／〇三-三二六五-一八六四(代)
印刷所　モリモト印刷株式会社
製本所　東　京　美　術　紙　工

定価はカバーに表示してあります
乱丁・落丁のものはお取りかえ
致します。本文は中性紙を使用

ISBN978-4-7698-2991-1　C0195
http://www.kojinsha.co.jp

NF文庫

刊行のことば

第二次世界大戦の戦火が熄んで五〇年——その間、小社は夥しい数の戦争の記録を渉猟し、発掘し、常に公正なる立場を貫いて書誌とし、大方の絶讃を博して今日に及ぶが、その源は、散華された世代への熱き思い入れであり、同時に、その記録を誌して平和の礎とし、後世に伝えんとするにある。

小社の出版物は、戦記、伝記、文学、エッセイ、写真集、その他、すでに一、〇〇〇点を越え、加えて戦後五〇年になんなんとするを契機として、「光人社NF（ノンフィクション）文庫」を創刊して、読者諸賢の熱烈要望におこたえする次第である。人生のバイブルとして、心弱きときの活性の糧として、散華の世代からの感動の肉声に、あなたもぜひ、耳を傾けて下さい。

＊潮書房光人社が贈る勇気と感動を伝える人生のバイブル＊

NF文庫

艦艇防空 軍艦の大敵・航空機との戦いの歴史
石橋孝夫
第二次大戦で猛威をふるい、水上艦艇にとって最大の脅威となった航空機。その強敵との戦いと対空兵器の歴史を辿った異色作。

悲劇の艦長 西田正雄大佐 戦艦「比叡」自沈の真相
相良俊輔
ソロモン海に消えた「比叡」の最後の実態を、自らは明かされず、怯懦の汚名の下に苦悶する西田艦長とその周辺を描いた感動作。

海鷲 ある零戦搭乗員の戦争 予科練出身・最後の母艦航空隊員の手記
梅林義輝
本土防空戦、沖縄特攻作戦。苛烈な戦闘に投入された少年兵の証言――若きパイロットがつづる戦場、共に戦った戦友たちの姿。

海軍軍令部 戦争計画を統べる組織と人の在り方
豊田穣
連合艦隊、鎮守府等の上にあって軍令、作戦、用兵を掌る職――日本海軍の命運を左右した重要機関の実態を直木賞作家が描く。

軍艦と装甲 主力艦の戦いに見る装甲の本質とは
新見志郎
艦全体を何からどう守るのか。バランスのとれた防御思想とは。侵入しようとする砲弾や爆弾を阻む〝装甲〟の歴史を辿る異色作。

新兵器・新戦術出現！ 時代を切り開く転換の発想
三野正洋
独創力が歴史を変えた！ 戦争の世紀、二〇世紀に現われた兵器と戦術――性能や戦果、興亡の歴史を徹底分析した新・戦争論。

＊潮書房光人社が贈る勇気と感動を伝える人生のバイブル＊

NF文庫

真珠湾攻撃隊長 淵田美津雄 世紀の奇襲を成功させた名指揮官
星 亮一
真珠湾作戦の飛行機隊を率い、アメリカ太平洋艦隊に大打撃を与えた伝説の指揮官・淵田美津雄の波瀾の生涯を活写した感動作。

昭和天皇に背いた伏見宮元帥 軍令部総長の失敗
生出 寿
不戦への道を模索する条約派と対英米戦に向かう艦隊派の対立。軍令部総長伏見宮と東郷元帥に、昭和の海軍は翻弄されたのか。

倒す空、傷つく空 撃墜をめざす味方機と敵機
渡辺洋二
撃墜は航空機の基本的命題である――航空機が生み出す撃墜のメッセージ、戦闘機の有用性と適宜の用法をしめした九篇を収載。

海軍戦闘機列伝 搭乗員と技術者が綴る開発と戦闘の全貌
横山保ほか
私たちは名機をこうして設計開発運用した！ 技術と鍛錬により青春のすべてを傾注して戦った精鋭搭乗員と技術者たちの証言。

少年飛行兵物語 海軍乙種飛行予科練習生の回想
門奈鷹一郎
海軍航空の中核として、つねに最前線で戦った海の若鷲たちはいかに鍛えられたのか。少年兵の哀歓を描くイラスト・エッセイ。

ラバウル獣医戦記 若き陸軍獣医大尉の最前線の戦い
大森常良
ガ島攻防戦のソロモン戦線に赴任した若き獣医中尉。軍馬三千頭の管理と現地自活に奔走した二十六歳の士官の戦場生活を描く。

＊潮書房光人社が贈る勇気と感動を伝える人生のバイブル＊

NF文庫

新説 ミッドウェー海戦 海自潜水艦は米軍とこのように戦う
中村秀樹
平成の時代から過去の戦場にタイムスリップした海上自衛隊の潜水艦はどんな威力を発揮するのか――衝撃のシミュレーション。

牛島満軍司令官沖縄に死す 最後の決戦場に散った慈愛の将軍の生涯
小松茂朗
日米あわせて二十万の死者を出した沖縄戦の実相を描きつつ、戦火のもとで苦悩する沖縄防衛軍司令官の人間像を綴った感動作。

軍艦「矢矧」海戦記 建築家・池田武邦の太平洋戦争
井川 聡
二一歳の海軍士官が見た新鋭軽巡洋艦の誕生から沈没まで。日本の超高層建築時代を拓いた建築家が初めて語る苛烈な戦場体験。

帝国陸海軍 軍事の常識 日本の軍隊徹底研究
熊谷 直
編制制度、組織から学校、教育、進級、人事、用語まで、七一一万人の大所帯・日本陸海軍のすべてを平易に綴るハンドブック。

遺書配達人 戦友の最期を託された一兵士の巡礼
有馬頼義
日本敗戦による飢餓とインフレの時代に、戦友十三名から預かった遺書を配り歩く西山民次上等兵。彼が見た戦争の爪あととは。

輸送艦 給糧艦 測量艦 標的艦 他
大内建二
ガ島攻防の戦訓から始まる輸送を組織的に活用する特別な艦種とは！ 主力艦の陰に存在した特務艦艇を写真と図版で詳解する。